■ギリシア文字

量	量記号	単位記号
縦ひずみ （伸び率）	e, ε	（無名数）
せん断ひずみ （せん断角）	γ	
縦弾性係数 （ヤング率）	E	Pa N/m^2
横弾性係数 （剛性率）	G	
断面二次モーメント	$I, (I_a)$	m^4
断面二次極モーメント	I_p	
断面係数	Z, W	m^3
摩擦係数	μ, f	（無名数）
仕事	A, W	J $W \cdot s$
エネルギー	E, W	
位置エネルギー	$E_p, U, V, \varPhi$	
運動エネルギー	E_k, K, T	
動力, 仕事率	P	W

（JIS Z 8202：2000による）

大文字	小文字	呼び方
A	α	アルファ
B	β	ベータ
Γ	γ	ガンマ
$\varDelta$	δ	デルタ
E	ε, ϵ	エプシロン
Z	ζ	ジータ
H	η	イータ
$\varTheta$	θ	シータ
I	ι	イオタ
K	$\varkappa$	カッパ
$\varLambda$	λ	ラムダ
M	μ	ミュー
N	ν	ニュー
$\varXi$	ξ	クサイ
O	o	オミクロン
$\varPi$	π	パイ
P	ρ	ロー
$\varSigma$	σ	シグマ
T	τ	タウ
$\varUpsilon$	υ	ユプシロン
$\varPhi$	ϕ, φ	ファイ
X	χ	カイ
$\varPsi$	ψ	プサイ
$\varOmega$	ω	オメガ

国際単位系（SI）

■基本単位

量	基本単位	
	名称	記号
長さ	メートル	m
質量	キログラム	kg
時間	秒	s
電流	アンペア	A
熱力学温度	ケルビン	K
物質量	モル	mol
光度	カンデラ	cd

■組立単位の例

量	組立単位	
	名称	記号
面積	平方メートル	m^2
体積	立方メートル	m^3
速さ	メートル毎秒	m/s
加速度	メートル毎秒毎秒	m/s^2
角速度	ラジアン毎秒	rad/s
角加速度	ラジアン毎秒毎秒	rad/s^2

■単位に乗ぜられる倍数と接頭語の例

単位に乗ぜられる倍数	接頭語	
	名称	記号
10^{24}	ヨタ	Y
10^{21}	ゼタ	Z
10^{18}	エクサ	E
10^{15}	ペタ	P
10^{12}	テラ	T
10^9	ギガ	G
10^6	メガ	M
10^3	キロ	k
10^2	ヘクト	h
10	デカ	da
10^{-1}	デシ	d
10^{-2}	センチ	c
10^{-3}	ミリ	m
10^{-6}	マイクロ	μ
10^{-9}	ナノ	n
10^{-12}	ピコ	p
10^{-15}	フェムト	f
10^{-18}	アト	a
10^{-21}	ゼプト	z
10^{-24}	ヨクト	y

■固有の名称をもつ組立単位の例

量	組立単位		単位の組み立て方	本書での使用例
	名称	記号		
力	ニュートン	N	$1N=1kg\cdot m/s^2$	N, kN
圧力 応力 弾性係数	パスカル	Pa	$1Pa=1N/m^2$	$MPa(N/mm^2)$ $GPa(10^3MPa)$
仕事 エネルギー 電力量	ジュール	J	$1J=1N\cdot m$	$J\left(\begin{array}{l} N\cdot m \\ 10^3N\cdot mm \end{array}\right)$ kJ $kW\cdot h(3.6\times10^6J)$
動力	ワット	W	$1W=1J/s$	W, kW
振動数	ヘルツ	Hz	$1Hz=1s^{-1}$	Hz

■SI単位の10の整数乗倍の構成と使い方

接頭語は，すぐ後ろにつけて示す単位記号と一体となったものとして扱う。一つの単位記号の中に接頭語を複数合成して用いてはならない。

〔例〕 $1\,cm^3=(10^{-2}m)^3=10^{-6}m^3$

$1\,N/mm^2=10^6N/m^2=1\,MPa$

$1\,mm^2/s=(10^{-3}m)^2/s=10^{-6}m^2/s$

$1.2\times10^4N=12\times10^3N=12kN$

$0.00394m=3.94mm$

10^3kg は $1\,kkg$ としてはならない（接頭語が重なる）

First Stage シリーズ

新訂機械要素設計入門 1

野口　昭治・武田　行生　[監修]

実教出版

目次

本書は，高等学校用教科書「工業 710 機械設計 1」(令和 4 年発行) を底本として製作したものです。
本書の JIS についての記述は，令和 2 年 (2020 年) 12 月時点のものです。
最新の JIS については，経済産業省ウェブページを検索してご参照ください。

はじめに

わたしたちが利用している工業製品には次のようなものがある。

・冷蔵庫，洗濯機，ハイビジョンテレビなどの家庭用電気機器

・パソコンやスマートフォンなどの情報通信機器

・自動車，船，航空機などの輸送機械

・電子体温計や人体の断層撮影に使われる磁気共鳴断層撮影装置（MRI）
　などの医療機器

これらの工業製品を適切に活用することで，多くの人々の生活が，安全・安心，快適なものとなっている。

工業製品の製造には，企画・設計から生産まで多くの人が関わり，多くの資源やエネルギーを使う。また，各製造工程の環境は，技術の高度化，情報化，資源の再利用化やグローバル化などにより日々変化している。

機械設計の学習にあたっては，これらのことを踏まえた設計がたいせつであることを理解し，本書では機械の設計に必要な専門知識の基礎を中心に学習してほしい。

第1章では，機械のしくみや機械設計の進め方についての概要を学ぶ。

第2章と第3章は，機械の設計に共通して必要となる基礎・基本の内容であるから，丁寧に学習することを心がけてほしい。

第4章では，地球環境への負荷の軽減や，資源・エネルギーの有限性などを踏まえ，安全で安心な信頼できる機械の設計について考える。また，機械の設計に携わる者は，製品などが社会に及ぼす影響に責任を持ち，高い倫理観をそなえて設計に取り組むことを理解する。

第5章から第14章は，機械要素や装置などの「種類」「特徴」「利用法」を理解し，機械を設計する力の向上をめざす。

第15章では，設計の基本的な考え方，CAD/CAM システムを活用した設計の方法，器具や機械の設計を通して安全で安心な工業製品の設計を学ぶ。

設計は，独創的なアイデアを具体的な製品とする知的な作業であると同時に，広い知識を総合する技術である。設計者は，過去の長い経験によって積み重ねられた技術や考え方，機械や電気・電子回路などの機能や性能をよく知り，法令を遵守したいくつかの設計案の中から最もよいと思われるものを選択する。

　したがって，同じ目的の機械でも，設計者によって異なったものが設計されるのが普通である。決して一つだけの解が存在するわけではない。

　先人たちの知恵と努力を知り，築かれてきた技術に関心を持ってほしいことから，各章・各節に，技術史や歴史的に話題となった器具・機械を紹介した。これらは長い年月を経て現在の設計や加工などの技術を支えるまでに発展したものである。

　本書は，次の点に留意して編集した。

① 　各ページの側注は，本文の用語の技術英語との対応や，本文を理解するためのヒントを表している。

② 　本文脚注の“**Note**”は，必須ではないものの，本文に次いで知っておいたらよいと思われることがらである。

③ 　計算結果は有効数字3けた以内で表す。第2章，第3章では力学の考え方や計算式の取り扱いなどを主としているため，計算結果を四捨五入して有効数字3けた以内で表す。第5章以降では，機械要素の設計や選定などを扱うので，安全優先の考え方から，計算結果を四捨五入，切り捨て，切り上げなど適切に処理し，原則として有効数字3けた以内で表す。

④ 　特別な指示がない限り，重力加速度にはよく使われている $9.8\,\mathrm{m/s^2}$ を用いる。円周率 π は，電子式卓上計算機（電卓）などを用いる場合は，電卓に設定されている数値か，3けたの3.14とする。

⑤ 　表などの注記で「…による」は引用文献からそのまま部分的に引用していること，「…から作成」は引用文献をもとに新たに作成したことを表している。

⑥ 　各節末や巻末に，“*Challenge*”や“*Challenge ＋*”を設定した。これらは，機械設計で学習した知識に加え，社会の動き，ほかの科目等での学習内容などをもとに，さまざまな視点から考え，グループで話し合いながら解決を目指してほしい問題となっている。

機械と設計

　石器時代の人間は，石や木，動物の骨などで道具をつくって生活していた。やがて，道具は動くようにくふうされ，機械へと発達した。こんにちでは，エアコンディショナなどの家庭用電気機器（家電），電車などの輸送機械，油圧ショベルなどの土木・建設機械，旋盤などの工作機械，コンピュータなどの情報処理機械などが，広く使われるようになった。

　この章では，機械と器具の違いはなんだろうか，機械のしくみはどのようになっているのだろうか，機械を制御する方法にはどのようなものがあるのか，機械要素とはなんだろうか，機械設計の進めかたやコンピュータを活用した設計など，機械と設計について調べる。

　この鍛鉄製足踏旋盤は，1875 年頃に，山形県出身の伊藤嘉平治が製作したとされるものである。伊藤嘉平治は，1872 年に上京し，1865 年に木造蒸気船凌風丸製造に成功した田中久重の工場で機械製作を学んだ人物である。

　この鍛鉄製足踏旋盤は 1932 年に東京工業大学に寄贈され，2007 年に日本機械学会認定の機械遺産となり，現在は愛知県犬山市の博物館明治村の機械館に保管・展示されている。

足踏み旋盤
（機械遺産　第 3 号）

1 機械のしくみ

節

洗濯機・自動車・油圧ショベル・ロボット[1]・コンピュータ[2]などは機械[3]とよばれ、これらのうちメカトロニクス[4]を利用した洗濯機やロボットなどは電子機械ともよばれる。近年開発が進む、ドローンは機械とよべるだろうか。

ここでは、日常使っている機械について調べる。

ドローン▶

1 機械と器具、構造物のちがい

機械の入力と出力に着目した機械の定義は、図1-1のようになる。

図に従えば、洗濯機は、電気エネルギーを入力として目的の動きに変え、コンピュータは、情報を入力として違った形の情報に変えて出力しているので、ともに機械である。

ロボットは、コンピュータの指令と電気エネルギーを入力として、目的の動きに変えて出力しているので機械である。

機械とは、エネルギー・物質・情報を入力として受け入れ、これを内部で形を変えたり伝えたりして、最後に違った形のエネルギー・物質・情報を出力として出すものをいい、有効な仕事をするものである。

▲図1-1　機械の定義

ドローンは、電気エネルギーと**ジャイロセンサ**[6]や加速度センサなどからのデータや、地上からの制御指令を入力として、プロペラの揚力に変えて出力しているので機械である。

メジャー[7]や**ノギス**[8]は、刻まれた目盛によって長さを測定できるが、内部でエネルギーや情報の形を変えたり伝えたりしていない。また、外部に対して有効な仕事をしていないので、図の定義に合わない。これらは、機械ではなく人間の知覚を補助するものであり、**器具**[9] (道具)といわれる。

穴をあけるドリルは、それ自身はエネルギーや情報の形を変えていない。これは、機械ではなく**工具** (切削工具)[10]とよばれる。

[1]robot
[2]computer；コンピュータは、計算機のように機械の「機」が使われる。
[3]machine
[4]mechatronics
[5]以下のような定義もある。
・抵抗力のある物体を組み合わせたものである。
・限られた範囲でたがいに運動をする構成部分がある。

[6]gyro sensor；角速度センサ。単位時間あたりの角度の変化量を検出するセンサ。
[7]measure；ものさし。
[8]vernier calipers；長さを測定する器具の一つ。ノギスという名称は、開発者のポルトガルの数学者ペドロ・ヌネシュ (ラテン語表記、Petrus Nonius；ペトル・ノニウス) に由来。
[9]instrument；器具と道具 (tool) はほぼ同義。
[10]cutting tool

橋（橋りょう）や建物は，図 1-1 の定義に合わない。これらは機械
ではなく**構造物**^❶といわれる。

❶structure

問1 図 1-1 の機械の定義と照らし合わせたとき，次のものは機械とよべる
か考えよ。

5 ①扇風機　　　②はさみ　　　③ドライバ（ねじ回し）
　①ベビーカー　⑤電子レンジ　⑥電子体温計

2 機械のなりたち

図 1-2 の電動車いす^{でんどうくるま}を例に，機械のなりたちを考えてみよう。

1 エネルギーを受け入れる部分

10 　利用者が操作するジョイスティック^❷からの信号によって制御される
コントローラ（制御装置）は，走行用モータを動かす電気エネルギーを
受け入れる。このように，機械を動かすには，エネルギーを受け入れ
る入力部が必要である。

❷joystick；スティック
（棒）を操作して制御装置な
どに入力する装置。

2 エネルギーの変換や伝達をする部分

15 　電気エネルギーはモータによって回転運動に変えられ，歯車などを
介して後輪に伝えられる。このように，機械が目的の動きをするには，
エネルギーの形を変えたり伝えたりする，変換・伝達部が必要である。

3 変換されたエネルギーを出力する部分

　伝達された回転運動は，後輪を回して人を運ぶ。このように，機械
20 にはエネルギーによって目的の仕事をする出力部が必要である。

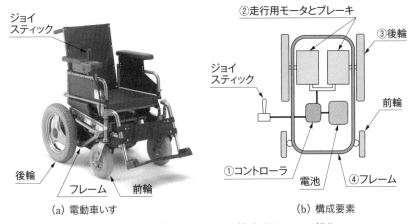

（a）電動車いす　　　　　　　　　（b）構成要素

▲図 1-2　電動車いすとそれを構成する四つの部分

第
1
章
機械と設計

4 各部を保持する部分

　電動車いすの各部は，フレーム（わく）などによって，それぞれの位置に保持されている。このように，機械にはフレームなどの保持部が必要である。

　以上のことからわかるように，機械は，図1-3に示す四つの部分からできている。

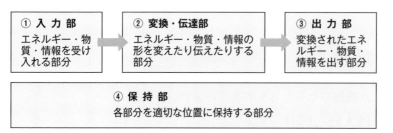

① 入 力 部	② 変換・伝達部	③ 出 力 部
エネルギー・物質・情報を受け入れる部分	エネルギー・物質・情報の形を変えたり伝えたりする部分	変換されたエネルギー・物質・情報を出す部分

④ 保 持 部
各部分を適切な位置に保持する部分

▲図1-3　機械のなりたち

問2　コンピュータやドローンでは，どの部分が図1-3の①～④に相当するかを考えよ。

3 機械のしくみ

1 対偶と機構

　機械は，複数の部品で構成され，部品はたがいに接触し，相対運動をすることで運動の変換や伝達をする。

　たがいに接触し，相対運動する部品の組み合せを**対偶**（たいぐう）またはペアという。❶

❶pair

　対偶には，図1-4に示すような種類がある。図(a)の**進み対偶**は直線運動を，図(b)の**回り対偶**は回転運動を行う。図(c)の**ねじ対偶**は，めねじを固定しておけば，おねじは回転運動をしながら，同時に直線運動も行う。これらの対偶は，面で接触しているので，**面対偶**とよばれる。❷

❷lower pair；**低次対偶**ともいう。

　また，図1-5 (a)のかみ合う歯車の歯と歯，図(e)のカムところなどは，線または点で接触するので，**線点対偶**といわれる。❸

❸higher pair；**高次対偶**ともいう。

　面対偶は，面で力を受けるので，線点対偶よりも大きな力に耐え，接触面の摩耗も少ない。一方，線点対偶は，面対偶よりも複雑な運動を行わせることができる。

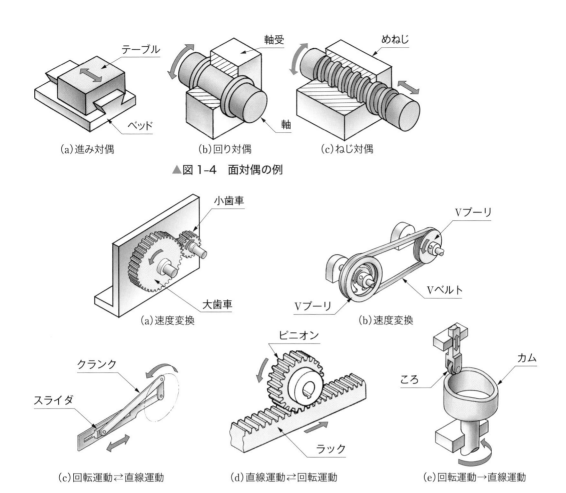

(a)進み対偶　(b)回り対偶　(c)ねじ対偶

▲図1-4　面対偶の例

(a)速度変換　(b)速度変換

(c)回転運動⇄直線運動　(d)直線運動⇄回転運動　(e)回転運動→直線運動

▲図1-5　運動を変換・伝達する機構の例

　機械は，対偶が組み合わさることで，次々に運動の変換や伝達をしている。あるところでは，直線運動を回転運動に，また，逆に回転運動を直線運動に変えたり，あるいは，運動の速度を変えたりしている。

　このように，運動の変換や伝達を目的として，いくつかの対偶を組み合わせ，限定した運動をするものを**機構**^❶という。図1-5に機構の例を示す。

　このような機構を構成する物体を，**節**または**リンク**^❷とよぶ。図1-5に示す**歯車・ベルト・プーリ・クランク・スライダ^❸・カム・ラック・ピニオン**などは，力を伝えたり運動を伝える節である。機構は複数の節が連結されてできた運動系である。

❶mechanism

❷link

❸slider；**滑り子**ともいう。

機械には，このほかにも，運動の形を変えたり速度を変えたりするさまざまな機構が用いられている。ロボットや工作機械などの複雑な動きは，これらの機構を組み合わせてつくり出されている。

問3 自転車は，ペダルを踏む力をチェーンやベルトで後輪に伝えている。ほかの方法で伝えるとすれば，どのような方法があるか考えよ。

2 制御機構

　与えられた条件に従って機械の運動を自動的に行わせるためには，制御機構が必要となる。制御方式として，シーケンス制御[1]とフィードバック制御[2]がよく用いられる。

● シーケンス制御　自動洗濯機は，洗濯物の洗い・すすぎ・脱水・乾燥など，設定された手順に従っていくつかの作業を自動的に行う。このように，あらかじめ決められた順序や条件に従って，機械を制御する方式を**シーケンス制御**という。

● フィードバック制御　航空機の自動操縦のように，目標として決められた位置や速度などと現在の位置や動きの状況を比較して，差が生じた場合に修正動作を行う方式を**フィードバック制御**といい，**AI**（**人工知能**）[3]が活用されているロボットやドローンなどにも使用されている。

　自動洗濯機は基本的にシーケンス制御で動くが，水位制御ではフィードバック制御が使われているように，実際の機械では複数の制御システムを同時に動かしている例もある。

問4 シーケンス制御が用いられている機械を調べよ。

問5 フィードバック制御が用いられている機械を調べよ。

[1] sequence control

[2] feedback control

[3] artificial intelligence

4 機械要素

　機械を分解してみると，フレームのように，その機械だけの特有な形状の部品と，ねじやばねなどのように働き・形状・大きさが共通していて，多くの機械に同じ目的で用いられる部品がある。

　ねじやばねのように，同じ目的で多くの機械に共通して用いられる部品を**機械要素**[4]という。

　機械要素には，ねじのように単体のものもあれば，転がり軸受のように複数の部品から構成されているものもある。これらは，使用目的・用途によって図1-6のように分類される。

[4] machine element

機械には，機械要素のほかに，電気モータ・回路基板❶・スイッチ・センサなどが数多く使われている。このような電気・電子部品も共通して用いられるものが多い。

❶circuit board

問6　旋盤に使われている機械要素を調べ，図1-6に沿って使用目的別に分類せよ。

使用目的・用途	機械要素
・締結に用いられるもの	ボルト・ナット・リベットなど
・軸に用いられるもの	軸・軸継手・キー・軸受など
・伝動に用いられるもの	歯車・Ｖベルト・チェーン・カムなど
・制動および緩衝などエネルギーの吸収に用いられるもの	ブレーキ・ばねなど
・管路など流体に用いられるもの	管・管継手・バルブなど

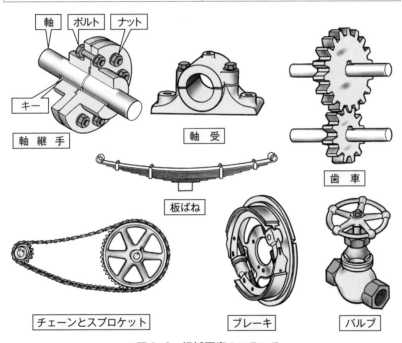

軸　ボルト　ナット　キー

軸継手　軸受　歯車　板ばね

チェーンとスプロケット　ブレーキ　バルブ

▲図1-6　機械要素のいろいろ

*C*hallenge

　自動制御が使われている機械をさがし，各機械の制御機構を分類し，それぞれの制御を使うメリットを考えてみよう。

第1章　機械と設計

2節 機械設計

機械や装置を製作するための「設計」にあたって配慮することは何か，設計した機械を製作するときにはどのようなことが検討されるのか。
ここでは，それらの流れを整理してみよう。
また，機械設計でコンピュータが活用されている理由や現状を理解しよう。

設計画面▶

1 設計とは

一般的な機械ができるまでの流れを，図1-7に示す。

設計は，機構や構造を主体として設計し図面化する機能設計と，機能設計に基づいて加工・組立の簡易化や経済性を考えた生産設計に分けることができる。また，外観や色彩の調和など，市場性を高める要素について考える工業デザインやだれでも利用しやすいユニバーサルデザインの分野からの検討もおろそかにはできない。

これらの設計をもとに**製作図**[1]が作成され，工場での生産計画に従って加工・組立・検査が行われ，製品として出荷される（図1-7）。さらに，製品の市場での評価が仕様の改善や，デザインがみなおされることにより，設計に反映される。

[1]製作図；
production drawing,
manufacture drawing,
working drawing などの
表現がある。

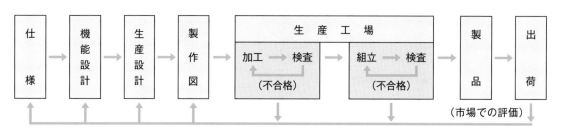

▲図1-7　設計から出荷まで

2 機械設計の進めかた

機械設計[2]は，仕様を満たす構造・機構を考え，形状・寸法・材料・加工法などを決め，加工・検査・組立などに必要な図面をつくることである。一般的には，図1-7の機能設計にあたり，図1-8で線に囲まれた作業のことをいう。

[2]machine design

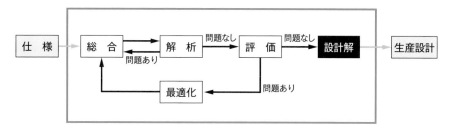

▲図1–8　機能設計の流れ

　図面は，設計情報を伝達する有効な手段の一つである。また，顧客への**プレゼンテーション**[1]や承認などにも使われる。さらに，重要なことは，設計者にとって図面を描くという作業[2]が，設計過程における有効な思考手段となっていることである。

5 　●**仕様の決定**　　機械の設計にあたっては，まず機械に要求される機能・構造・大きさなどを，設計条件にまとめる。まとまった設計条件を**仕様**[3]という。

　●**総　合**　　仕様どおりの働きができる機械の構造や機構を考える。そのさい，設計者は，すでに存在する原理や新たに開発された技術などを利用し，機械要素・部品・**ユニット**[4]を組み合わせて機械をつくり

10 出す[5]。

　この作業には，設計者の創造性が要求されるので，設計者はつねに新しくより効果的な組み合せを考えるようにつとめなければならない。

　このように，機械要素・部品・ユニットを組み合わせて，機械の構

15 造をまとめることを**総合**[6]という。

　●**解　析**　　まとめられた機械が仕様どおりの働きをするかどうかを検討する。さらに，使っているときに，機械が大きく変形したり，破壊が生じたりしないように，作用する力や運動を調べて，各**部材**[7]の強さ・**寿命**[8]・**剛性**[9]・精度を検討する。

20 　これらの作業は，**解析**[10]といわれ，理論や経験に基づいた計算・実験によって行われる。解析の段階で問題があれば総合の段階に戻って再検討し，問題がなければ各部分の形状・寸法・材料・加工法が決まる。

　●**評　価**　　設計された機械が，設計条件に対して最も適切なものになっているかどうかを評価する[11]。問題点があれば，総合の段階に戻っ

25 て作業を繰り返す。この作業を**最適化**[12]という。

[1]presentation；自分の考えを他者に目にみえる形で提示したり説明すること。
[2]**製図**という。
(JIS B 0001:2019)
(ISO128-1) など。

[3]specification；**スペック**ともいう。
[4]unit；いくつかの部品からなる特定の用途をもつ装置。
[5]機械要素・部品・ユニットには，購入してそのまま使用したり部分的に手直しして使うものと，最初から設計し製作するものがある。
[6]synthesis
[7]member；機械や構造物を構成する材料や要素。
[8]機械が使用に耐える期間。たとえば，転がり軸受の寿命について詳しくは，p.217で学ぶ。
[9]力が加わったときの部材の変形しにくさ。詳しくは，p.178で学ぶ。
[10]analysis

[11]試作して試験を行って評価する場合もある。
[12]optimization

●**設計解**　評価の段階を経た設計結果を**設計解**という。設計解は，設計書と国際的に共通な製図に関するさまざまな約束ごとに従って図面にまとめられる。機械は，この図面に基づいて製作される。図面は，設計解の情報の伝達だけでなく，設計情報の保存や検索に利用される。

　ひじょうに複雑な機械を除いて，仕様の決定・総合を同時に進めたり，総合・解析・評価をいっしょに進めたりすることが多い。

問 7　機械の設計において，総合とはどのような作業であるか，解析とはどのような作業であるかを説明せよ。

問 8　図面の役割を説明せよ。

3 コンピュータの活用

　設計から生産のすべての過程で，製品化に要する期間の短縮化，コストの縮小化などが求められている。これらのことに対応するためコンピュータを活用したシステムが有用である。

●**CAD**　設計・製図の作業にコンピュータを活用するシステムで，資料の保管・分類・提示をはじめ，技術計算や作図などの作業を短時間で処理することができる。**CAD**には二次元と三次元がある。三次元CADでは，**モデリング**や部品と**部品の干渉**を立体的に確認できることなどから，導入が進んでいる (図1-9)。

●computer aided design；**コンピュータ支援設計**ともいう。
(JIS B 3402：2000)
❷三次元CADで立体形状を作成すること。
❸隣接する部品がぶつかり合うこと。

　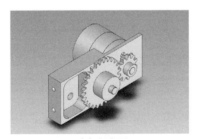

(a) 組立用部品　　　　　　(b) 組立図
▲**図1-9　三次元 CAD によるシミュレーションの例**

●**CAM**　コンピュータによって生産を制御するシステムを**CAM**という。CADのデータを生産用のデータに変換し，設計から生産までを一貫してコンピュータを活用するシステムをCAD/CAMシステムという。

❹computer aided manufacturing

●**CAE**　コンピュータを活用して，設計しようとしている製品の数値**シミュレーション**などの解析を行うシステムを**CAE**という。CAEを活用することによって，試作品をつくるまえにコンピュータ上で製品の動きをくり返して，製品の形状や強度などを検討すること

❺simulation；設計した機械の動きなどを，実物を使わずに，コンピュータで検討する模擬的な試験。
❻CAE；computer aided engineering

ができる。製品開発期間の短縮と経費の削減につながる。

●**3Dプリンタ**❶　　三次元CADで作成されたデータを利用し，立体的な試作品を製作する技術である。組立の確認や性能検査にも活用されている。

❶3D printer；**三次元プリンタ**ともいう。「新訂機械要素設計入門2」のp.188で詳しく学ぶ。

▲図1-10　3Dプリンタで製作した試作品

5　●**インターネット**　　インターネットを活用することで，遠隔地であってもチームで設計を行うことができる。CADやCAMの電子データの共有化ができるため，設計業務の効率化や，CAMデータを出力して試作品を製作する工場の集約化なども可能となる。

　このように，機械を設計するためには，コンピュータはなくてはな10らないものになっている。しかし，設計を進めるうえで中心となるのは人間であり，あくまでもコンピュータシステムは人間の設計作業の助け（支援）となるものである。よい機械を設計できるかどうかは，設計者のすぐれた創造性と経験によるところが大きい。

4　よい機械を設計するための留意点

15　目的の働きをする機械のなかで，よい機械とはどのようなものだろうか。

　よい機械は，おもに次のようなことがらをできるかぎり多く取り入れて設計されたものである。

●**機械の機能を発揮させるための基本的なことがら**❷

20　①目的の仕事を行うしくみになっている。❸

　②部品の強さや寿命などが，仕様を満たしている。

　③部品点数が少なく，組み立てやすい。

　④点検や修理がしやすくなっている。❹

　⑤過去の失敗などの経験を活かしている。

❷よい機械の条件は①〜⑯である。主としてどのようなことが目的になっているかを五つに分けたが，複数の目的にまたがるものもある。
❸構造・機構・駆動・制御などをいう。
❹過去の故障・事故・失敗から学んだ結果の一つとして，さまざまな経験値が用いられている。

第1章　機械と設計

● **機械に要求される一般的なことがら**

⑥無理のない加工法でつくられている。

⑦加工しやすい形や材料を用いている。

⑧標準品や互換性^❶・共通性^❷のある部品を使用している。

● **安全・安心に関係することがら**^❸

⑨安全の考え^❹を取り入れている。

⑩親しみやすいデザインであり，安心して使える。

● **利便性に関することがら**

⑪実際に利用する人が使いやすいように作られている。

⑫価格が安価であり，維持費が安い。

● **環境に関することがら**^❺

⑬環境に悪影響を及ぼす材料を用いていない。

⑭材料のリサイクルを考慮している。

⑮エネルギー消費が少ない。

⑯騒音や振動をおさえている。

❶機械の働きをそこなわずに，ほかの機械の部品と取り換えられること。
❷たとえば，機械各部に使われているねじの種類と大きさを同じにすることなどをいう。
❸「機械に要求される一般的なことがら」に含めてもよい。ここでは安全・安心に注目して，これらの項を設けた。
❹人間は誤操作するという前提で，それを防ぐようにした設計など。詳しくは，p.142 で学ぶ。
❺詳しくは，p.150 で学ぶ。

節末問題

1 次のうち，機械とよべるものはどれか。機械の定義にあてはめて考えよ。

(1) 自転車　　(2) ペンチ　　(3) ディジタル時計　　(4) 橋

2 エネルギーを入力として受け入れ，変換されたエネルギーを出力として出す機械にどのようなものがあるかを調べよ。

3 図 1-11 のボール盤では，どの部分が次の①～④にあたるかを考えよ。

① 入力部　　② 変換・伝達部

③ 出力部　　④ 保持部

4 図 1-11 のボール盤において，進み対偶，回り対偶は，どの部分に使われているかを調べよ。

5 図 1-5(b)の機構を使っている機械にどのようなものがあるかを調べよ。

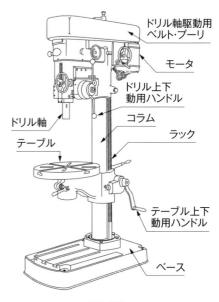

ドリル軸駆動用ベルト・プーリ

モータ

ドリル上下動用ハンドル

コラム

ラック

ドリル軸

テーブル

テーブル上下動用ハンドル

ベース

▲図 1-11

第 2 章

機械に働く力と仕事

　人類は，道具の発明や動力源の発明によっていろいろな機械を製作することが可能になった。これらの機械を使ってさまざまな製品が作られ，便利に生活できるようになった。

　機械を設計するとき，機械の用途や使用条件によってどのような力がどのように働くかを調べ，それに耐える構造を考えなければならない。さらに，物体の運動のしくみを理解して，よい機械を設計しなければならない。

　この章では，物体に働く力はどのようなしくみになっているのだろうか，物体に働く力と運動にはどのような関係があるのだろうか，仕事と動力とはなんだろうか，機械の効率とはなんだろうか，などについて調べる。

　図は，イギリスのケンブリッジ大学のファリッシュ教授が，1820 年に製図の教科書に掲載した等角投影図である。これは，講義用につくった模型を図に表したもので，製図方法の歴史的価値は大きい。

　興味深いのは，この時代に使われていた平行軸や直交軸，歯車，ベルト・プーリ，摩擦車，軸継手などが具体的に示されていることである。

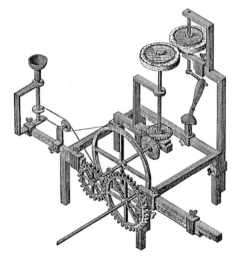

ファリッシュの等角投影図

1節 機械に働く力

　静止している物体に力を加えると動き出す。まっすぐに転がってくる球に横から力を加えると，進行方向が変わる。
　機械には，用途や動きによってさまざまな力が働くので，設計する場合には，つねに力を考える必要がある。力にはどのような性質があるのだろうか。ここでは，力とは何かを調べてみよう。

力の働き▶

1 力

　図2-1のように台車を手で押すと動き出す。速くなった台車を逆の向きに手で引くと，動きが遅くなってやがて止まる。このように，力の作用によって運動の状態が変化する。また，図2-2のように両端が支えられた薄い板の中央を押すと，板はたわむ。このように，力の作用によって物体は変化する。

▲図2-1　台車の動き

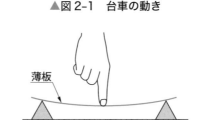

薄板

▲図2-2　薄板の変形

　したがって，わたしたちの日常の経験から，力[1]とは，次のように理解することができる。

❶force

① **物体の運動状態を変化させるもの**
② **物体を変形させるもの**

2 力の表しかた

　力は，図2-3(a)のように，次の三つによって表す。
① **力の大きさ**　力の単位には，**N（ニュートン）**[2]を用いる。大きい力を扱う場合は，**kN（キロニュートン）**[3]などを用いる。
② **力が作用する点**　力が作用する点を**作用点**[4]という。
③ **力の向き**　力の方向を示す線を**作用線**[5]という。
　なお，大きさと向きをもった量を**ベクトル**[6]という。力は，大きさと向きをもつので，ベクトルである。

❷詳しくは，p.47 Note 2-1で学ぶ。
❸見返し3参照。
❹point of action
❺line of action
❻vector

力を図で表す場合は，図 2-3(b)のように矢印によって向き，線分の長さによって大きさを表すと便利である。たとえば，1 N を 10 mm の線分で表せば，2 N は 20 mm で表される。

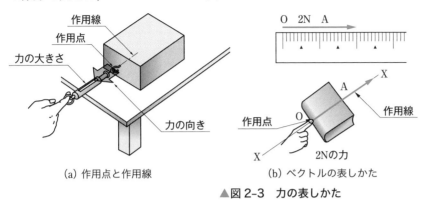

(a) 作用点と作用線　　　　(b) ベクトルの表しかた

作用点 O から力の大きさに比例した長さの線分 OA を引き，その先端に力の向きを表す矢印をつける。
OA を延長した直線 XX が作用線である。

▲図 2-3　力の表しかた

3　力の合成と分解

一つの物体に二つ以上の力が働くとき，それらの力の効果と等しい効果を表すような一つの力を求めることを**力の合成**[1]といい，合成された力を**合力**[2]という。また，一つの力を，これと等しい効果を表す二つ以上の力に分けることを**力の分解**[3]といい，分解して得られた力をそれぞれ，もとの力の**分力**[4]という。

[1]composition of forces
[2]resultant force
[3]decomposition of force
[4]component of force

● 1　作図による力の合成

●作用線が重なる 2 力の合成　　作用線が重なる 2 力の合成は，表 2-1 のようになる。

F_1 と F_2 が同じ向きならば，合力 F は 2 力 F_1 と F_2 の和で，向きは 2 力の向きと同じである。F_1 と F_2 がたがいに逆向きの場合は，合力 F は F_1 と F_2 の差に等しく，向きは大きいほうの力の向きと同じである。

▼表 2-1　作用線が重なる 2 力の合成

	2 力の向きが同じとき	2 力の向きがたがいに逆のとき
2 力	F_1　　　F_2	F_2　　　F_1
合成(1)	F_1　　　F_2	F_1　　　F_2
合成(2)	F_2　　　F_1	F_2　　　F_1
合力	$F = F_1 + F_2$	$F = F_1 - F_2 (F_1 > F_2)$

●**作用線が交わる2力の合成**　図2-4(a)のように，1点OにF_1と
F_2が働くとする。その2力OA, OBを2辺とする平行四辺形OACB
をつくり，その対角線OCをFとすれば，このFがF_1とF_2の合力で
ある。平行四辺形OACBを**力の平行四辺形**という。

　力の合成は，次のように求めてもよい。図(b)のように，一つの力F_1
の矢の先から，もう一つの力F_2に相当する力F_2'をF_2に平行に描き，
その先端Cと点Oを結んでOCとすると，このOCが合力Fである。

　このとき，三角形OACを**力の三角形**という。

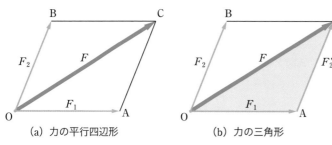

(a) 力の平行四辺形　　(b) 力の三角形

▲図2-4　力の合成

問1　1Nの力を長さ1mmの線分
とし，作図によって図2-5(a)〜(b)に示す
2力の合力を求めよ。

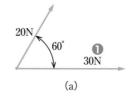

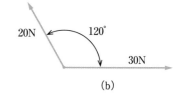

(a)　　　　　　　　　(b)

❶図で求めた長さを測って
数値化するための参考値で
ある。

▲図2-5

●**作用線が交わる同一平面上の多くの力の合成**　1点に働く同一平
面上の多くの力の合成は，2力の合成の方法を順次繰り返して行えば
よい。図2-6は，1点Oに働く五つの力F_1, …, F_5を力の三角形によ
って合成し，合力Fを求めたものである。このようにしてつくられた
多角形を**力の多角形**という。

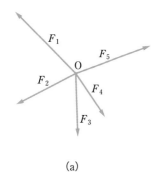

(a)

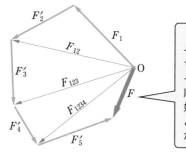

(b)

　力の多角形を描くには，
一つ一つ力の三角形を描か
ずに，F_1の先端からF_2'を，
そしてその先端からF_3'をと，
順次描いて，最後にF_1の
始点とF_5'の先端を結べば
よい。その結果，合力F
が求められる。

▲図2-6　多くの力の合成

問 2　図 2-7 に示す力の合力を，力の多角形を描いて求めよ。

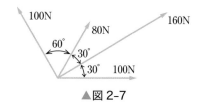

▲図 2-7

2　作図による力の分解

一つの力を二つの力に分解する場合，次のような条件になることが多い。

① 図 2-8(a)，(b)のように，二つの分力の方向（2 本の作用線）が与えられたときのそれぞれの方向の分力の大きさを求める。

② 図(c)のように，一つの分力 F_1 の大きさと向きが与えられたとき，もう一つの分力の大きさと向きを求める。

いずれの場合も，分解される力 F を対角線とする力の平行四辺形を描くことによって，分力 F_1 と F_2 を求めることができる。

なお，図(a)のように，与えられた分力のなす角が直角であるとき，F_1 と F_2 を力 F の**直角分力**という。

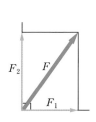

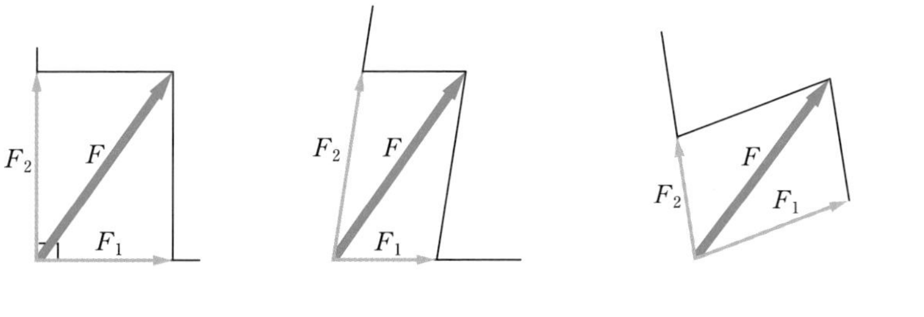

(a)　2 方向が直角をなしているとき

(b)　2 方向が与えられたとき

(c)　一つの分力 F_1（大きさと向き）が与えられたとき

▲図 2-8　力の分解

問 3　図 2-9 で，力 F を図に示す二つの向きの分力に分解して，図示せよ。

問 4　図 2-10 で，力 F を分力 F_1 ともう一つの力に分解して，図示せよ。

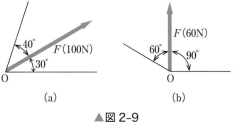

(a)　　　　(b)

▲図 2-9

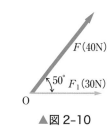

▲図 2-10

3 計算による力の合成

これまでは，図を描いて，力の合成を行ってきたが，[1] 計算による方法について調べてみよう。

●**直角な2力の合成**　直角な2力 F_1，F_2 が与えられれば，その合力 F と F_1 とのなす角 α は，図2-11から次の式で求められる。

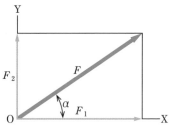

▲図2-11　直角な2力の合成

$$F = \sqrt{F_1{}^2 + F_2{}^2} \qquad (2\text{-}1)$$

$$\tan\alpha = \frac{F_2}{F_1} \qquad (2\text{-}2)$$

❶図によると精度は劣るが，力の向きやおよその大きさがわかり，便利である。
❷三角関数については，付録 p.231 参照。

　1

図2-12のように，$F_1 = 60\,\text{N}$ と $F_2 = 80\,\text{N}$ の2力がたがいに直角に働くときの合力 F と角 α を求めよ。

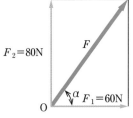

▲図2-12

解答　式 (2-1) より，

$$F = \sqrt{F_1{}^2 + F_2{}^2} = \sqrt{60^2 + 80^2} = 100\,\text{N}$$

式 (2-2) より，

$$\tan\alpha = \frac{F_2}{F_1} = \frac{80}{60} = 1.333$$

したがって，$\alpha = \tan^{-1}1.333 = 53.1°$ ❸

答 $F = 100\,\text{N}$，$\alpha = 53.1°$

問5　図2-13のように，300Nと200Nの2力がたがいに直角に働くときの合力を求めよ。また，合力と300Nの力とのなす角 α を求めよ。

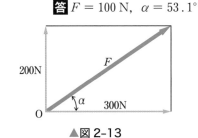

▲図2-13

❸$\tan\alpha = \dfrac{F_2}{F_1}$ において，$\dfrac{F_2}{F_1}$ が与えられて α を求める式は，$\alpha = \tan^{-1}\dfrac{F_2}{F_1}$ である。$\tan^{-1}$ はアークタンジェントと読む。

●**直角でない2力の合成**　図2-14(a)で，2力 F_1，F_2 のなす角が θ であるときの合力 F を求めるには，次のようにする。

力 F_1 の方向にX軸，これに直角にY軸をとる。力 F_2 のX方向およびY方向の分力 X_2 および Y_2 は，図(b)，(c)からわかるように，

$$X_2 = F_2 \cos\theta, \quad Y_2 = F_2 \sin\theta$$

合力 F の X 方向および Y 方向の分力 F_X, F_Y は，

$$F_X = F_1 + X_2 = F_1 + F_2 \cos\theta, \quad F_Y = Y_2 = F_2 \sin\theta \quad (2\text{-}3)$$

となり，合力 F は次のようになる。

$$F = \sqrt{F_X{}^2 + F_Y{}^2} \quad (2\text{-}4)$$

また，合力 F と F_1 とのなす角 α は，次のようになる。❶

$$\tan\alpha = \frac{F_Y}{F_X} \quad (2\text{-}5)$$

❶ F および F と F_1 のなす角 α は，余弦定理 (付録 p.232 参照) から，次のようになる。

$$F = \sqrt{F_1{}^2 + F_2{}^2 - 2F_1 F_2 \cos(180° - \theta)}$$
$$\cos\alpha = \frac{F^2 + F_1{}^2 - F_2{}^2}{2 F F_1}$$

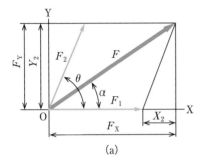
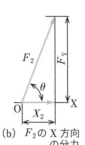
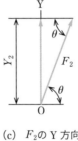

(a)

(b) F_2 の X 方向の分力

(c) F_2 の Y 方向の分力

力	X方向の分力	Y方向の分力
F_1	F_1	0
F_2	X_2	Y_2
F	$F_X = F_1 + X_2$	$F_Y = Y_2$

▲図 2-14　直角でない 2 力の合成

 例題 2

図 2-14(a)において，$\theta = 60°$，$F_1 = 50\,\text{N}$，$F_2 = 80\,\text{N}$ のとき，この 2 力の合力 F と角 α を求めよ。

解答　式 (2-3) より，

$$F_X = F_1 + F_2 \cos\theta = 50 + 80 \times \cos 60° = 90\,\text{N}$$

$$F_Y = F_2 \sin\theta = 80 \times \sin 60° = 69.28\,\text{N}$$

式 (2-4) より，

$$F = \sqrt{F_X{}^2 + F_Y{}^2} = \sqrt{90^2 + 69.28^2} = 114\,\text{N}$$

式 (2-5) より，

$$\tan\alpha = \frac{F_Y}{F_X} = \frac{69.28}{90} = 0.770$$

したがって，

$$\alpha = \tan^{-1} 0.770 = 37.6°$$

答 $F = 114\,\text{N}$, $\alpha = 37.6°$

問 6　図 2-14(a)において，$F_1 = 40\,\text{N}$，$F_2 = 30\,\text{N}$，$\theta = 45°$ のとき，この 2 力の合力 F と角 α を求めよ。

4 計算による力の分解

これまでは，図を描いて，力の分解を行ってきたが，計算による方法について調べてみよう。

●**直角な2力への分解**　図 2-15 のように，力 F を直角な分力 F_1, F_2 に分解すると，次のようになる。

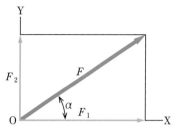

▲図 2-15　直角な2力の分解

$$F_1 = F\cos\alpha, \quad F_2 = F\sin\alpha \qquad (2\text{-}6)$$

●**直角でない2力への分解**　図 2-16(a)で，力 F と分力 F_1 のなす角が α，分力 F_1, F_2 のなす角が θ であるときの，分力 F_1, F_2 を求めるには，次のようにする。

力 F の X 方向および Y 方向の分力 F_X, F_Y は，

$$F_X = F\cos\alpha, \quad F_Y = F\sin\alpha$$

また，分力 F_2 の X 方向および Y 方向の分力 X_2 および Y_2 は，図(b)，(c)からわかるように，

$$X_2 = \frac{F_Y}{\tan\theta} = \frac{F\sin\alpha}{\tan\theta}, \quad Y_2 = F_Y = F\sin\alpha \qquad (2\text{-}7)$$

となり，分力 F_1 および F_2 は，次のようになる。

$$F_1 = F_X - X_2 = F\cos\alpha - \frac{F\sin\alpha}{\tan\theta} \qquad (2\text{-}8)$$

$$F_2 = \frac{Y_2}{\sin\theta} = \frac{F\sin\alpha}{\sin\theta} \qquad (2\text{-}9)$$

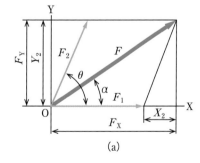
(a)

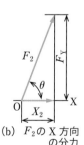
(b)　F_2 の X 方向の分力

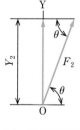
(c)　F_2 の Y 方向の分力

力	X方向の分力	Y方向の分力
F	$F_X = F\cos\alpha$	$F_Y = F\sin\alpha$
F_1	$F_1 = F_X - X_2$	0
F_2	X_2	$Y_2 = F_Y$

▲図 2-16　直角でない2力への分解

例題 3　図 2-16(a)において，$\theta = 60°$，$\alpha = 40°$，$F = 120$ N のとき，F の分力 F_1, F_2 を求めよ。

【解答】　式 (2-7) より,

$$X_2 = \frac{F \sin \alpha}{\tan \theta} = \frac{120 \times \sin 40°}{\tan 60°} = 44.53 \text{ N}$$

$$Y_2 = F \sin \alpha = 120 \times \sin 40° = 77.13 \text{ N}$$

式 (2-8), (2-9) より

$$F_1 = F \cos \alpha - 44.53 = 120 \times \cos 40° - 44.53$$

$$= 47.4 \text{ N}$$

$$F_2 = \frac{F \sin \alpha}{\sin \theta} = \frac{77.13}{\sin 60°} = 89.1 \text{ N}$$

答 $F_1 = 47.4$ N, $F_2 = 89.1$ N

問 7　図 2-16(a)において, $\theta = 70°$, $\alpha = 20°$, $F = 200$ N のとき, 分力 F_1, F_2 を求めよ。

4 力のモーメントと偶力

● 1 力のモーメント

図 2-17(a)のように, スパナでナットを回すとき, 手の位置がナットから遠いほど, ナットを回す力 F が小さくてすむ。このように物体を回転させようとする力の作用を**力のモーメント**[1]という。

また, この場合回転の中心から力の作用線までの垂直距離を**モーメントの腕**という。

図(b)で, 力を F [N], モーメントの腕の長さを r [m] (または [mm]) とすれば, 力のモーメント M は,

$$M = Fr \tag{2-10}$$

で表され, 単位には, N・m, N・mm などが用いられる。

また, 図 2-18 のように, 点Oから a の距離にある点Aに力 F が働き, F と OA とのなす角が θ であるとき, 力 F の点Oのまわりのモーメントは, $r = a \sin \theta$ であるから, 次のようになる。

$$M = Fr = Fa \sin \theta \tag{2-11}$$

問 8　図 2-17(b)で, $r = 300$ mm, $F = 150$ N のとき, 点Oのまわりの力 F のモーメントを求めよ。

問 9　図 2-18 で, $a = 250$ mm, $F = 200$ N, $\theta = 60°$ のとき, 点Oのまわりの力 F のモーメントを求めよ。

[1] moment of force

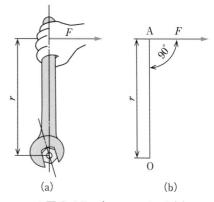

▲図 2-17　力のモーメント(1)

(a)　　　　(b)

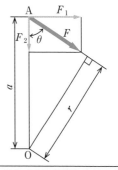

力 F を OA に垂直な向きの分力 F_1 と, OAの向きの分力 F_2 とに分解する。このとき, F の点O のまわりのモーメントは, F_1, F_2 の点 O のまわりのモーメントの和であるから, $M = F_1 \cdot a + F_2 \cdot 0$
　　　　　$= F \sin \theta \cdot a$
となり, 式 (2-11)と一致する。

▲図 2-18　力のモーメント(2)

同一平面上に働く力のモーメントには，左まわりと右まわりがある。計算上必要があれば，たとえば，図2-19のように，正，負の符号をつけて区別する。❶

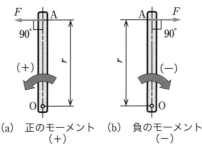

(a) 正のモーメント　(b) 負のモーメント
　　　（＋）　　　　　　　（−）

▲図2-19　力のモーメントの符号

また，一つの物体に多くの力が同時に働く場合，任意の点のまわりの力のモーメントは，それぞれの力のモーメントの和になる。したがって，それぞれの力のモーメントをM_1，M_2，M_3，… として，全体の力のモーメントをMとすれば，次のようになる。

$$M = M_1 + M_2 + M_3 + \cdots \qquad (2\text{-}12)$$

❶本書では，力のモーメントの向きを区別するときは，このようにする。また，図2-19のように，力を物体に加えると，物体は変形するが，力のつり合いなどを考えるときは，単純化するため，物体は変形しないものとして考える。この変形しないと仮定した物体を**剛体**（rigid body）という。
❷図のX座標，Y座標の数値の単位は mm である。以下，本書の図で，長さを示す数値の単位は，特記しないかぎりすべて mm とする。

例題 **4**

図2-20のように，点B，Oにそれぞれ$F_1 = 50$ N，$F_2 = 140$ N の力が働くとき，点Aのまわりの力のモーメントMを求めよ。❷

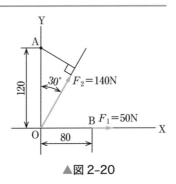

▲図2-20

解答　　式(2-12)で，M_1は点Aのまわりの力F_1のモーメント，また，M_2は点Aのまわりの力F_2のモーメントとする。

$$\begin{aligned}M &= M_1 + M_2 \\ &= 50 \times 120 + 140 \times 120 \times \sin 30° \\ &= 14\,400 \text{ N·mm} \qquad \boxed{答} 14\,400 \text{ N·mm}\end{aligned}$$

問 10　図2-20で，点Bのまわりの力のモーメントを求めよ。

問 11　図2-21のように点Aに2力が加わっているとき，点Oのまわりの力のモーメントを求めよ。

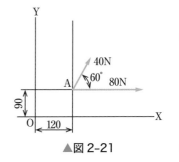

▲図2-21

2　偶　力

図2-22(a)のように，ハンドルを回すとき，大きさが等しく，たがいに逆向きの平行な2力は，合成して一つの力にすることはできない。ハンドルを回す2力は，その和は0であるが，つり合っているのではなく，ハンドルを回す働きをしている。

このように，大きさが等しく，逆向きで，平行な一対の力を**偶力**と^❶いう。偶力がもつ，回転させようとする働きを**偶力のモーメント**という。図 2-22(b)，(c)，(d)でわかるように，偶力のモーメントは回転中心Oの位置に関係なく，その大きさを M とすると，

❶couple

$$M = Fd \qquad\qquad (2\text{-}13)$$

になる。この式で，d は偶力 F の作用線間の距離であって，これを**偶力の腕**という。

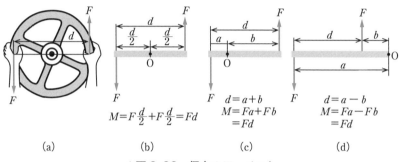

$$M = F\frac{d}{2} + F\frac{d}{2} = Fd$$

$$d = a + b$$
$$M = Fa + Fb = Fd$$

$$d = a - b$$
$$M = Fa - Fb = Fd$$

(a)　　　　　(b)　　　　　(c)　　　　　(d)

▲図 2-22　偶力のモーメント

問 12　図 2-22 で，$F = 100\,\mathrm{N}$，$d = 150\,\mathrm{mm}$ のとき，偶力のモーメントを求めよ。

問 13　ハンドルを使って軸を回すとき，ハンドルを両手で回す場合と，片手だけで回す場合との違いを述べよ。

5 力のつり合い

　物体に力が働くと，静止しているものが動き出し，動いているものの動きが変わるなどの変化が起こる。しかし，多くの力が物体に働いていても運動状態に変化が現れず，全体として，力が働かないのと同様の場合がある。このとき，これらの力はたがいにつり合っているといい，物体は**つり合い**の状態にあるという。

1 1点に働く力のつり合い

　2 力が同一作用線上にあって，大きさが等しく，向きが逆のときは2 力がつり合う。したがって，図 2-23(a)に示す 3 力 F_1，F_2，F_3 がつり合うためには，図(b)のように，このうちの 2 力 (図では F_2 と F_3) の合力が残りの力 (この場合は F_1) と同一作用線上にあって，向きが逆の力と大きさが等しければよい。

　また，図(c)のように，3 力の合力を求めるために力の多角形 (この場合は力の三角形) を描いたとき，合力が 0 となればよい。このとき，

力の多角形は閉じるという。

また，図2-23(d)のように，3力 F_1, F_2, F_3 をX軸方向，Y軸方向に分解したとき，3力がつり合いの状態にあるためには，次の式のように，各軸方向の分力の和が0であればよい。

$$\left. \begin{array}{l} X_1 + X_2 + X_3 = 0 \\ Y_1 + Y_2 + Y_3 = 0 \end{array} \right\} \qquad (2\text{-}14)$$

このように，つり合いの状態とは，力が働かないのと同じ状態をいう。

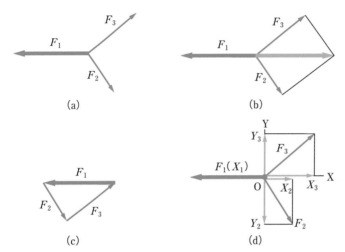

▲図2-23　3力のつり合い

例題 **5**　　図2-24(a)のように，2本のひも OA，OB の交点Oに500 N の力が AB に垂直にかかっている。2本のひもに働く力 F_1, F_2 を求めよ。

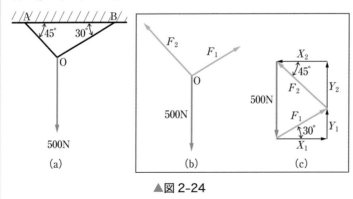

▲図2-24

解答 図2-24(a)の状態で全体としてつり合っている。

点Oに働く力のつり合いを考える。

ひも OA, OB に働く力をそれぞれ F_2, F_1 とする。

500 N, F_1, F_2 の3力は図(b)のような関係にあり, この3力はつり合っているので, 図(c)のように力の三角形は閉じる。

3力をX軸方向, Y軸方向の力に分解すると, 次のようになる。

力	X軸方向の分力	Y軸方向の分力
F_1	$F_1 \cos 30°$	$F_1 \sin 30°$
F_2	$- F_2 \cos 45°$	$F_2 \sin 45°$
-500	0	-500

❶力の向きは正, 負の符号をつけて区別する。ふつう, 直角座標系では, 上向きと右向きを正, 下向きと左向きを負とする。

X軸方向　　$F_1 \cos 30° - F_2 \cos 45° = 0$

　　　　　　$0.866 F_1 - 0.7071 F_2 = 0$　　　　(a)

Y軸方向　　$F_1 \sin 30° + F_2 \sin 45° - 500 = 0$

　　　　　　$0.5 F_1 + 0.7071 F_2 - 500 = 0$　　　　(b)

式(a), (b)から F_1, F_2 を求めれば,

　　　　$F_1 = 366 \text{ N}$, $F_2 = 448 \text{ N}$

答 ひも OA に働く力 448 N, ひも OB に働く力 366 N

問14 図2-24で, 2本のひもと水平面とのなす角がともに 45° であるとき, ひもに加わる力を求めよ。また, ともに 60° の場合についても求めよ。

2 作用点の異なる力のつり合い

図2-25(a)は, 大きさの等しい F_1, F_2, F_3, F_4 の四つの力がたがいに直角の方向で, 1点Oに作用している。この条件では, これらの四つの力はつり合っている。また, 図(b)は, 1辺 a の正方形の辺に沿って大きさの等しい四つの力が作用している。

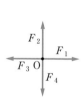
(a) つり合っている

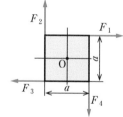
(b) つり合わない（回転する）

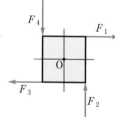
(c) つり合っている（回転しない）

▲図2-25　力のつり合い

力の多角形を描くと, この多角形は閉じるが, 全体としては右まわりに回ろうとする力のモーメントが働き, つり合いの状態にあるとはいえない。この場合, つり合いの状態にあるためには, たとえば, 力の向きを図(c)のようにしなければならない。

一般に, 作用点の異なる力のつり合いの条件としては,

① 合力が0であること

② 任意の点のまわりのそれぞれの力のモーメントの和が0であること

が必要である。すなわち、多くの力が働いているときに、それぞれの力のX軸方向、Y軸方向の分力を X_1, X_2, X_3, …, Y_1, Y_2, Y_3, … とし、また、任意の点Oのまわりのそれぞれの力のモーメントを M_1, M_2, M_3, … とすれば、それらの力のつり合いの条件は、次の式で示される。

$$\left.\begin{array}{l} X_1 + X_2 + X_3 + \cdots = 0 \\ Y_1 + Y_2 + Y_3 + \cdots = 0 \\ M_1 + M_2 + M_3 + \cdots = 0 \end{array}\right\} \qquad (2\text{-}15)$$

例題 **6**　図 2-26 は固定した回転軸が、点Oで支えられたベルクランクである。図のような状態でつり合う、OBに垂直な力 F を求めよ。

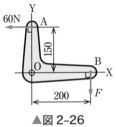

▲図 2-26

解答　つり合いの条件から、点Oのまわりの力のモーメントの和を0として式をつくる。

$$60 \times 150 - F \times 200 = 0$$
$$F = 45\,\text{N}$$

答 45 N

問 **15**　図 2-27 のように、OB のなす角がX軸と 30° であるとき、つり合う力 F を求めよ。

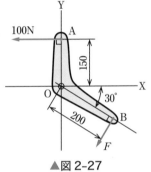

▲図 2-27

6　重 心

物体の**質量**❶が、ある点に集中し、重力がそこだけに作用していると考えると、複雑な力の計算が簡単になる。

● 1　重 心

物体には、その点を支えるときは、物体の姿勢にかかわらず、必ずつり合いを保つ点がある。この点を**重心**または**質量中心**という。物体は、図 2-28(a) に示すように、多数の小さな部分の集合体とみなすことができる。各部分に働く重力を

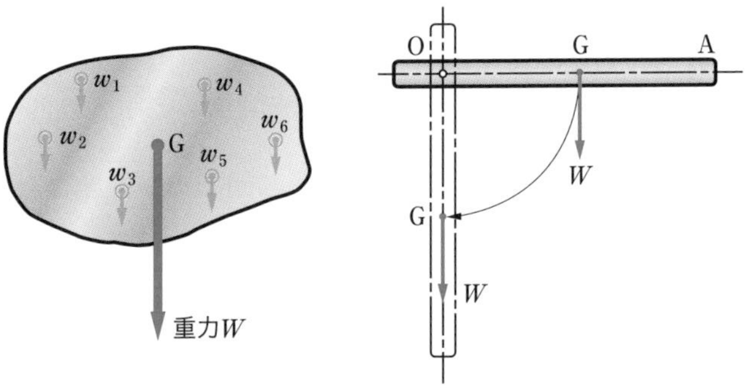

(a) 重力と重心

(b) 重心

▲図 2-28　重心

❶mass
❷center of gravity
❸center of mass

w_1, w_2, w_3, … とすると，w_1, w_2, w_3, … はすべて鉛直下方に働く平行力である。これらの合力 $W\,(= w_1 + w_2 + w_3 + \cdots)$ は，物体の姿勢にかかわらず，重心Gに作用すると考えられる。

重心の性質として，図(b)のように点Oを中心として回転できる棒は，その重心Gが回転中心Oの鉛直下にきた位置で静止する。また，重心Gを回転中心にすると，棒はどの位置でも静止する。なお，平面図形の重心は，**図心**❶ともいう。

● 2 　重心の求めかた

質量が面積に比例する均質な図 2-29(a) の平面図形の重心を求めてみよう。

まず，平面図形を重心がわかっている形に分割する。図では，二つの長方形に分割❷する。

次に，任意の点を原点Oとして直交するX軸とY軸を引き，全体の面積をA，重心Gの座標を (x, y) とする。

また，分割した二つの長方形の面積を A_1, A_2，それぞれの重心 G_1, G_2 の座標を (x_1, y_1), (x_2, y_2) とする。

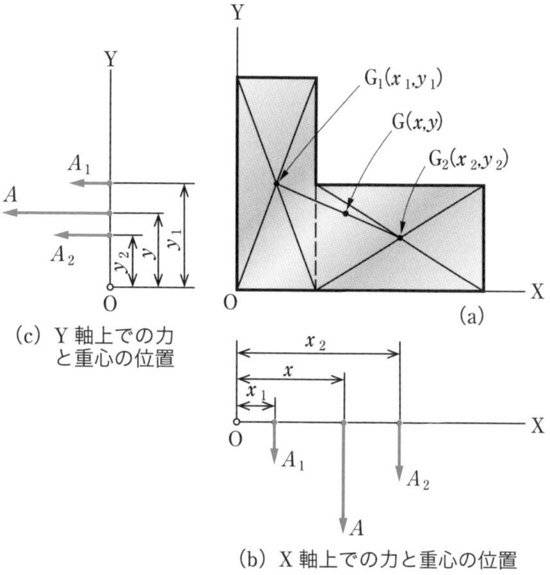

(c) Y軸上での力と重心の位置

(a)

(b) X軸上での力と重心の位置

▲図 2-29 　重心の求めかた

図(b)のように，X軸に垂直に働く力による点Oまわりの力のモーメントを考える。面積 A_1 による力のモーメントは $A_1 x_1$，面積 A_2 による力のモーメントは $A_2 x_2$ である。面積Aによる点Oまわりの力のモーメント Ax は，$A_1 x_1$ と $A_2 x_2$ の和になるので，

$$Ax = A_1 x_1 + A_2 x_2 \quad (A = A_1 + A_2) \qquad (2\text{-}16)$$

同様に，図(c)のように，Y軸に垂直に働く力による点Oまわりの力のモーメント Ay は，次のようになる。

$$Ay = A_1 y_1 + A_2 y_2 \qquad (2\text{-}17)$$

式 (2-16), (2-17) から，全体の重心Gの座標 (x, y) は，次のようになる。❸

❷長方形の重心は，対角線の交点である。

❸重心Gは G_1, G_2 を結んだ直線上にある。

$$x = \frac{A_1 x_1 + A_2 x_2}{A}$$
$$\left.y = \frac{A_1 y_1 + A_2 y_2}{A}\right\} \quad (2\text{-}18)$$

このように，均質で厚さが一定の物体では，質量のかわりに面積を使って重心を求めることができる。

また，重心は図2-30のように糸を使った簡単な実験によっても求めることができる。

① 平面図形の1点に小さな穴1をあけて糸でつるし，穴の中心から鉛直下向きに線を引く。

② 違った位置に穴2をあけて糸でつるし，穴の中心から鉛直下向きに線を引く。

③ 二つの直線は重心を通るので，2直線の交点が重心である。

表2-2は基本的な形状の重心の位置を示したものである。

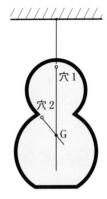

▲図2-30　実験による重心の求めかた

例題 7　図2-31(a)のような平面図形の重心を求めよ。

解答　図(b)のようにX軸，Y軸をとる。また，図形を重心がわかっている三つの部分に分け，正方形（面積 A_1）の重心を G_1，長方形（面積 A_2）の重心を G_2，二等辺三角形（面積 A_3）の重心を G_3，全体（面積A）の重心をGとすると，

$A_1 = 150 \times 150 = 22\,500\ \text{mm}^2$

$A_2 = 280 \times 200 = 56\,000\ \text{mm}^2$

$A_3 = \dfrac{1}{2} \times 200 \times 210 = 21\,000\ \text{mm}^2$

$A = A_1 + A_2 + A_3 = 22\,500 + 56\,000 + 21\,000$
$\quad = 99\,500\ \text{mm}^2$

となり，式(2-18)より，

$x = \dfrac{22\,500 \times 0 + 56\,000 \times 65 + 21\,000 \times 275}{99\,500}$

$\quad = 94.6\ \text{mm}$

$y = \dfrac{22\,500 \times 175 + 56\,000 \times 0 + 21\,000 \times 0}{99\,500}$

$\quad = 39.6\ \text{mm}$

答 重心は $x = 94.6\ \text{mm}$，$y = 39.6\ \text{mm}$の位置

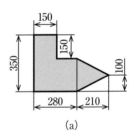

(a)

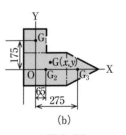

(b)

▲図2-31

▼表 2-2　基本的な形状の重心の位置

	図　形	重　心	図　形	重　心
線形	直線 A　G　B	中　点	円弧 A θ θ B　r	中心線上 $y = \dfrac{r\sin\theta°}{\theta°}$ $\times \dfrac{180°}{\pi}$
平面形	長方形	対角線の 交　点	平行四辺形 a　b　θ　x　y	対角線の 交　点 $x = \dfrac{a + b\cos\theta}{2}$ $y = \dfrac{b\sin\theta}{2}$
平面形	三角形 h　y	中線の 交　点 $y = \dfrac{1}{3}h$	円	中　心
平面形	扇形 θ θ　r　y	中心線上 $y = \dfrac{2r\sin\theta°}{3\theta°}$ $\times \dfrac{180°}{\pi}$	菱形	対角線の 交　点
立体形	直方体	向き合って いる面の重 心を結んだ 線の交点	球	中　心
立体形	円すい・角すい h　y	軸線上 $y = \dfrac{1}{4}h$	半球 y　r　O	中心線上 $y = \dfrac{3}{8}r$

問 16　図 2-32 のような平面図形の重心を求めよ。

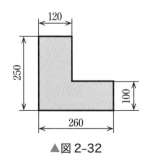

▲図 2-32

例題 **8**　図2-33のように，大円板から小円板を切り抜いた残りの部分の重心を求めよ。

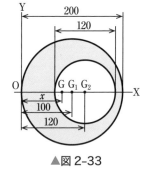

▲図2-33

解答　大円板（面積 A_1）の重心を G_1，小円板（面積 A_2）の重心を G_2，残部（面積 $A_0 = A_1 - A_2$）の重心を G とする。図において，残部と小円板を合わせると大円板となり，残部と小円板との点Oのまわりの力のモーメントの和は，大円板の力のモーメントに等しいので，次の式がなりたつ。

$$A_0 \times x + A_2 \times 120 = A_1 \times 100$$

これから x を求めると，

$$x = \frac{A_1 \times 100 - A_2 \times 120}{A_0}$$

$$= \frac{\dfrac{\pi}{4} \times 200^2 \times 100 - \dfrac{\pi}{4} \times 120^2 \times 120}{\dfrac{\pi}{4} \times (200^2 - 120^2)}$$

$$= 88.8\ \text{mm}$$

答 大円板の外周から G_1G_2 線上 88.8 mm の位置

問 17　図2-34のような平面図形の重心ををを求めよ。

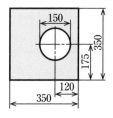

▲図2-34

節末問題

1　150 N の力を F_1，F_2 の直角分力に分解せよ。ただし，F_1 は 150 N の力と $30°$ をなすものとする。

2　図2-35のように，200 N の力が斜面に働いているとき，この力を斜面に平行および垂直な2力に分解し，それぞれ求めよ。

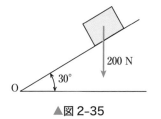

▲図2-35

3　図2-36で示す力の合力を，図による方法と計算による方法で求めよ。

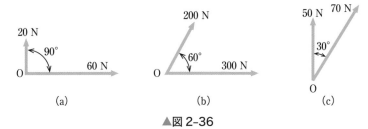

▲図2-36

4　同じ高さで 1 m 離れた2点にひもをつけて，おのおの 1 m になるように結ぶ。結び目におもりをつるして，ひもが受ける力を 10 N としたい。おもりに働く重力を求めよ。

5　前問のひもの長さが, 一方は 600 mm, 片方は 800 mm になるように結び, その結び目におもりをつるす。おもりに働く重力が 10 N のとき, 2 本のひもが受ける力をそれぞれ求めよ。

6　図 2-37 で, 四つの力がつり合っている。力 F_3, F_4 を求めよ。

7　図 2-38 で, 棒 BC は壁に点 B をピンで止められ, 点 C をロープ AC で支えられている。点 C に 300 N の力が作用したとき, 棒 BC およびロープ AC に働く力を求めよ。

8　図 2-39 で, 棒 BD を回転端 B で水平に支え, 点 C をロープで支えている。棒の端 D に鉛直下向きに 150 N の力を加えるとき, ロープ AC に働く張力を求めよ。

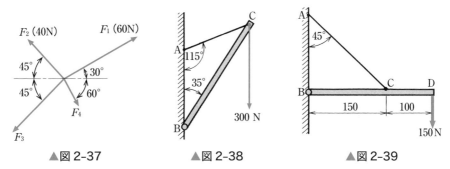

▲図 2-37　　　　　▲図 2-38　　　　　▲図 2-39

9　図 2-40 のように, 正三角形の各辺に働く等しい大きさの 3 力は, 偶力のような働きをすることを証明せよ。また, 正三角形の 1 辺の長さを 200 mm とし, 力の大きさを 50 N としたとき, 3 力のモーメントの和を求めよ。

10　直径 350 mm のハンドル車を, 両手で, おのおの 50 N の力で回したとき, 偶力のモーメントを求めよ。

11　図 2-41 のような平面図形の図心を求めよ。

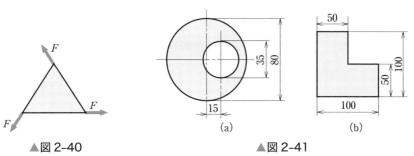

▲図 2-40　　　　　　　　　▲図 2-41

Challenge

身近な道具 (かなづち, のこぎりなど) を使う場合を考え, 道具を使うときの力をベクトルで表してみよう。

第 2 章　機械に働く力と仕事

2 節 運　動

運動には，直線運動と回転運動がある。機械はこの二つの運動の組み合わせで動いている。

機械を設計するためには，運動の基本を理解しておくことが重要である。物体の運動にはどのような性質があるのだろうか。

ここでは，運動の表しかた，物体に作用する力と運動のかかわりについて調べよう。

フライスの動き▶

1 直線運動

1 変位と速度

図 2-42 は，一定速度で走行している自動車の一定時間ごとの位置を示している。物体が運動して位置を変えるとき，その位置の変化を**変位**[1]といい，単位時間あたりの変位を**速度**[2]という。

変位も速度も，向きと大きさをもつベクトルである。したがって，力と同じように矢印をつけた線分で表すことができる。

単位時間の変位のうち，向きを考えない大きさだけの量は**速さ**[3]という。

[1]displacement
[2]velocity
[3]speed

$v=10$[m/s]の場合　　　　　　　　　　　　　1秒ごとの移動距離[m]

0　　　　　　10　　　　　20　　　　　30

s[m]

▲図 2-42　等速直線運動

図のように，速度が一定の直線運動を**等速直線運動**[4]という。物体が速度 v[m/s]の等速直線運動をして，時間 t[s：秒]の間に距離 s[m]移動したとすれば，次の関係が得られる。

[4]linear uniform motion

$$v = \frac{s}{t}, \quad s = vt \qquad (2\text{-}19)$$

速度の単位は m/s であるが，工作機械の切削速度などでは毎分の速度 m/min，交通機関では毎時の速度 km/h が使われることが多い。

速度が一定でない運動では，この式の v は**平均速さ**[5]を表す。

図 2-43 において，ある物体が点Aから時間 t ののちに点Bに達したとき，その間の経路APBの距離を s とすると，$v = \dfrac{s}{t}$ を経路 AB 間の平均速さという。

[5]mean speed；直線運動では平均速度といってよい。

経路上のある点Pの速度の向きは，その位置における経路の接線の向きである。

物体がどのような経路を移動しても，点Aから点Bまで動いたときの変位は線分ABで表される。

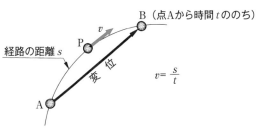

▲図2-43　平均速さ

問 18　90 km/h を m/s 単位で表せ。

問 19　羽田空港を 7 時 00 分に飛び立った旅客機が，1041 km の距離を飛んで福岡空港に 8 時 50 分に着いた。この旅客機の平均速さを km/h の単位で求めよ。

● 2　加速度

図2-44 は，斜面をくだる模型自動車である。空気抵抗などの影響がないものとすれば，一定時間ごとの移動距離が大きくなり，速度がしだいに増える。このような単位時間あたりの速度の変化を**加速度**[1]という。加速度も速度と同様にベクトルである。

❶acceleration

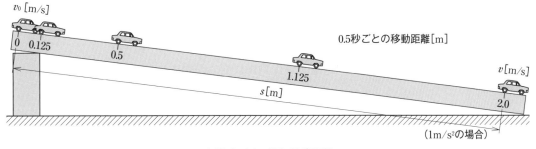

0.5秒ごとの移動距離[m]

▲図2-44　等加速度運動

一定の加速度を**等加速度**[2]といい，この場合の運動を**等加速度運動**[3]という。加速度の単位は_{メートル毎秒毎秒} m/s^2 であり，1 m/s^2 は 1 秒間に 1 m/s の割合で速度が変わることを表している。

❷uniform acceleration
❸uniformly accelerated motion

図において，等加速度でくだる模型自動車の速度が t [s] の間に v_0 [m/s] から v [m/s] に変化したとする。この場合の加速度 a [m/s^2] は，

$$a = \frac{v - v_0}{t} \qquad (2\text{-}20)$$

❹初速 v_0 より，t 秒後の速度 v が小さくなる（速度が遅くなる）ときは $v_0 > v$ となるため，加速度 a は負になる。

したがって，等加速度運動において，加速度 a，初速 v_0 がわかっているときには，t 秒後の速度 v は，次の式で表される。

$$v = v_0 + at \qquad (2\text{-}21)$$

また，初速が v_0 で，t 秒後の速度が v であるとき，この間の移動距

離 s は，この間の平均速度が $\dfrac{v_0 + v}{2}$ であるから，これに t を乗じて，式 (2-21) を代入すると，次の式が得られる。

$$s = v_0 t + \frac{1}{2}at^2 \qquad (2\text{-}22)$$

式 (2-21)，式 (2-22) から t を消去すると，次の式が得られる。

$$v^2 - v_0{}^2 = 2as \qquad (2\text{-}23)$$

 例題 9 速度 $v_0 = 5\,\mathrm{m/s}$ で走っている自動車が，加速度 $a = 1.5\,\mathrm{m/s^2}$ で加速されるとき，10 秒後の速度 v を求めよ。

【解答】 式 (2-21) より，

$$v = v_0 + at = 5 + 1.5 \times 10 = 20\,\mathrm{m/s} \qquad \boxed{\textbf{答}}\ 20\,\mathrm{m/s}$$

【問 20】 速度 10 m/s で走っていた自動車が，等加速度運動をして，4 秒後に 22 m/s になった。この間の加速度を求めよ。

【問 21】 速度 150 m/s で飛行している飛行機が加速度 3 m/s² で加速するとき，5 秒後の速度を求めよ。また，この間の飛行距離を求めよ。

● 3 重力加速度

空中に支えられた物体は，支えをはずすと，鉛直下方に速度をしだいに増しながら落下する。これは，地球上では物体に引力が働き，一定の加速度を生じるためで，この引力を**重力**❶，加速度を**重力加速度**❷という。重力加速度は記号 g で表し，本書では，$g = 9.8\,\mathrm{m/s^2}$ とする。

重力加速度を g とし，空気の抵抗はないものとすれば，g は一定であるから，落下の運動は等加速度運動である。したがって，物体を初速 $v_0\,[\mathrm{m/s}]$ で鉛直下方に投げたときの t 秒後の速度 $v\,[\mathrm{m/s}]$ および落下距離 $h\,[\mathrm{m}]$ は，式 (2-21) と式 (2-22) の a を g に，s を h に置きかえ，次の式で与えられる。

$$v = v_0 + gt \qquad (2\text{-}24)$$

$$h = v_0 t + \frac{1}{2}gt^2 \qquad (2\text{-}25)$$

なお，物体が静止状態から自由落下するときは，初速 $v_0 = 0\,\mathrm{m/s}$ であるから，

$$v = gt \qquad (2\text{-}26)$$

$$h = \frac{1}{2}gt^2 \qquad (2\text{-}27)$$

となる。

❶gravity
❷acceleration of gravity
❸ g は，地球の重力による加速度で，すべての物体に対して一様に働いている。その値は地球上の場所・高度などで若干の違いがあるが，国際標準値として，9.80665 m/s² を採用している。

例題 **10** 高さ $h = 300\,\mathrm{m}$ のところから自由落下する物体の $t = 4$ 秒後の速度 v，および地上に達するまでの時間 t を求めよ。

解答 式 (2-26) より，$v = gt = 9.8 \times 4 = 39.2\,\mathrm{m/s}$

式 (2-27) の $h = \dfrac{1}{2}gt^2$ より，

$$t = \sqrt{\frac{2h}{g}} = \sqrt{\frac{2 \times 300}{9.8}} = 7.82\,\mathrm{s}$$

答 $39.2\,\mathrm{m/s}$，$7.82\,\mathrm{s}$

問 **22** 物体が自由落下しはじめて，$10\,\mathrm{m/s}$ の速度になるまでの時間を求めよ。

問 **23** 物体が自由落下するとき，最初の 2 秒間に落下する距離と，次の 1 秒間に落下する距離を求めよ。

2 回転運動

● 1 周速度

図 2-45 のように，円筒に糸を巻きつけて t 秒間に $l\,[\mathrm{m}]$ の長さの糸を一定速度で引いたとする。円周上の点Pの速度 $v\,[\mathrm{m/s}]$ は，次のようになる。

$$v = \frac{l}{t} \qquad (2\text{-}28)$$

この円周上の速度を**周速度**❶といい，向きは円周の接線方向である。

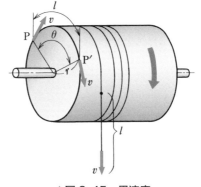

▲図 2-45　周速度

● 2 角速度

回転運動❷の速度は単位時間あたりの回転角度で表し，これを**角速度**❸という。図 2-45 において，t 秒間に $\theta\,[\mathrm{rad}]$❹回転すれば，円筒の角速度 $\omega\,[\mathrm{rad/s}]$ は，次のようになる。

$$\omega = \frac{\theta}{t} \qquad (2\text{-}29)$$

円筒の半径を $r\,[\mathrm{m}]$ とすれば，円弧の長さは $l = r\theta\,[\mathrm{m}]$❺であるので，周速度 $v\,[\mathrm{m/s}]$ と角速度 $\omega\,[\mathrm{rad/s}]$ の関係は，次のようになる。

$$v = \frac{l}{t} = r\omega \qquad (2\text{-}30)$$

❶peripheral velocity
❷rotational motion
❸angular velocity
❹radian；ラジアンは，角度の大きさを表す単位である。
❺1 rad は，円弧の長さ l が半径 r と等しくなる角度で $1\,\mathrm{rad} \fallingdotseq 57.3°$ である。中心角 $\theta\,[\mathrm{rad}]$ と半径 r，円弧の長さ l との間には，

$$\theta = \frac{l}{r}, \ \ l = r\theta$$

の関係がある。$\pi\,[\mathrm{rad}]$ は $180°$ である。

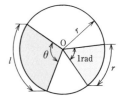

3 回転速度

　工作機械やモータなどの回転は，単位時間あたりの回転数 n によって表すことが多い。これを**回転速度**[1]という。

　回転速度の単位は，1分間の回転数の場合は [min^{-1}] によって表し，1秒間の回転数の場合は [s^{-1}] である[2]。また，1回転の角度は 2π [rad] だから，回転速度 n [min^{-1}] と角速度 ω [rad/s] の関係は次のようになる。

$$\omega = \frac{2\pi}{60}n \qquad\qquad (2\text{-}31)$$

[1] rotational velocity
[2] 機械の軸などの回転速度は，一般に min^{-1} で表す。このほかに，rpm (revolutions per minute) や，rps (revolutions per second) も使用されている。

例題 11　直径 $d = 40$ mm の丸棒を旋盤に取りつけて周速度（切削速度という）が1分間に 30 m になるように回転させたい。このときの毎分の回転速度 n を求めよ。

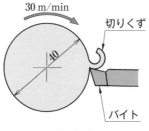
▲図 2-46

解答　半径は $r = \dfrac{d}{2}$ だから，式 (2-30), (2-31) より，

$$v = \frac{d}{2} \cdot \frac{2\pi}{60}n \ [\text{mm/s}]$$

$$= \frac{60 \times \pi dn}{60 \times 10^3} = \frac{\pi dn}{1 \times 10^3} \ [\text{m/min}]$$

となる。回転速度 n は，

$$n = \frac{v \times 10^3}{\pi d} = \frac{30 \times 10^3}{\pi \times 40} = 239 \ \text{min}^{-1}$$

答 239 min^{-1}

問 24　図 2-47 のように，旋盤で円筒の端面を切削したい。円筒が 250 min^{-1} で回転しているとき，直径 80 mm の位置，および直径 20 mm の位置での周速度を求めよ。

問 25　直径 800 mm の車輪が，周速度 200 mm/s で回っている。この車輪の角速度を求めよ。

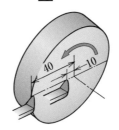
▲図 2-47

4　向心加速度

図2-48(a)のようなハンマ投げではハンマは, つ
ねに人の方向 (円の中心) に引っ張られ, ある速度
になったところで放たれると円の接線方向に飛び
出す。

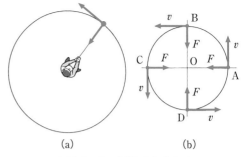
▲図2-48　周速度と向心力

図(b)のように, 物体が点Oのまわりを一定の周
速度で回転しているとき, 物体はたえず円の接線
方向に飛び出そうとする。

この物体が円運動を続けるには, 中心Oに向かってたえず引っ張る
力が作用していなければならない。

この力を**向心力**という。向心力を生じさせる加速度を**向心加速度**と
いう。向心加速度 $a\,[\mathrm{m/s^2}]$, 周速度 $v\,[\mathrm{m/s}]$, 角速度 $\omega\,[\mathrm{rad/s}]$ には,
次の関係がある。

❶centripetal force
❷centripetal acceleration

$$a = v\omega \tag{2-32}$$

式 (2-30) から $\omega = \dfrac{v}{r}$ となり, 向心加速度は次のようになる。

$$a = r\omega^2 = \frac{v^2}{r} \tag{2-33}$$

問 26　図2-48(a)のハンマ投げで, ワイヤを使い, 1回転0.5秒の速度で回転
させた。このときの向心加速度を求めよ。ただし, 回転中心からハンマの中心ま
での長さを1.85 m とする。

❸質量 $m\,[\mathrm{kg}]$ の物体に作
用する力 $F\,[\mathrm{N}]$ と生じる加
速度 $a\,[\mathrm{m/s^2}]$ の関係は,
　　$F = ma$
となる。詳しくは, p.47
で学ぶ。

5　向心力と遠心力

図2-49のようにハンマ (物体) の質量を $m\,[\mathrm{kg}]$, 向心加速度
を $a\,[\mathrm{m/s^2}]$, 回転速度を $n\,[\mathrm{s^{-1}}]$ とすれば, 向心加速度による向
心力 $F\,[\mathrm{N}]$ は, 次のようになる。

$$F = ma = m\frac{v^2}{r} = mr\omega^2 = mr(2\pi n)^2 \tag{2-34}$$

力 F でワイヤを引っ張る人には, 逆向きの力 $F'\,(= -F)$ がハ
ンマに作用しているように感じる。この向心力とつり合う逆向き
の力を**遠心力**という。

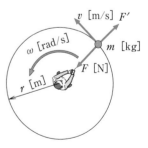
▲図2-49　向心力と遠心力

❹centrifugal force

例題12 　図2-50のように速度 $v = 72\,\mathrm{km/h}$ で，カーブの半径 $r = 400\,\mathrm{m}$ の道を走っている自動車がある。車内の，質量 $m = 60\,\mathrm{kg}$ の運転手に作用する遠心力 F を求めよ。

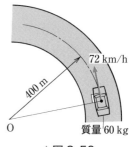

▲図2-50

[解答]　自動車の秒速 $v\,[\mathrm{m/s}]$ は，

$$v = 72\,\mathrm{km/h} = \frac{72 \times 10^3}{60 \times 60} = 20\,\mathrm{m/s}$$

車内の運転手に作用する遠心力 F は，式(2-34)より，

$$F = m\frac{v^2}{r} = 60 \times \frac{20^2}{400} = 60\,\mathrm{N} \qquad \textbf{答}\ 60\,\mathrm{N}$$

問 27　質量 50 kg の人が 3 m/s の速さの自転車で半径 10 m のカーブを走るとき，この人に作用する遠心力を求めよ。

節末問題

1　速度 8 m/s で走っている自動車が 2 m/s² の等加速度運動をしたとき，10 秒後の速度と，この間に走った距離を求めよ。

2　速度 36 km/h で走っていた自動車がブレーキをかけてから 8 m 走って止まった。このとき，自動車に作用した平均加速度を求めよ。

3　図2-51のように，直径 200 mm の円板が 500 min⁻¹ で回転している。この円板の周速度と角速度，外周に生じる向心加速度を求めよ。

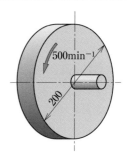

▲図2-51

4　図2-52のような両頭グラインダの外径 205 mm のといし車が，回転速度 2970 min⁻¹ で回っている。といし車の角速度および周速度を求めよ。

▲図2-52

*C*hallenge

　長さや距離などを表す場合，mm や m，km を使うことが多いが，これ以外の長さや距離を表す単位を調べてみよう。

3節 力と運動の法則

電車が走りだすとき，乗っている人は，電車の走りだす向きとは逆向きに倒れそうになる。また，急ブレーキがかかると，電車の走っている向きに倒れそうになる。このように，運動する物体と力の間には深い関係がある。
ここでは，力と運動のいろいろな法則について学び，運動と力の関係を調べてみよう。

ジェットコースターの運動▶

1 運動の法則

1 運動の第一法則（ニュートンの第一法則）

「物体に外から力が働かないかぎり，その運動の状態はかわらない。」これを**運動の第一法則**[1]あるいは**ニュートンの第一法則**という。

これは，力が加わらなければ図2-53のカーリングのストーンのように，動いている物体はいつまでも動き続けようとし，静止している物体は静止し続けるという運動の性質があるからである。このような性質を**慣性**[2]といい，この法則を**慣性の法則**[3]ともいう。

摩擦力や空気抵抗などによる力が働かなければ，ストーンは氷の上を直線運動し続ける。

▲図2-53 カーリング

2 運動の第二法則（ニュートンの第二法則）

「物体に力が作用したとき，生じる加速度の向きは，力の向きと一致し，その大きさは力の大きさに比例する。」これを**運動の第二法則**[4]あるいは**ニュートンの第二法則**という。

図2-54(a)のように，加速度は作用する力の大きさに比例し，物体の質量に反比例する。

いいかえれば，加える力が同じであれば，質量が大きいほど図(b)のように加速度は小さくなる。

このような関係は，力をF [N]，加速度をa [m/s²]，質量をm [kg]とすると，次の式によって表される。

$$F = ma \tag{2-35}$$

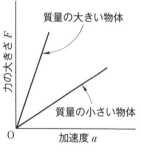

(a) 質量と加速度

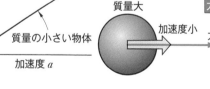

(b) 質量の違いと加速度

▲図2-54 力と物体の運動

[1] first law of motion
[2] inertia
[3] law of inertia
[4] second law of motion

Note📖 2-1 ニュートン

力を表す単位N（ニュートン）は，物理学者アイザック・ニュートンにちなんで名付けられた。1Nは質量1kgの物体に1m/s²の加速度を生じさせる力である。

式 (2-35) を**運動方程式**[1]といい，この式で表される法則を運動の法則ともいう。

地球上の質量 m [kg] の物体には，重力加速度 g [m/s²] が作用しているので，物体に働く重力 W [N] は，

$$W = mg \qquad (2\text{-}36)$$

で表される。

式 (2-36) を式 (2-35) に代入すれば，

$$F = \frac{W}{g}a \qquad (2\text{-}37)$$

となる。

 例題13 速度 $v_0 = 6$ m/s で運動している質量 $m = 50$ kg の物体に，一定の力 F を，運動の向きに $t = 8$ 秒間連続して加えたら，速度 $v = 10$ m/s になった。このときの力 F を求めよ。

$\boxed{\text{解答}}$ 加速度は，式 (2-20) より，

$$a = \frac{v - v_0}{t} = \frac{10 - 6}{8} = 0.5 \text{ m/s}^2$$

加えた力は，式 (2-35) より，$F = ma = 50 \times 0.5 = 25$ N

$\boxed{答}$ 25 N

問 **28** 静止している質量 20 kg の物体に，一定の大きさの力を 5 秒間加えて速度を 20 m/s にしたい。いくらの力を加えたらよいか。

問 **29** ある物体に 50 N の力を加えて，10 m/s² の加速度を得た。その物体の質量を求めよ。

● 3 運動の第三法則（ニュートンの第三法則）

「物体Aが物体Bに力を働かせたときは，同時に，物体Bも物体Aに力を働かせたことになる。その力は，大きさが等しく，向きが逆である。」これを**運動の第三法則**あるいは**ニュートンの第三法則**[2]という。

いま，図 2-55 のように，ボートAに乗っている人が，ボートBを右へ押すと，ボートBも同じ大きさの力で押し返し，ボートAは左へ動く。

この二つの力は作用線が一致し，向きが反対で大きさが等しい。この法則を**作用反作用の法則**[3]ともいう。

> ✎ Note📖 2-2 　**重力加速度**
> 　ニュートンによる万有引力の法則は，「すべての物体はたがいに引き合う。その力の大きさは，引き合う物体の質量の積に比例し，距離の二乗に反比例する」である。物体と地球が引き合っている力は，地球が物体を引きつけていると理解してもよい。

[1] equation of motion

[2] third law of motion

[3] law of action and reaction

A B

▲図2-55 作用と反作用

4 慣性力

　電車が動きはじめたとき，車内につるされた物体の状態が図2-56(a)のようになることがみられる。

⁵　いま，電車の加速度をa，ひもでつるされた物体の質量をm，ひもの張力をSとする。

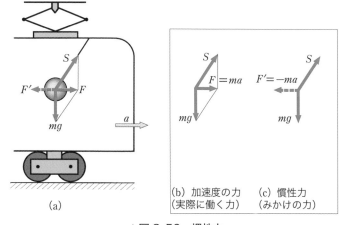

(a)

(b) 加速度の力
（実際に働く力）

(c) 慣性力
（みかけの力）

▲図2-56　慣性力

　つるされた物体が電車とともにaの加速度で運動するためには，

¹⁰　物体には進行方向に$F = ma$の力が働いていなければならない。このとき，mgとSの合力がFとして作用する（図(b)）。

　電車と同じ加速度aで運動している車内の人からみると，物体には，

¹⁵　mgとSの合力Fが働いているにもかかわらず，傾いた状態で静止している（つまり，物体の加速度が0である）ようにみえる。この場合には，図(c)のように，mgとSのほかに，Fと大きさが等しく逆向きの力$F' = -ma$が働いて，これらの3力がつり合うものとして考える。この$-ma$は，実際に物体に働く力ではなく，みかけの力で，加速度に

²⁰　対する反作用，すなわち慣性によるものとして，これを**慣性力❶**という。

❶inertia force

　一般に，加速度運動をしている物体では，慣性力をつけ加えて考えると，運動の問題を，力のつり合いの問題として取り扱うことができる。

　エレベータが加速度$a = 2\,\mathrm{m/s^2}$で上昇をはじめるとき，質量$m = 60\,\mathrm{kg}$の人が，エレベータの床を押す力Fを求めよ。

解答　　人がエレベータの床を押す力とは，作用と反作用の関係から，床が人を押す力と大きさが等しいので，この力を求めることにする。

　　図2-57のように，エレベータが静止あるいは等速直線運動をしているときは，人に働く重力 mg と床からの反力 F_0 とはつり合う。

　　図2-58のように，加速度が加わって上昇するときは，人に働く力は，この mg と床からの反力 F であるが，この2力はつり合わず，F のほうが大きくなる。

　　ここで慣性力を考えに入れて，加速度の向きと逆向きに，$-ma$ をつけ加えて，これらの力がつり合っているとする。

$$F + (-mg) + (-ma) = 0$$
$$F = mg + ma = 60 \times 9.8 + 60 \times 2 = 708\,\text{N}$$

答 708 N

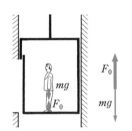

▲図2-57　静止

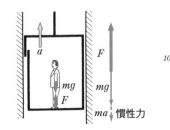

▲図2-58　加速上昇

問30　質量 20 kg の物体がロープで，$0.3g$（重力の加速度の 0.3 倍）の加速度で引き上げられるとき，ロープに働く張力を求めよ。

問31　エレベータが加速度 $1.5\,\text{m/s}^2$ で下降をはじめたとき，質量 50 kg の人がエレベータを押す力を求めよ。

問32　質量 10 kg の物体を，上方に 170 N の力で引き上げるとき，生じる加速度を求めよ。

2　運動量と力積

1　運動量

　運動している物体を停止させようとするとき，物体の質量が大きいほど，また速度が大きいほど止めにくい。物体の質量 m と速度 v との積 mv を運動の大きさを表す量と考え，これを**運動量**という。

❶momentum

　運動量は mv で表されるので，速度と同じ向きをもつベクトルである。運動量の単位は kg·m/s などが使われる。

　いま，図2-59で，質量 m [kg] の物体が速度 v_0 [m/s] で運動しているとき，その運動の向きに力 F [N] を時間 t [s] のあいだ加えて，速度が v [m/s] になったとする。その間の加速度 a [m/s²] は，

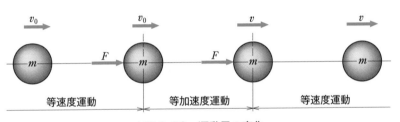

▲図2-59　運動量の変化

$a = \dfrac{v - v_0}{t}$ で表される。これを運動方程式（運動の第二法則，式 (2-35)）に代入すると，

$$F = ma = m\frac{v - v_0}{t} = \frac{mv - mv_0}{t} \tag{2-38}$$

この式から，運動の第二法則は，「物体に力が加わると，その向きの運動量がかわり，運動量の時間的変化の割合は，その間に加わった力の大きさに等しい」ということもできる。

 例題 15 質量 $m = 5\,\mathrm{kg}$ の物体が，速度 $v_0 = 4\,\mathrm{m/s}$ で等速直線運動している。これに，運動と同じ向きの力 $F = 10\,\mathrm{N}$ を $t = 2$ 秒間加えたとき，この物体の速度 v を求めよ。

　　$\boxed{\text{解答}}$　　式 (2-38) の，$F = m\dfrac{v - v_0}{t}$ から，

$$v = \frac{Ft}{m} + v_0 = \frac{10 \times 2}{5} + 4 = 8\,\mathrm{m/s} \qquad \blacksquare\,8\,\mathrm{m/s}$$

（**問 33**）質量 $30\,\mathrm{kg}$ の物体が速度 $20\,\mathrm{m/s}$ で等速直線運動しているときの運動量を求めよ。また，質量 $10\,\mathrm{kg}$ の物体が速度 $50\,\mathrm{m/s}$ で等速直線運動しているときの運動量を求めよ。

● 2　力　積

式 (2-38) を変形すると，次のようになる。

$$Ft = mv - mv_0 \tag{2-39}$$

式 (2-39) の左辺は，力 F とその力が働いている時間 t との積で，これを**力積**❶という。この式は，「運動量の変化は力積に等しい」ことを示している。

❶impulse

● 3　衝撃力

例題 15 では，$10\,\mathrm{N}$ の力が 2 秒間働くと，速度が $4\,\mathrm{m/s}$ から $8\,\mathrm{m/s}$ にかわる。$20\,\mathrm{N}$ の力が 1 秒間，$200\,\mathrm{N}$ の力が 0.1 秒間，$2000\,\mathrm{N}$ の力が 0.01 秒間働いても，同じ変化が起こる。すなわち，きわめて短い時間に，運動量を変化させるには，ひじょうに大きな力を必要とする。このように，ひじょうに短い時間に働く力を**衝撃力**❷という。

❷impact force

 例題 16 質量 $m = 0.5\,\mathrm{kg}$ のかなづちで，くぎを打ち込む。くぎに当たるときの速度 $v_0 = 10\,\mathrm{m/s}$，当たってから止まるまでの時間 $t = 0.01$ 秒であるとき，くぎが受ける力 F を求めよ。

解答　式 (2-38) より，

$$F = m\frac{v - v_0}{t} = 0.5 \times \frac{0 - 10}{0.01} = -500 \text{ N}$$

ここで，負号はかなづちが運動と逆向きの力を受けることを示す。したがって，くぎは，その反作用でこれと等しい大きさの力を受ける。　　　　　　　　　　　　　　　　答 500 N

問 34　質量 400 kg のおもりを 3 m の高さから落として，くいを打ち込むとき，くいに当たってから止まるまでの時間が 0.3 秒であったとして，くいが受ける力を求めよ。

4 運動量保存の法則

図 2-60 のように，質量 m_1，m_2 の二つの物体❶ A，B が同じ向きに運動している。Aのほうが速度が速く

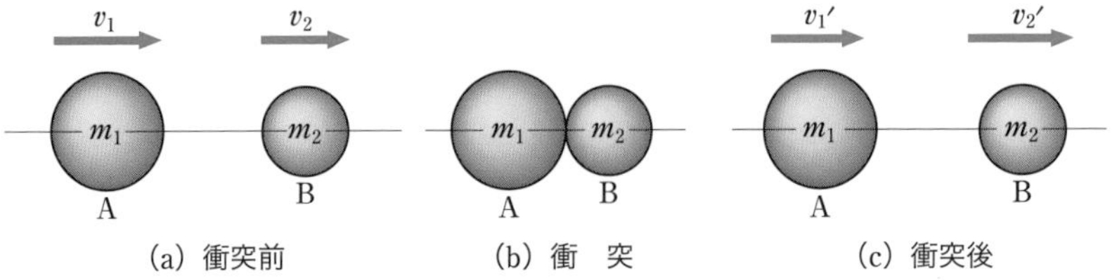

(a) 衝突前　　　(b) 衝 突　　　(c) 衝突後

▲図 2-60　運動量保存の法則

❶球は剛体として考える。

$(v_1 > v_2)$，衝突したのちには，速度がそれぞれ v_1'，v_2' に変化するものとする。衝突のときには，わずかな時間 t の間に，たがいに F の力を作用し合うが，そのほかの力は作用していないものとすると，二つの物体について，運動量と力積の関係は次のようになる。

Aについて　　　$-Ft = m_1(v_1' - v_1)$

Bについて　　　$Ft = m_2(v_2' - v_2)$

$$m_1(v_1' - v_1) + m_2(v_2' - v_2) = 0$$

したがって，

$$m_1v_1 + m_2v_2 = m_1v_1' + m_2v_2' \tag{2-40}$$

この式の左辺は，衝突するまえの二つの物体の運動量の和であり，右辺は，衝突して相互に力を及ぼし合ったのちの運動量の和である。左辺と右辺が等しいことは，二つの物体に働く力がおたがいに及ぼし合った力であるかぎり，二つの物体の運動量の和には，変化がないことを示している。これを**運動量保存の法則**❷という。

❷law of conservation of momentum

例題 17　湖上に静止している質量 $m_1 = 150$ kg のボートから，質量 $m_2 = 60$ kg の人が $v_2' = 5$ m/s の速度で湖に飛び込んだとすると，ボートはどのような運動を起こすか。ただし，水の抵抗などは考えないこととする。

解答 | ボートと人との相互関係で，それ以外の外力は受けないも
のと考えて，運動量保存の法則をあてはめる。

　飛び込む前には人もボートも静止しているので
$(v_1 = v_2 = 0)$，運動量の和は，$150 \times 0 + 60 \times 0 = 0$ となる。

　飛び込んだときの運動量の和は，ボートが動いたものとし
て，その速度を v_1' とすると，$150 \times v_1' + 60 \times 5$ となる。

　運動量保存の法則（式 (2-40)）より，
$$150 \times v_1' + 60 \times 5 = 0$$
となる。したがって，
$$v_1' = -2\,\mathrm{m/s}$$

答 ボートは $2\,\mathrm{m/s}$ で人と逆向きに進む

問 35 例題 17 でボートが $1.5\,\mathrm{m/s}$ の速度で動いていて，人がボートの進む
向きに飛び込んだとすれば，ボートはどのような運動を起こすかを述べよ。

節末問題

1 ある物体に $60\,\mathrm{N}$ の力を加えて，$20\,\mathrm{m/s^2}$ の加速度を得た，その物体の質量を求めよ。

2 速度 $8\,\mathrm{m/s}$ で運動している質量 $70\,\mathrm{kg}$ の物体に，運動している向きに一定の力を 5 秒間加えて速度を $16\,\mathrm{m/s}$ にした，このとき加えた力を求めよ。

3 質量 $0.5\,\mathrm{kg}$ の物体を糸で引っ張り，加速度 $2\,\mathrm{m/s^2}$ で鉛直上向きに引き上げるための力を求めよ。

4 質量 $30\,\mathrm{kg}$ の物体がロープで，$0.2g$ の加速度で引き上げられるとき，ロープに働く張力を求めよ。

5 $3\,\mathrm{m/s}$ で動いている質量 $20\,\mathrm{kg}$ の物体を 0.5 秒間で止めるために必要な力を求めよ。また，2 秒間で止める場合についても答えよ。

6 静止している質量 $80\,000\,\mathrm{kg}$ の貨車に，質量 $100\,000\,\mathrm{kg}$ の貨車が $0.3\,\mathrm{m/s}$ の速度で突き当たって連結され，いっしょに動き出した。このときの貨車の速度を求めよ。

7 図 2-61 のように，走行中の電車内に質量 $4\,\mathrm{kg}$ の物体を天井からひもでつるしたとき，図のようにひもは鉛直方向に対して $15°$ 傾いた。物体に作用する水平分力を求めよ。また，この水平分力を生じさせるための電車の加速度を求めよ。

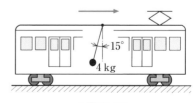

▲図 2-61

*C*hallenge

　身のまわりにあるいろいろな事象が，どの運動の法則にあてはまるか考えてみよう。

第

2

章 機械に働く力と仕事

4節 仕事と動力

物体を動かすには力を必要とする。その力は，昔は人間の力や家畜の力のみであったが，それには限度があり，人はてこや滑車などの道具を発明した。

さらに，風や水などの自然の力を利用した機械を考え出し，石炭・石油などのエネルギーを利用して動力を得ている。

ここでは，仕事に必要なエネルギーや動力について調べてみよう。

風力発電▶

1 仕　事

図 2-62(a)のように，台車を使って荷物を運んだとき，人は**仕事**❶をしたという。このときの仕事 A [J] は式 (2-41) のように，働いた力 F [N] と，その力の向きに移動した距離 s [m] との積で表される。

$$A = Fs \qquad (2\text{-}41)$$

なお，J は仕事の単位である。1 N の力が働いて 1 m の距離を移動したときの仕事が 1 J となる。❷

図(b)は，加える力 F の向きと変位 s の向きとの間の角度が α である場合を示している。このとき，力 F を変位の向きと，変位に直角な向きとの分力に分けると，変位の向きの分力 $F\cos\alpha$ が仕事をした力である。❸

したがって，この場合の仕事 A は次の式で表される。

$$A = F\cos\alpha \cdot s = Fs\cos\alpha \qquad (2\text{-}42)$$

❶work

❷joule；1 J = 1 N・m

❸もう一つの分力 $F\sin\alpha$ は，その向きの変位が 0 であるから，仕事をしない。

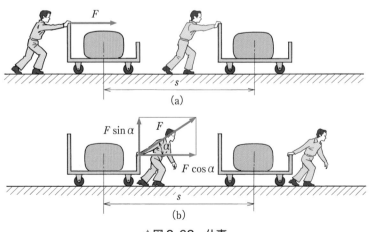

▲図 2-62　仕事

例題18 図2-62(b)において，台車に $F = 200\,\text{N}$ の力が $\alpha = 30°$ の向きに働いて，台車が $s = 4\,\text{m}$ 移動したときの仕事Aを求めよ。

[解答] 式(2-42)より，

$$A = Fs\cos\alpha = 200 \times 4 \times \cos 30° = 693\,\text{J} \quad \boxed{\text{答}}\ 693\,\text{J}$$

問36 $600\,\text{N}$ の重力が働く物体を $15\,\text{m}$ 引き上げるのに必要な仕事を求めよ。

2 道具や機械の仕事

　人の力だけで重い物を動かすには限度があり，人はすでに紀元前3000年ころには，図2-63のようなてこや滑車のような道具を利用している。

　これらの道具は，人間の小さい力で，大きな力を出すために使われた。こんに

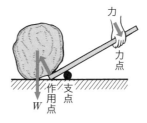

▲図2-63　てこの原理

ち，使われている複雑な機械も，てこ・輪軸・滑車・斜面などの原理をたくみに応用し，組み合わせてつくられている。

●1 て こ

　図2-64のように，**てこ**❶の支点をOとし，力Fが点A（力点）に加わり，物体に働く重力 W が点B（作用点）に加わるとき，OA 間の距離，OB 間の距離をそれぞれ a, b として点Oのまわりの力のモーメントのつり合いを考えると，次の式がなりたつ。

❶lever

$$Wb = Fa$$

$$\frac{W}{F} = \frac{a}{b} \tag{2-43}$$

❷ $\dfrac{W}{F}$ を**力比**という。

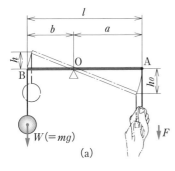
(a)

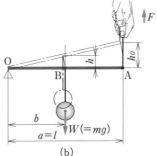
(b)

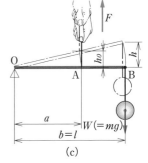
(c)

▲図2-64　てこ

図2-64のてこで，三角形の相似の条件から，次の式もなりたつ。

$$\frac{a}{b} = \frac{h_0}{h} \tag{2-44}$$

式 (2-43) と (2-44) から，次の式が得られる。

$$\frac{W}{F} = \frac{h_0}{h}$$

したがって，てこを動かすことによる仕事は次のようになる。

$$Fh_0 = Wh \tag{2-45}$$

手がてこにした仕事は Fh_0，てこが物体にした仕事は Wh だから，式 (2-45) からてこにした仕事と，てこがした仕事は等しい[1]。

問 37　250 N の力を出すことのできる人が，物体に働く重力 1000 N を引き上げるために，図 2-64(a)のように長さ 1 m のてこを使うとき，支点の位置を決めよ。

問 38　問 37 で，図(b)のように使うとき，B点の位置を決めよ。

❶支点の摩擦などいっさいの力の損失がないという仮定のもとになりたつ。

● **2** 　**輪　軸**

輪軸は，図 2-65 のように，大小二つの円柱をしっかり結合し，回転できるようにしたもので，直径が大きいほうが輪，小さいほうが軸である。

❷wheel set

輪の直径を D，軸の直径を d とし，それぞれに加わる力を図のように F，W とし，回転軸のまわりの力のモーメントのつり合いを考えると，次のようになる。

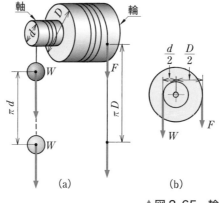

$$F\frac{D}{2} = W\frac{d}{2}$$

直径 d の軸に巻いたロープに物体をかけ，直径 D の輪に巻いたロープを F の力で引くと，軸はロープを巻き込んで物体を引き上げるように働く。

▲図 2-65　輪軸

$$F = W\frac{d}{D} \tag{2-46}$$

輪軸が 1 回転する間の仕事をみると，

力 F が輪に加えた仕事は　　$F \cdot \pi D = \pi DF$

軸が物体を引き上げた仕事は　$W \cdot \pi d = \pi dW$

である。これと式 (2-46) から，力 F が輪に加えた仕事は，軸が物体を引き上げた仕事に等しいことがわかる。

問 39　輪の直径 600 mm，軸の直径 80 mm の輪軸がある。軸に巻いたロープに 1200 N の力がかかっているとき，これを引き上げるために輪に巻いたロープを引くのに必要な力を求めよ。

問 40 物体の質量が 60 kg のとき，軸の直径 100 mm の輪軸を使って，150 N の力でこの物体を引き上げたい。輪の直径を求めよ。

問 41 輪の直径 600 mm，軸の直径 80 mm の輪軸の軸に巻いたロープに質量 120 kg の物体をつるした。この物体を 200 mm 引き上げるためには，輪に巻いたロープをどれほどの力で何 mm 引かなくてはならないか。

3 滑 車①

滑車は，図 2-66，2-67 のように，ロープをかけて回転できるように支えられた，溝のついた車である。滑車には，その軸の位置が固定された定滑車と，軸の位置が移動する動滑車とがある。

●**定滑車** 図 2-66 のように，定滑車は，図 2-65 に示す輪の直径 D と軸の直径 d が等しくなったものとみなされ，物体に働く重力 W と力 F とが等しくなり，力の大きさをかえることはできないが，力の向きをかえて力を加えやすいようにしたものである。

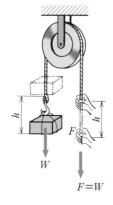

▲図 2-66　定滑車

●**動滑車** 図 2-67(a)のような動滑車に，重力 W が作用している物体をつるしたとき，ロープにはそれぞれ $\dfrac{W}{2}$ の張力が働くので，W の半分の力 F を加えればよい。

しかし，これを高さ h だけ引き上げるためには，力 F でロープを長さ $2h$ だけ引かなければならない。すなわち，仕事の関係は，

力 F が滑車に加えた仕事は

$$F \times 2h = \frac{W}{2} \times 2h = Wh$$

滑車が物体を引き上げた仕事は Wh となり，両者は等しい。

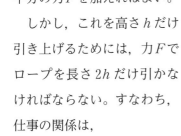
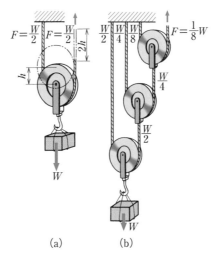

(a)　　　(b)

▲図 2-67　動滑車

実際には，摩擦のための損失や，滑車・ロープなどにも重力が働いているので，ロープに加える力はこれより大きくなる。

図 2-67(b)は動滑車を組み合わせたもので，このようにすると，力 F は重力 W の $\dfrac{1}{8}$ になり，力は小さくてすむが，物体を高さ h だけ引き上げるのに，ロープを長さ $8h$ だけ引かなければならない。

❶pulley；滑車の質量および摩擦は 0 として考える。

第2章　機械に働く力と仕事

例題 19　図 2-68 のような滑車の仕掛けで，物体に働く重力 $W = 800\,\text{N}$ のとき，ロープを引く力 F を求めよ。また，各滑車についての力の関係を図に示せ。

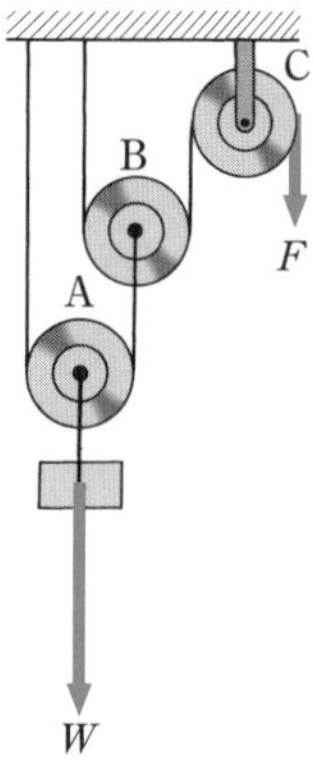

［解答］　$F = \dfrac{1}{4}W = \dfrac{1}{4} \times 800 = 200\,\text{N}$　　**答** 200 N

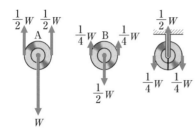

▲図 2-69

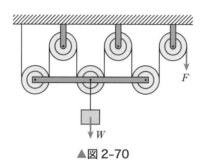

▲図 2-68

問 42　図 2-70 のような滑車の仕掛けがある。F と W の関係を示せ。

▲図 2-70

●**差動滑車**　図 2-71 のように，直径の異なる大小 2 個のチェーン車 A，B を同じ軸につけ，一体となって回転するようにした定滑車と，一つの動滑車 C とを，チェーンで組み合わせた装置が**差動滑車**[❶]である。いま，定滑車 A に巻いたチェーンを力 F で引いて，物体を引き上げるとき，物体に働く重力が W であれば，動滑車 C をつっているチェーンには $\dfrac{W}{2}$ の張力が働く。

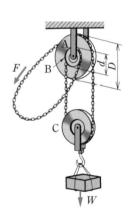

▲図 2-71　差動滑車

定滑車 A，B の直径をそれぞれ D，d とし，その軸のまわりの F，W の力のモーメントのつり合いを考えると，次の式がなりたつ。

$$F\frac{D}{2} + \frac{W}{2} \times \frac{d}{2} = \frac{W}{2} \times \frac{D}{2}$$

$$F = W\frac{D - d}{2D} \tag{2-47}$$

式（2-47）でわかるように，定滑車 A，B の直径の差 $D - d$ を小さくすると F は小さくなり，小さい力で重い物体を引き上げることができる。

差動滑車の原理を応用したものが，**チェーンブロック**[❷]である。

❶differential pulley

❷chain block

例題 20 図 2-71 の差動滑車で，$D = 200\,\text{mm}$，$d = 180\,\text{mm}$ として，$W = 3\,\text{kN}$ のとき，チェーンにいくらの力 F を加えればよいか。また，物体を $1\,\text{m}$ 引き上げるためには，チェーンを何メートル引くことになるか。

[解答] 式 (2-47) より，

$$F = W\frac{D-d}{2D} = 3 \times 10^3 \times \frac{200-180}{2 \times 200} = 150\,\text{N}$$

チェーンを l だけ引くと，動滑車Cの右側のチェーンも l だけ引き上げられるが，定滑車Aが回転しただけ定滑車Bも回るので左側のチェーンは $\dfrac{d}{D}l$ だけ下がる。したがって，動滑車は，

$$\frac{l}{2} - \frac{\dfrac{d}{D}l}{2} = \frac{1-\dfrac{d}{D}}{2}l$$

だけ上がる。物体を $1\,\text{m}$ 引き上げるには，

$$1 = \frac{1-\dfrac{d}{D}}{2}l = \frac{1-\dfrac{180}{200}}{2}l = \frac{l}{20}$$

$$l = 20\,\text{m}$$

答 150 N，20 m

問 43 図 2-71 で，$D = 300\,\text{mm}$，$d = 280\,\text{mm}$ とすると，100 N の力で引き上げることができる物体の質量を求めよ。

問 44 差動滑車で，小さい力で重い物体を引き上げることができる理由を説明せよ。

● 4 斜 面

図 2-72 のように，傾角 $\theta\,[°]$ の斜面上の物体に重力 $W\,[\text{N}]$ が作用しているとき，斜面に平行な力 $F\,[\text{N}]$ を加えて，高さ $h\,[\text{m}]$（斜面の長さ $l\,[\text{m}]$）だけ引き上げる。

斜面に平行な分力 $W\sin\theta$ は，物体が斜面に沿って滑り落ちようとする力である。したがって，物体を引き上げるためには，$W\sin\theta$ より大きい力 F が必要である。

以上から，次の式がなりたつ。

$$F = W\sin\theta = W\frac{h}{l} \qquad (2\text{-}48)$$

傾角 θ が小さいほど，F は小さくてすむ。ゆるい坂が，急な坂より楽なことは，この式からもわかる。

力 F が斜面の長さ l の間にした仕事は，

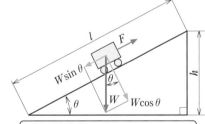

重力 W を斜面に平行および垂直な二つの力に分けると，それぞれ $W\sin\theta$，$W\cos\theta$ となる。
斜面に垂直な分力 $W\cos\theta$ は，物体を斜面に押しつけている力であって，摩擦を考えに入れなければ，この運動にかかわりのない力である。

▲図 2-72　摩擦のない斜面

第 2 章　機械に働く力と仕事

$$Fl = W \frac{h}{l} l = Wh \qquad (2\text{-}49)$$

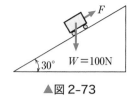

▲図2-73

となり，物体を鉛直に高さhだけ引き上げるときの仕事に等しい。

問 45 図2-73において，摩擦のない斜面上の物体を引き上げるのに必要な力Fを求めよ。

5 仕事の原理

　てこ・輪軸・滑車・斜面で学んでわかるように，摩擦などの損失がなければ，これらの装置がする仕事は，装置に外から与えられた仕事に等しい。これを**仕事の原理**❶という。このことは複雑な機械についても同様で，どんなに巧妙な装置の機械でも，与えられた仕事以上の仕事をすることはできない。

❶principle of work

3 エネルギーと動力

1 エネルギーの種類

　図2-74のように，水や空気は，流れや圧力によって水車や風車を回し，電気エネルギーに変える。石油などの燃料は，燃やした熱によって蒸気タービンや内燃機関に仕事をさせる。太陽電池は，太陽の光を電気エネルギーに変える。原子力発電は，核エネルギーによって蒸気タービン・発電機を回し，電気エネルギーに変える。

　一般に，ある物体（たとえばガソリン）がほかの物体（たとえば内燃機関）に仕事をさせる能力をもっているとき，この物体（ガソリン）は**エネルギー**❷をもつという。

❷energy；仕事をする能力ととらえてよい。

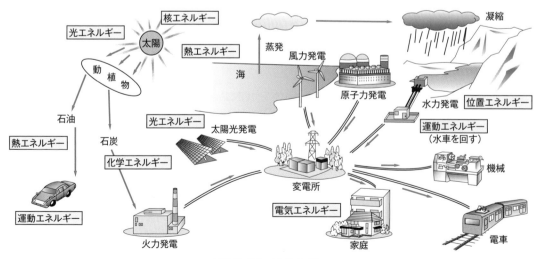

▲図2-74　エネルギー

エネルギーの大きさは，エネルギーをもつ物体がすることのできる仕事の大きさで表し，単位は仕事と同じ J である。

図 2-74 のように，エネルギーは形を変えるが，エネルギーの総和は変わらない。これを**エネルギー保存の法則**という。

❶law of energy
conservation

◉ 2　機械エネルギー

運動している物体は，ほかの物体に衝突するとその物体を動かすなどの仕事をする。このように運動している物体のもつエネルギーを**運動エネルギー**という。

❷kinetic energy
❸**弾性エネルギー**ともいう。
❹potential energy
❺mechanical energy；
力学的エネルギーともいう。

高いところにある物体が落下することによってする仕事，ぜんまいやばねなどが戻るときにする仕事などは，**位置エネルギー**という。

運動エネルギーと位置エネルギーをまとめて，**機械エネルギー**という。

●**運動エネルギー**　図 2-75 のように速度 v_0 [m/s] で運動している質量 m [kg] の物体に，運動方向と逆の力 F [N] を加えたとき，ある距離 s [m] 移動

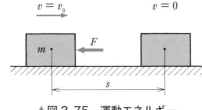

▲図 2-75　運動エネルギー

して止まった。これは，運動している物体は，Fs の仕事をするエネルギーをもっていることを表している。

この物体に作用した加速度を a [m/s²] とおけば，

$$F = ma, \quad s = \frac{v_0{}^2}{2a}$$

である。この間に物体がした仕事が，運動エネルギー E_k [J] であり，次のようになる。

$$E_k = Fs = ma\frac{v_0{}^2}{2a} = \frac{1}{2}mv_0{}^2 \tag{2-50}$$

❻式 (2-21) で加速度 a を負，$v = 0$（物体が停止）とすれば，$v = v_0 - at = 0$ であり，$t = \dfrac{v_0}{a}$ となるので，
$$s = v_0 t - \frac{1}{2}at^2$$
$$= \frac{v_0{}^2}{a} - \frac{v_0{}^2}{2a}$$
$$= \frac{v_0{}^2}{2a}$$

問 46　質量 2 kg の物体が速度 100 m/s で運動している。この物体がもっている運動エネルギーを求めよ。

●**重力による位置エネルギー**　図 2-76 は，おもりによるくい打ちを示している。質量 m [kg] のおもりを基準面から高さ H [m] に引き上げる仕事は，mgH である。ここで，g は重力加速度で 9.8 m/s² である。高さ H にある質量 m のおもりは，mgH の仕事をする能力をもっている。

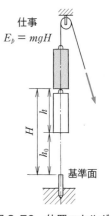

仕事
$E_p = mgH$

▲図 2-76　位置エネルギー

このような，高い位置の物体がもっている位置エネルギー E_p[J] は，次のようになる。

$$E_p = mgH \qquad (2\text{-}51)$$

また，この物体が高さ H[m] から自由落下するとき，h[m] だけ落下したときの速度を v[m/s] とすれば，このときの運動エネルギーは，$E_k = \dfrac{1}{2}mv^2$ である。一方，式 (2-23) から $v^2 = 2gh$ であるから，$E_k = mgh$ である。これは，物体が h だけ落下したために失った位置エネルギーに等しい。

❶式 (2-23) の v_0 に 0，a に g，s に h を代入すると，$v^2 = 2gh$

これらの関係を式で示せば，次のとおりである。

物体が高さ H でもつ位置エネルギー　$mgH = mgh + mgh_0$

物体が h だけ落下したときにもつ運動エネルギー　$\dfrac{1}{2}mv^2 = mgh$

物体が h だけ落下したときにもつ位置エネルギー　mgh_0

したがって，h だけ落下したとき，物体のもつ総エネルギーは，次の式で表される。

$$\frac{1}{2}mv^2 + mgh_0 = mgh + mgh_0 = mgH$$

すなわち，物体が高さ H のところでもっていた総エネルギーと，h だけ落下したときの総エネルギーには変わりがなく，エネルギー保存の法則がなりたつことがわかる。

3　動　力

図 2-77 のように，物体を滑車で高さ h[m] だけ引き上げるには，ロープに力 F[N] を加えながら，距離 h[m] だけ引けばよい。このとき，力のした仕事は $A = Fh$[J] である。いま，ロープを引くのに要した時間を t[s] とすれば，単位時間の仕事量は $\dfrac{A}{t}$ である。このように，単位時間にした仕事の割合を動力❷ P という。

$$P = \frac{A}{t} = \frac{Fh}{t} \qquad (2\text{-}52)$$

したがって，動力 P の単位は J/s であり，これを W❸ で表す。工作機械などの動力には，その 10^3 倍の kW がよく用いられる。

式 (2-52) で，$\dfrac{h}{t}$ は速度 v となるから，動力 P[W] は力 F[N] と速度 v[m/s] の積で表すこともできる。

$$P = Fv \qquad (2\text{-}53)$$

❷power：仕事率ともいう。
❸watt

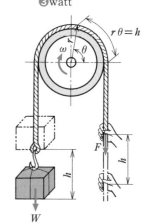

	直線運動	回転運動
仕事 A	Fh	$Fr\theta = T\theta$
動力 P	Fv	$T\omega$

▲図 2-77　動力

回転運動の仕事では，図 2-77 でロープが距離 h [m] だけ引かれたとき，半径 r [m] の滑車が θ [rad] 回転すると，$h = r\theta$ となり，

$$A = Fh = Fr\theta$$

で表される。Fr は力のモーメントであり，とくに回転運動では**トルク**①という。トルクを T [N·m] で表すと，$A = T\theta$ となる。

したがって，動力は，$P = \dfrac{T\theta}{t}$ となり，$\dfrac{\theta}{t}$ は平均角速度であるから，これを ω [rad/s] とすれば，動力は次の式で示される。

$$P = T\omega \tag{2-54}$$

式 (2-52) は，また，次のようになる。

$$A = Pt \tag{2-55}$$

これは，仕事が動力と時間の積であることを示している。したがって，式 (2-55) で，P を kW，t を時間 h で表せば，仕事 A の単位は，キロワット時 kW·h となり，電力量の単位に用いられている。1 kW·h は，1 kW の動力を 1 時間費やしたときの仕事である。

例題 21 図 2-78 のように，フォークリフトを使って，質量 $m = 1000$ kg の荷物を 2 秒間で高さ $h = 1.2$ m に持ち上げた。このときの動力 P は何 kW か。

▲図 2-78

解答 　仕事は，

$$A = mgh = 1000 \times 9.8 \times 1.2 = 11760 \text{ J}$$

であるから，動力は式 (2-52) より，

$$P = \frac{A}{t} = \frac{11760}{2} = 5880 \text{ W} = 5.88 \text{ kW}$$

答 5.88 kW

問 47 1000 N の力を加えて，物体を 5 秒間に 30 m だけ引き上げるときの動力を求めよ。

問 48 15 kW の電動機を，毎日 8 時間ずつ 6 日間稼働させたときの仕事は何 kW·h かを求めよ。

1 ある物体に 50 N の力を加えて，力の向きに物体を 20 m 動かした。このときの仕事を求めよ。また，変位の向きと力の向きとが 30° をなすときの仕事を求めよ。

2 図 2-79 のように，点 B に 750 N の力が働いたとき，支点 O から 1.5 m 離れた点 A に 150 N の力 F を加えて水平に支えたい。OB の長さを求めよ。

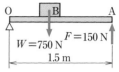

▲図 2-79

3 物体の質量が 175 kg のとき，輪軸を用いて 350 N の力で引き上げるには，軸の直径 d と輪の直径 D の比 $\frac{d}{D}$ は，いくらにすればよいか。また，このとき，輪の直径を 500 mm とすれば，軸の直径 d は，何 mm になるかを求めよ。

4 図 2-71 の差動滑車で，$W = 5000$ N，$F = 250$ N のときの定滑車の直径の比 $\frac{d}{D}$ を求めよ。

5 質量が 80 kg の物体を高さ 1 m の場所に引き上げたい。斜面を利用して，180 N の力で引き上げるために必要な斜面の傾角を求めよ。ただし，斜面の摩擦は考えないことにする。

6 2 m/s で動いている車両にブレーキをかけて，1 m/s に減速した。車両の質量を 5000 kg として，ブレーキが吸収したエネルギーを求めよ。

7 図 2-80 は材料の衝撃試験機である。ハンマを点 A（重心）から自由落下させて，最下点 O にある試験片を折り，その後振り上がった点 B の位置をはかって試験片を折るのに要したエネルギーを求める。ハンマの質量を 10 kg，点 A の高さを 1 m，点 B の高さを 0.4 m とするとき，試験片を折るのに要したエネルギーを求めよ。ただし，摩擦などによる損失はないものとする。

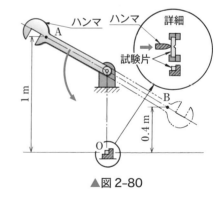

▲図 2-80

8 地上 40 m の高さから質量 2 kg の物体を落下させた。5 m の高さにおける運動エネルギーと位置エネルギーを求めよ。

9 真上に投げ上げられた物体が，反転してもとの位置に戻ったときの速度が初速に等しいことを，エネルギー保存の法則から説明せよ。

10 50 kN の力を加えて，物体を 20 秒間に 8 m 引き上げるのに要するクレーンの動力は何 kW になるかを求めよ。

11 深さ6mの井戸から，水を4分間に12m³くみ出すには，何kWの動力が必要か。

12 図2-81のような滑車のしかけで，物体に働く重力が $W = 1200$ N のとき，ロープを引く力 F を求めよ。また，物体を1m引き上げるために引かなければならないロープの長さを求めよ。

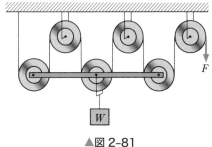

▲図2-81

Challenge

身のまわりにある道具や機械で，てこ，滑車，斜面を使ったものにはどのようなものがあるか調べてみよう。

5節 摩擦と機械の効率

機械は，物を運んだり，加工したりするなど，いろいろな仕事をする。機械は，外部からエネルギーを受けて仕事をするが，そのエネルギー全部が有効な仕事になるわけではなく，摩擦などのためにエネルギーの一部は失われる。

ここでは，摩擦などについて学び，機械の効率について調べてみよう。

転がり軸受▶

1 摩擦

接触している二つの物体が相対的に運動しようとするとき，または運動をしているとき，その接触面で，運動をさまたげるような方向におこる抵抗を**摩擦**[1]という。

❶friction

1 滑り摩擦

接触する二つの物体が滑り運動をするとき，この運動をさまたげる向きの力が生じる現象を**滑り摩擦**[2]という。滑り摩擦には，物体が滑りはじめるまでの摩擦（静摩擦）と滑っている間の摩擦（動摩擦）がある。

❷sliding friction

●**静摩擦**　図 2-82 のように，水平面上に物体を置き，力 F を水平に加えると，物体は F の向きに動くはずであるが，実際には F が小さいと動かない。これは接触面に F と同じ大きさで，逆向きの抵抗力 f が生じて物体が動くのをさまたげるからである。この現象を**静摩擦**[3]といい，抵抗力 f を**静摩擦力**[4]という。

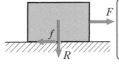

摩擦の原因には，①接触面の凹凸による②面の凝着によるなどの説がある。

▲図 2-82　静摩擦

❸static friction
❹static friction force；
静止摩擦力ともいう。
❺maximum static
friction force

静摩擦力 f は，外力 F が増すにつれて大きくなるが，無制限に大きくはならないため，ある限界以上の外力を加えると，つり合いは破れて物体は滑り出す。この静摩擦力の最大値を**最大静摩擦力**[5]という。

最大静摩擦力を f_0 とし，接触面を垂直に押しつける力（垂直力）を R とすれば，f_0 は R に比例することが実験でわかっている。この関係を式で表すと，次のようになる。

$$f_0 = \mu_0 R \qquad \mu_0 = \frac{f_0}{R} \qquad (2\text{-}56)$$

比例定数 μ_0 を**静摩擦係数**[6]という。μ_0 は相互の材質，接触面の状態によって異なるが，接触面の圧力があまり大きくないときは，接触面

❻coefficient of static
friction

積の広さには無関係に一定値を示す (表 (2-3))。

●**摩擦角** 図 2-83 のように，斜面の上に物体を載せ，斜面の傾角をしだいに大きくしていくと，やがて物体は滑り出す。このときの傾角 ρ[°] を**摩擦角**❶という。このとき，物体に働く重力 W[N] を，斜面に垂直な力 R[N] と，斜面に平行な力 P[N] とに分解すると，最大静摩擦力は $f_0 = \mu_0 R$ となり，これは，物体を滑らせようとする力 P[N] に等しい。

すなわち，$P = W\sin\rho$，$R = W\cos\rho$ であるから，次の式がなりたつ。

$$W\sin\rho = \mu_0 W\cos\rho \qquad \mu_0 = \tan\rho \qquad (2\text{-}57)$$

この式は，静摩擦係数と摩擦角の関係を示すもので，摩擦角から静摩擦係数を求めることができる。

▼表 2-3 静摩擦係数 (μ_0)

摩擦片	摩擦面	静摩擦係数
鉛・ニッケル・銀	軟 鋼	0.4
軟 鋼	軟 鋼	0.35～0.4
れんが	れんが	0.6 ～0.7
皮 革	金 属	0.4 ～0.6

(日本機械学会編「機械実用便覧 改訂第 5 版」による)

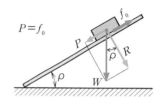

▲図 2-83 摩擦角

❶angle of friction

例題 **22** 水平面上に置かれた物体に働く重力 $W = R = 60$ N のとき，これを動かすのに，面に平行に $f_0 = 18$ N の力を要したとすれば，静摩擦係数 μ_0 はいくらか。また，この物体を斜面においたとき，自然に滑りはじめる傾角 ρ を求めよ。

〔解答〕 式 (2-56) より，$\mu_0 = \dfrac{f_0}{R} = \dfrac{18}{60} = 0.3$

式 (2-57) より，$\tan\rho = \mu_0 = 0.3$

よって，$\rho = 16.7°$ **答** 0.3，16.7°

問 49 静摩擦係数が 0.25 であるとき，摩擦角を求めよ。

問 50 摩擦角が 20° であるとき，静摩擦係数を求めよ。

問 51 傾角を調節できる斜面上に物体を置き，徐々に傾角を増していくものとする。いま，物体の質量を 10 kg，斜面との静摩擦係数を 0.4 とすると，物体が滑り出すときの傾角と最大静摩擦力を求めよ。

●**動摩擦** 物体がほかの物体に接触しながら運動するときに生じる摩擦を**動摩擦**❷といい，この抵抗力 f' を**動摩擦力**❸という。動摩擦力 f' は最大静摩擦力 f_0 よりは小さい。動摩擦力 f' は接触面の垂直力 R に比例し，比例定数 μ は，材質や接触面の状態から決まるが，接触面積の広さや滑り速度にはあまり関係しない❹。このことを式で表すと，次

❷kinetic friction

❸kinetic friction force；**運動摩擦力**ともいう。

❹滑り速度がきわめて小さいときや，大きいときを除く。

Note 📖 2-3 **摩擦係数の性質**
摩擦係数は，材料・表面の状態・油の有無・大気 (乾燥または湿気のある空気など) などに影響されて変わるので，ある一定の値として把握することは困難である。しかし，ある一定の条件のもとでは，摩擦係数はほぼ一定とみなすことができる。

のようになる。

$$f' = \mu R \qquad \mu = \frac{f'}{R} \tag{2-58}$$

この比例定数 μ を**動摩擦係数**❶といい，静摩擦係数の半分くらいであ
るが，接触面に潤滑剤を施せば，さらに小さくなる。

❶coefficient of kinetic friction；**運動摩擦係数**と
もいう。

 図 2-84 のように，物体が傾
角 $\rho = 15°$ の斜面上を等速度で
滑りおりている。このときの動
摩擦係数 μ を求めよ。

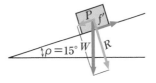
▲図 2-84

解答　斜面に平行な力は，物体に働く重力 W の分力 P と動摩擦
力 f' であるが，等速度運動をしているときは，この 2 力は
つり合って，$P = f'$ であるから，

$$P = W \sin 15°$$

式 (2-58) より，

$$f' = \mu R = \mu W \cos 15°$$
$$W \sin 15° = \mu W \cos 15°$$

$$\mu = \frac{W \sin 15°}{W \cos 15°} = \tan 15° = 0.268 \qquad \boxed{答} \, 0.268$$

問 52　質量 5 kg の物体が，傾角 30° の斜面を滑りおりている。動摩擦係数が
0.2 のとき，斜面と平行に物体に作用する力を求めよ。

● 2　転がり摩擦

　ころや車輪は物体を滑らかに動かそうとするときなどに使うもので
ある。物体が転がるときには，滑り摩擦に比べてはるかに小さいが，
やはりその運動をさまたげるような抵抗が生じる。これを**転がり摩擦**❷
という。滑り摩擦の大きさは，材料および表面の状態から決まるが，
転がり摩擦では，そのほかに速度・垂直力，球やころの直径なども関
係することがわかっている。

❷rolling friction

　図 2-85 で，ころを転がした場合に，ころが接触面を押す垂直力と，
接触面の反力とは，大きさは等しい。しかし，反力の合力 R はころの
中心線から r だけ進行方向に進んだ位置に働く。したがって，ころの
回転をさまたげる力のモーメント rR が生じ，転がり摩擦の原因と考
えられている。列車などの転がり摩擦は，垂直力 10 kN についての
摩擦力をNで示し，抵抗何Nとすることが多い。

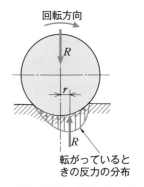
▲図 2-85　転がり摩擦

問 53 車に働く重力が 86 kN のとき, 10 kN につき 150 N の抵抗力があるとすれば, この車を動かすのに必要な力を求めよ。

2 機械の効率

● 1 仕事と効率

5　一般に機械は, 図 2-86 のように, 外部からエネルギー (仕事) が与えられて, それを変換・伝達し, 改めて外部に有効な仕事をするが, その間に摩擦などのためにエネルギー損失 (消耗仕事) が生じる。したがって, 機械が実際にする有効仕事 A_E は, 機械に外部から与えられた仕事 A から消耗仕事 A_C を差し引い

10　たものとなる。

　有効仕事と外部から与えられた仕事との比を**効率** η [イータ][1] という。

　また, 仕事は動力 P と時間の積であるから有効動力を P_E, 消耗動力を P_C とすれば, 効率 [%] は次の式で表すことができる。

$$\left.\begin{aligned}\eta &= \frac{A_E}{A_E + A_C} \times 100 \\ &= \frac{P_E}{P_E + P_C} \times 100\end{aligned}\right\} \tag{2-59}$$

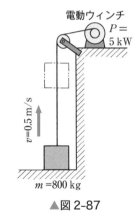
▲図 2-86　機械の効率

[1]efficiency

15　**例題 24**　図 2-87 のように, 電動ウインチで, 質量 $m = 800\,\mathrm{kg}$ の物体を速さ $v = 0.5\,\mathrm{m/s}$ でつり上げている。電動機の動力が $P = 5\,\mathrm{kW}$ のとき, ウインチの効率 η を求めよ。

[解答]　ウインチがこの物体をつり上げているときの動力は, 式 (2-53) より,

20　　　$P = Fv = 800 \times 9.8 \times 0.5 = 3920\,\mathrm{W} = 3.92\,\mathrm{kW}$

　電動機の出力は 5 kW であるから, ウインチの効率は,

　　　$\eta = \dfrac{3.92}{5} \times 100 = 78.4\,\%$　　　**答** 78.4 %

電動ウインチ
$P = 5\,\mathrm{kW}$

$v = 0.5\,\mathrm{m/s}$

$m = 800\,\mathrm{kg}$
▲図 2-87

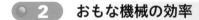

問 54　動力 10 kW のウインチで, 荷物を 10 秒間に 2 m の高さに引き上げたい。荷物の質量が 3500 kg のとき, このウインチの効率を求めよ。

25　### ● 2 おもな機械の効率

　実用されている機械類の効率は, 機械の稼働条件によって差があるが, 工作機械で 80 % くらい, 電動機では 75～90 % である。また, 内燃機関は燃料のエネルギーを動力化する機械であるが, 熱としての損失が多いので, ガソリン機関では 25～35 %, 効率がよいといわれてい

30　るディーゼル機関でも 42 % くらいである。

第 2 章　機械に働く力と仕事

1　10° 傾いている斜面に載っている物体の質量が 20 kg のとき，この物体を滑りおろすのに必要な斜面方向の力を求めよ。この面の静摩擦係数を 0.35 とする。

2　25° 傾いている斜面に載っている物体の質量が 10 kg のとき，この物体が斜面を滑り落ちないように止めておくために必要な斜面方向の力を求めよ。ただし，この面の静摩擦係数を 0.3 とする。

3　傾角 25° の斜面を質量 8 kg の物体が滑りおりているとき，斜面と平行に働いている力が 20 N であったという。このときの動摩擦係数を求めよ。

4　図 2-88 のように，水平面C上に物体Bがあって，Bの上に物体Aを載せ，Aは水平なロープで壁につながれている。Bを水平に引いて動かすために必要な力Fを求めよ。ただし，A，Bの質量はそれぞれ 10 kg，20 kg，AとB，BとCの間の静摩擦係数はそれぞれ 0.3，0.4 とする。

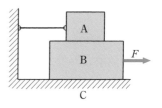

▲図 2-88

5　図 2-89 のように，断面が正方形（1 辺の長さ 100 mm）の角柱が水平面上に立てられている。これを水平方向の力Fで押して滑らそうとする。このとき，角柱が転倒しないで滑るためには，作用点の高さhが何 mm 以下であればよいかを求めよ。角柱と平面との間の静摩擦係数は 0.25 とする。

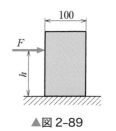

▲図 2-89

6　毎分 240 L の水を高さ 7 m のタンクにくみ上げるのに，効率 70 % のポンプを使った。このとき何 kW の動力が必要かを求めよ。

7　図 2-90 のように，質量 35 kg の旋盤の心押台を 80 N の力で押したとき，心押台が動き出した。心押台とベッドの間の静摩擦係数を求めよ。

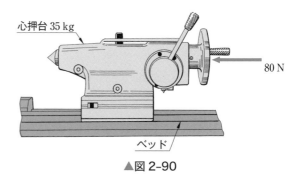

心押台 35 kg

80 N

ベッド

▲図 2-90

Challenge

　機械の効率をよくするために，どのようなくふうがされているか調べてみよう。

第|3|章

材料の強さ

　工作機械・船舶・飛行機などの機械，建築物や鉄橋などの構造物を構成している部材は，多くの材料からつくられ，さまざまな力を受ける。

　この章では，各種材料の機械的性質とはなんだろうか，外力が働いたときの部材の内部に生じる力や変形はどうなっているのだろうか，材料の破壊の原因はなんだろうか，機械の安全性を高めるにはどうしたらよいだろうか，などについて調べる。

　古くは，木材が機械の材料として使われていた。図のように，工作機械のベッド，刃物台をのせる滑り面も木製であった。

　機械によって鉄の材料を平面に加工できるようになると，上からの力を受けることができる平形の滑り面をもつベッドの旋盤がイギリスで普及した。一方，アメリカ合衆国では，前後方向の力も支える山形の滑り面をもつベッドが使われるようになり，加工精度も向上するようになった。

木製の旋盤ベッド

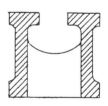

平形ベッド

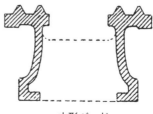

山形ベッド

材料に加わる荷重

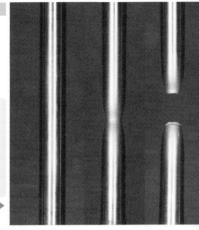

引張試験では，材料に引張荷重を加えたとき，どのように変化するかを調べることができる。

一般に，材料は荷重を加えると変形し，最後には破断する。

ここでは，材料に加わる力とその働き方にはどのようなものがあるか，また，その分類などについて調べてみよう。

引張試験による破断▶

1 荷　重

これまで，物体に働く力と運動の基礎的な関係について調べてきた。そこでは，物体は力を受けても変形しないものとして扱ってきた。しかし，実際には，すべての物体は力を受けると変形する。

機械や構造物を構成している**部材**❶は，外部から力が働き，変形する。この外部から働く力を**外力**❷といい，材料側からみたとき，この外力を**荷重**❸という。荷重は作用のしかたや加わる速さにより分類される。

❶member；機械や構造物を構成する要素。
❷external force
❸load

1 作用による荷重の分類

●**引張荷重**　**引張荷重**❹は，材料を引き伸ばすように加わる荷重である。物体をつり下げたひもに働く力，綱引きの綱や締め付けられたボルトに加わる力などが引張荷重にあたる（図 3-1(a)）。

❹tensile load

●**圧縮荷重**　**圧縮荷重**❺は，材料を押し縮めるように加わる荷重である。機械全体を保持する脚に加わる荷重や，万力ではさんだ材料などが受ける荷重が圧縮荷重にあたる（図(b)）。

❺compressive load

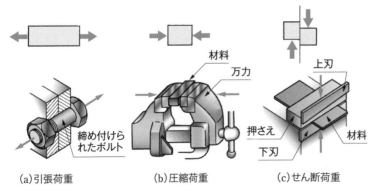

(a)引張荷重　　　(b)圧縮荷重　　　(c)せん断荷重

▲図 3-1　作用による荷重の分類

●**せん断荷重**　**せん断荷重**[1]は，材料の断面の両側にたがいに逆向き に加わる荷重である。はさみで切るときや，シャー（せん断機）の上 刃と下刃で材料を切断するときなどに加わる荷重がせん断荷重にあた る（図 3-1 図(c)）。

5　●**その他の荷重**　その他の荷重には，材料を曲げようとする**曲げ荷 重**[2]や，ねじろうとする**ねじり荷重**[3]などがある。

● 2　速度による荷重の分類

同じ大きさの荷重でも，ゆっくり加わるか，急に加わるかによって， 材料に及ぼす影響が異なる。大別すると，静荷重と動荷重になる。

10　●**静荷重**　**静荷重**[4]は，きわめてゆっくり加わる荷重，または加わっ たままの状態を続けている荷重である（図 3-2(a)）。

●**動荷重**　**動荷重**[5]は，静荷重と違って，荷重の大きさが，速く変動 する荷重である（図(b)）。動荷重のなかには，次のような繰返し荷重と 衝撃荷重がある。

15　1)**繰返し荷重**　**繰返し荷重**[6]は，周期的に繰り返して作用する荷重で ある。繰返し荷重には，引張りまたは圧縮荷重のいずれかのみが作用 する**片<ruby>振<rt>かたぶり</rt></ruby>荷重**[7]と，引張りと圧縮の荷重が交互に作用する**両<ruby>振荷重<rt>りょうぶり</rt></ruby>**[8]があ る。

2)**衝撃荷重**　**衝撃荷重**[9]は，ハンマで物を打つような，比較的短い時 20　間に衝撃的に加わる荷重である。

[1]shearing load 詳しくは，p.83 で学ぶ。

[2]bending load；人がぶ ら下がった鉄棒に加わる荷 重などがある。
[3]torsional load；動力を 伝えるための回転軸に加わ る荷重などがある。
[4]static load

[5]dynamic load

[6]repeated load

[7]pulsating load
[8]alternating load；**交番 荷重**（alternate load）と もいう。
[9]impact load または impulsive load

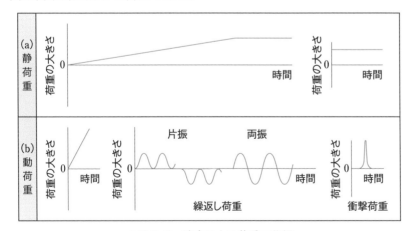

▲図 3-2　速度による荷重の分類

2 節 引張・圧縮荷重

　写真のクレーンは，自動車のエンジンにワイヤロープをかけて，つり上げている。

　ワイヤロープやクレーンの各部などには，エンジンの質量によって，さまざまな力（荷重）が作用している。

　ここでは，材料が，断面に垂直な荷重を受ける場合の強さについて調べてみよう。

◀クレーンによるつり上げ▶

1 外力と材料

　材料に外力（荷重）が作用すると，その反作用として材料内部に抵抗する力が生じ，この力が外力とつり合う。実際の材料は，図3-3のように，ばねばかりを連ねたものと考えられる。材料は，外力の大きさに応じて変形するが，外力を除くと，その変形がもとに戻るような性質をもっている。

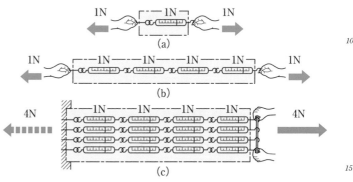

▲図3-3　外力とそれに抵抗する力

2 応力とひずみ

1 応　力

●内　力　　図3-4(a)のように，太さが一様な棒の両端を力 W で軸方向に引っ張ったとき，内部に生じる力はどうなっているだろうか。

　図(a)のように，荷重の加わる方向に垂直な任意の仮想断面 M で二つの部分Ⓐ，Ⓑに分ける。図(b)のⒷの部分では，仮想断面 M に荷重 W と大きさが等しく向きが逆の力 W_1 が生じ，これが W とつり合っている。

　Ⓐの部分のつり合いも同様である。仮想断面 M は任意であるから，力 W_1 は棒の内部のいずれの断面にも生じて荷重 W とつり合う。こ

▲図3-4　内　力

の力 W_1 を**内力**という。

●**応　力**　荷重に対する材料の負担の度合いを知るために，単位面積あたりの内力を考える。この単位面積あたりの内力を**応力**という。内力と荷重は等しいので，荷重を W [N]，断面積を A [mm²] とすれば，応力 σ[MPa] は次のようになる。

$$\sigma = \frac{W}{A} \tag{3-1}$$

図 3-5 のように，断面積の異なる 2 本の棒の下端に同じ荷重 W を作用させた場合，2 本の棒に生じる内力は等しい。しかし，式 (3-1) からわかるように，断面積が異なれば，応力が異なり，荷重に対する材料の負担に違いが生じる。

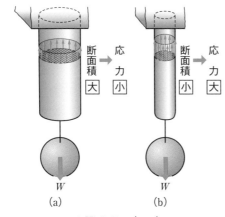

▲図 3-5　応　力

図 3-6 のように，引張荷重によって生じる応力を**引張応力**，圧縮荷重による応力を**圧縮応力**という。引張応力と圧縮応力は，荷重の向きが異なるだけで，応力の求め方は同じである。また，これらの応力は，ともに断面に垂直な方向に生じるので，**垂直応力**という。

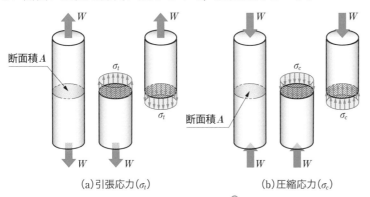

(a)引張応力(σ_t)　　　(b)圧縮応力(σ_c)

▲図 3-6　垂直応力❽

❶internal force

❷stress

❸応力の単位は Pa（**パスカル**）であり，
$1\,\mathrm{Pa} = 1\,\mathrm{N/m^2}$。本書では，断面積の単位を mm² にすることが多いので，応力の単位として MPa（メガパスカル）を使う。
$$
\begin{aligned}
1\,\mathrm{MPa} &= 1 \times 10^6\,\mathrm{Pa} \\
&= 1 \times 10^6\,\mathrm{N/m^2} \\
&= 1\,\mathrm{N/mm^2}
\end{aligned}
$$
❹応力は断面に一様に生じ，材料や断面の形状によらずに，荷重と断面積によってその値が定まる。

❺tensile stress

❻compressive stress

❼normal stress

❽引張応力と圧縮応力をとくに区別する場合は，それぞれ σ_t，σ_c のように表す。

第**3**章　材料の強さ

例題 1 図 3-7 のように, 直径 $d_1 = 40$ mm と $d_2 = 20$ mm の丸棒の軸方向に, ともに $W = 30$ kN の引張荷重を加えたときに生じる引張応力 σ を求めよ。

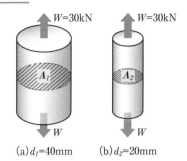

(a) d_1=40mm　　(b) d_2=20mm

▲図 3-7

解答　直径 $d_1 = 40$ mm の棒の断面積 A_1 は,

$$A_1 = \frac{\pi}{4}{d_1}^2 = \frac{\pi}{4} \times 40^2 = 400\pi \text{ mm}^2$$

式 (3-1) より, 引張応力 σ は

$$\sigma = \frac{W}{A_1} = \frac{30 \times 10^3}{400\pi} = 23.9 \text{ N/mm}^2 = 23.9 \text{ MPa}$$

直径 $d_2 = 20$ mm の棒の断面積 A_2 は,

$$A_2 = \frac{\pi}{4}{d_2}^2 = \frac{\pi}{4} \times 20^2 = 100\pi \text{ mm}^2$$

式 (3-1) より, 引張応力 σ は

$$\sigma = \frac{W}{A_2} = \frac{30 \times 10^3}{100\pi} = 95.5 \text{ N/mm}^2 = 95.5 \text{ MPa}$$

答 23.9 MPa, 95.5 MPa

❶円筒の材料はノギスなどによって直径 d を測定するので, $A = \frac{\pi}{4}d^2$ により, 円の面積 A を求める。

問 1 直径 60 mm の丸棒に, 50 kN の引張荷重を加えたときに生じる引張応力を求めよ。

問 2 断面が 60 mm × 40 mm の短い角柱がある。これに生じる圧縮応力が 80 MPa であるとき, 加わった圧縮荷重を求めよ。

2 ひずみ

伸びや縮みなどの**変形**❷の度合いを知るには, 単位長さあたりの変形量を考える必要がある。この単位長さあたりの変形量を**ひずみ**❸という。

図 3-8 のように, 材料のもとの長さを l [mm], 引張・圧縮荷重を加えたときの変形量を $\overset{\text{デルタ}}{\varDelta l}$ [mm] とすれば, ひずみ $\overset{\text{エプシロン}}{\varepsilon}$ は次の式で表され,

❷deformation

❸strain

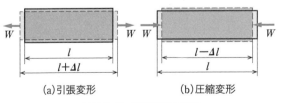

(a)引張変形　　　　　(b)圧縮変形

▲図 3-8　軸方向の変形

単位をつけないそのままの数値か，100倍して％によって表す。

$$\varepsilon = \frac{\Delta l}{l} \tag{3-2}$$

引張荷重によるひずみを**引張ひずみ**❷，圧縮荷重によるひずみを**圧縮ひずみ**❸という。これらのひずみは，ともに荷重の加わる方向に生じる変形に対するひずみであるので**縦ひずみ**❹という。

❶ひずみは比であるので，単位をもたない。

❷tensile strain

❸compressive strain

❹longitudinal strain

図3-9のように，同じ材料で断面積が等しく，長さの異なる2本の棒の両端に，同じ大きさの引張荷重を加えた場合，長い棒は伸びが大きく，短い棒は伸びが小さくなる。棒の長さの違いによって伸びが異なるが，引張ひずみは等しくなる。

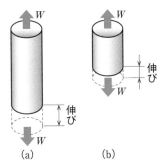

▲図3-9　棒の長さと伸び

 例題 2　長さ $l = 1\,\mathrm{m}$ の丸棒に，引張荷重を加えると $\Delta l = 0.3\,\mathrm{mm}$ 伸びた。このときの縦ひずみ ε を求めよ。

解答　　$l = 1\,\mathrm{m} = 1 \times 10^3\,\mathrm{mm}$，$\Delta l = 0.3\,\mathrm{mm}$ であるので，式(3-2)より，

$$\varepsilon = \frac{\Delta l}{l} = \frac{0.3}{1 \times 10^3} = 0.0003$$

答 0.0003または0.03％

問3　長さ5.5mの棒の下端におもりをつるしたら，1.65mm伸びた。このときの縦ひずみを求めよ。

問4　長さ2mの鋼線に引張荷重が加わったときに生じるひずみを0.05％以内にしたい。鋼線の許される最大の伸びを求めよ。

第**3**章　材料の強さ

⚙ 3 応力-ひずみ線図

●荷重-変形線図　　金属材料の性質を調べるために，引張試験が行われる。試験片を引張試験機にかけ，荷重を加えると試験片は伸びて変形し，荷重が増すにつれて変形量が増大していき，ついには試験片は破断する。

　引張試験機には，縦軸に荷重を，横軸に変形量を記録する機能がある。この機能で描かれる線図を**荷重-変形線図**[1]という。

●応力-ひずみ線図　　多くの材料の性質を調べたり，比較したりするには，荷重のかわりに**公称応力**[2]を，変形量のかわりにひずみを用いた線図のほうが便利である。縦軸に公称応力を，横軸にひずみをとった図を**応力-ひずみ線図**[3]という。

　引張試験機で，図3-10のような軟鋼の試験片[4]を破断するまで引張荷重を加えていくと，応力-ひずみ線図は図3-11の実線のようになる。

　はじめは，応力の増加とともにひずみが増加するが，点Cから点Dまでは応力が増加せず，ひずみが増加する[5]。最大応力点Eを過ぎると，引張荷重は増加せず試験片は伸びて局所的なくびれが発生する。やがて点Fにいたって破断する。

[1]load-deformation diagram
[2]nominal stress；荷重を試験前の試験片断面積で割ったもの。
[3]stress-strain diagram
[4]炭素含有量が低く（一般に0.10～0.2%程度）軟らかい鋼。

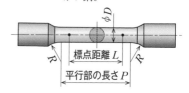

▲図3-10　引張試験片

[5]これは，軟鋼にみられる特徴である。

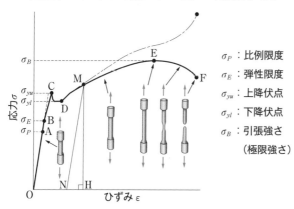

σ_P：比例限度
σ_E：弾性限度
σ_{yu}：上降伏点
σ_{yl}：下降伏点
σ_B：引張強さ
　　（極限強さ）

▲図3-11　軟鋼の応力-ひずみ線図（模式図）
📖3-1

Note📖 3-1　真応力

　試験片の実際の断面積を用いて求めた応力を真応力という。図3-11の一点鎖線の曲線は真応力とひずみの関係を示す。試験片は伸びるにつれて断面積は小さくなるので，真応力は公称応力よりも大きくなる。

● **比例限度・弾性限度**　図 3-11 の，OA 間は応力とひずみが比例する部分で，その限界点 A の応力 σ_P を **比例限度**[1]という。点 A をわずかに超えた点 B までは，荷重を取り去ると変形はもとに戻る。このような材料の性質を **弾性**[2]といい，その限界点 B の応力 σ_E を **弾性限度**[3]という。また，弾性限度内での変形を **弾性変形**[4]という。

　厳密には，弾性限度と比例限度は異なっているはずであるが，材料の性質や試験のしかたによっては判別がむずかしく，また，たがいの値が近いので，区別しないで使う場合もある。

　応力が弾性限度以上の点 M まで荷重を加えてから荷重を除いていくと，直線 OA にほぼ平行な直線 MN に沿ってひずみは減少する。NH は，荷重を除くともとに戻る **弾性ひずみ**[5]である。ON はもとに戻らないひずみで，**永久ひずみ**[6]という。したがって，弾性限度とは，永久ひずみを生じない最大の応力であるともいえる。

　永久ひずみが生じる材料の性質を **塑性**[7]といい，その変形を **塑性変形**[8]という。永久ひずみが生じた点 N から再び荷重を加えると，応力とひずみの関係は，ほぼ NMEF のようになる。

● **降伏点・耐力**　図 3-11 の，点 C から D では，おもにひずみだけが増加する。この現象を **降伏**[9]といい，そのときの応力を **降伏点**[10]という。点 C の応力 σ_{yu} を **上降伏点**[11]，点 D の応力 σ_{yl} を **下降伏点**[12]という。降伏点は，軟鋼ではあきらかに現れるが，多くの金属では図 3-12 のように降伏点が現れにくい。このような場合は，図 3-13 のように，0.2% の永久ひずみを生じるときの応力をもって降伏点としている。この応力を **耐力**[13]といい，$\sigma_{0.2}$ のように表す。降伏点や耐力は，材料の強さの基準として用いられることがある。[14]

● **引張強さ**　図 3-11 の，点 E で示される最大応力を **極限強さ**[15]という。引張試験における極限強さを **引張強さ**[16]という。金属は，引張試験が比較的簡単に行えるので，引張強さを材料の強さの一つの基準としている。

[1] proportional limit

[2] elasticity
[3] elastic limit
[4] elastic deformation

[5] elastic strain

[6] permanent strain

[7] plasticity
[8] plastic deformation

[9] yield
[10] yield point
[11][12] JIS では上降伏点や下降伏点ともいわれる。最近は，上降伏点，下降伏点といわれることも多い。
　一般的に，降伏点とは上降伏点のことをさす。
[13] proof stress
[14] 詳しくは，p.96 で学ぶ。
[15] ultimate strength
最大荷重を試験片のもとの断面積で割った値
[16] tensile strength

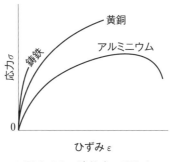

▲図 3-12　降伏点の現れない金属の応力-ひずみ線図の例

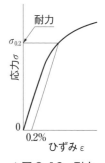

▲図 3-13　耐力

●**破断**　図 3-11 の，点 E を超えてからは，材料にくびれが生じ，点 F で破断する。

●**圧縮強さ**　圧縮荷重がおもに作用する部材の大きさを決めるには，材料の圧縮強さを知る必要がある。鋳鉄やコンクリートなどのもろい材料では**圧縮試験**❶を行って，圧縮破壊が生じたときの圧縮荷重を，試験片断面積で割った値が**圧縮強さ**❷となる。

３　縦弾性係数

　比例限度内では，応力とひずみは比例する。これを**フックの法則**❸といい，このときの比例定数を**弾性係数**❹という。弾性係数は，材料によってそれぞれ一定の値をもち，単位は MPa や GPa ❺が用いられる。

　垂直応力を σ[MPa]，縦ひずみを ε，弾性係数を E[MPa] とすると，次のようになる。

$$\sigma = E\varepsilon, \ E = \frac{\sigma}{\varepsilon} \tag{3-3}$$

　このときの弾性係数 E を，**縦弾性係数**❻または**ヤング率**❼という。この縦弾性係数は，応力-ひずみ線図における原点からの直線部分の傾きであり，材料固有の値である。

　鋼の縦弾性係数 E の値は，およそ 200 GPa である。表 3-1 に，おもな金属材料の**機械的性質**❽を示す。

❶compression test；金属材料における圧縮試験の方法は JIS では規格化されていない。
❷compressive strength

❸Hooke's law

❹elastic modulus または modulus of elasticity
❺1 GPa = 1 000 MPa = 1×10^3 MPa

❻modulus of longitudinal elasticity
❼Young's modulus
❽材料の機械的性質とは，材料に荷重が加わったとき，材料がその荷重に対応して示す性質をいう。
❾詳しくは，p.85 で学ぶ。
❿炭素含有量が 0.36〜0.5% 程度の鋼。

▼表 3-1　おもな金属材料の機械的性質（概略値）

材料		性質	降伏点（耐力）σ_y[MPa]	引張強さ σ_B[MPa]	縦弾性係数 E[GPa]	横弾性係数❾ G[GPa]
機械構造用炭素鋼鋼材（焼きならし）	軟 鋼	S10C	206 以上	314 以上	206	79
	硬 鋼❿	S50C	363 以上	608 以上	205	82
一般構造用圧延鋼材		SS400（厚さ 40 を超え 100 以下）	215 以上	400〜510	206	79
球状黒鉛鋳鉄		FCD400	250 以上	400 以上	161	78
ニッケルクロム鋼		SNC236	589 以上	736 以上	204	—
ステンレス鋼		SUS304	205 以上	520 以上	197	74
黄 銅		C2600-O	—	275 以上	110	41
アルミニウム合金		A2024P-T4	275 以上	425 以上	74	29
		A7075P-T6（厚さ 25 を超え 50 以下）	460 以上	530 以上	72	28

（日本金属学会編「金属データブック 改訂 4 版」，日本機械学会編「機械工学便覧」，「理科年表 2019」
JIS G 3101：2015　JIS G 5502：2001　JIS G 4304：2012　JIS H 3100：2018　JIS H 4000：2014 による）

式 (3-3) に式 (3-1)，式 (3-2) を代入すれば，垂直応力 σ [MPa] と縦ひずみ ε，縦弾性係数 E [MPa] の関係は次のようになる。

$$\left.\begin{array}{l} E = \dfrac{\sigma}{\varepsilon} = \dfrac{\dfrac{W}{A}}{\dfrac{\Delta l}{l}} = \dfrac{Wl}{A\Delta l} \\[3em] \Delta l = \dfrac{Wl}{AE} = \dfrac{\sigma l}{E} \end{array}\right\} \qquad (3\text{-}4)$$

例題 3 断面積 $A = 50\,\mathrm{mm^2}$，長さ $l = 4\,\mathrm{m}$ の鋼線に，$W = 5\,\mathrm{kN}$ の引張荷重を加えたら伸び $\Delta l = 2\,\mathrm{mm}$ となった。縦弾性係数 E を求めよ。

解答 式 (3-4) より，

$$E = \frac{Wl}{A\Delta l} = \frac{5 \times 10^3 \times 4 \times 10^3}{50 \times 2} = 200 \times 10^3\,\mathrm{MPa}$$
$$= 200\,\mathrm{GPa}$$

答 200 GPa

問 5 断面 $16\,\mathrm{mm} \times 20\,\mathrm{mm}$，長さ $3\,\mathrm{m}$ の平鋼に $30\,\mathrm{kN}$ の引張荷重を加えたら $1.4\,\mathrm{mm}$ 伸びた。縦弾性係数を求めよ。

問 6 直径 $50\,\mathrm{mm}$，長さ $1\,\mathrm{m}$ の鋼丸棒に $20\,\mathrm{kN}$ の引張荷重を加えたら $0.05\,\mathrm{mm}$ 伸びた。縦弾性係数を求めよ。

問 7 断面積 $15\,\mathrm{mm^2}$，長さ $2\,\mathrm{m}$ の鋼線に $1\,\mathrm{kN}$ の引張荷重を加えたときの伸びを求めよ。ただし，縦弾性係数を $206\,\mathrm{GPa}$ とする。

問 8 直径 $12\,\mathrm{mm}$，長さ $1.5\,\mathrm{m}$ の鋼丸棒に $2\,\mathrm{kN}$ の引張荷重を加えたときの伸びを求めよ。ただし，縦弾性係数を $192\,\mathrm{GPa}$ とする。

1 次の用語を説明せよ。

(1) 縦弾性係数　(2) 塑性　(3) 降伏点　(4) 引張強さ

2 1辺5mmの角棒鋼に750Nの引張荷重を加えた。このときの応力を求めよ。

3 直径15mmの丸棒に20kNの引張荷重を加えた。このときの応力を求めよ。

4 図3-14のように，外径250mm，内径150mmの短い中空円筒に300kNの圧縮荷重が加わったときの応力を求めよ。

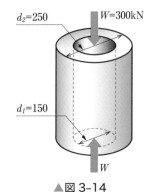

▲図3-14

5 長さ4.5mの棒を引っ張って1mm伸びたときのひずみを求めよ。

6 30MPaの引張応力で0.0004のひずみを生じているとき，縦弾性係数を求めよ。

7 直径5mm，長さ2mの鋼線に1.5kNの引張荷重を加えたとき，何mm伸びるかを求めよ。ただし，$E = 206$GPaとする。

8 直径14mm，長さ50mmの軟鋼丸棒に，弾性限度以内で29kNの引張荷重を加えたら，0.046mm伸びた。そのとき生じた応力およびひずみを求めよ。また，縦弾性係数を求めよ。

9 直径5mm，長さ3mの鋼線に3.5kNの引張荷重が加わるときの伸びを求めよ。また，この鋼線が耐える最大の引張荷重を求めよ。鋼線の縦弾性係数を206GPa，引張強さを425MPaとする。

Challenge

図3-15のように，材料も太さも異なる2本の部材(丸棒)AとBがある。それぞれの材料が何なのか，また，どちらが引っ張りに強い材料かを調べたい。どのように調べるのか，具体的にその方法を話し合い，詳しくまとめて発表しよう。

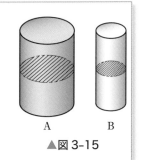

A　B

▲図3-15

3 せん断荷重

材料に荷重が加わると，応力が生じることは引張りや圧縮ですでに学んだ。
せん断荷重も基本的な荷重の一つであり，せん断荷重が働くと，応力が生じる。打抜きやシャーは，せん断を利用した加工である。
ここでは，せん断荷重が働くときの応力とひずみの関係を調べてみよう。

シャー▶

1 せん断

図 3-16(a)のように，材料の微小な間隔 l の断面 A，B に，平行でたがいに逆向きの荷重 W が加わることを**せん断**といい，このときの荷重 W を**せん断荷重**という。

❶shearing

❷shearing load

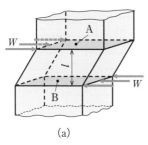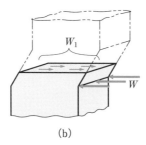

(a)   (b)

▲図 3-16　せん断荷重

2 せん断応力

図 3-16(b)のように，材料にせん断荷重 W が加わると，荷重に平行な任意の断面には，それに沿って荷重 W に等しい内力 W_1 が生じる。
この内力による応力を**せん断応力**といい，せん断荷重を W [N]，応力の生じている任意の断面の面積を A [mm²] とすれば，せん断応力 τ [MPa] は次の式で表される。

❸shearing stress

$$\tau = \frac{W}{A} \tag{3-5}$$

第 3 章　材料の強さ

3 節　せん断荷重　83

例題 **4**　図 3-17 のように，幅 $b = 80\,\text{mm}$，厚さ $t = 3\,\text{mm}$ の鋼板に，$W = 15\,\text{kN}$ のせん断荷重が加わっている。このとき，板に生じるせん断応力 τ を求めよ。

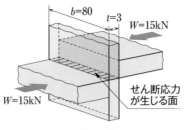

▲図 3-17

解答　せん断応力が生じる板の面積 A は，

$$A = b \times t = 80 \times 3 = 240\,\text{mm}^2$$

$W = 15\,\text{kN} = 15 \times 10^3\,\text{N}$ であるので，式 (3-5) より，

$$\tau = \frac{W}{A} = \frac{15 \times 10^3}{240}\,\text{N/mm}^2 = 62.5\,\text{MPa}$$

答 62.5 MPa

問 9　図 3-18 のような M16 のボルトに生じるせん断応力を求めよ。また，このボルトが 80 MPa までのせん断応力に耐えられるとき，加えることができる最大の荷重を求めよ。

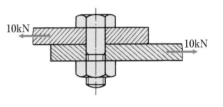

▲図 3-18

3　せん断ひずみ

　図 3-19 のように，材料内の微小な間隔 $l\,[\text{mm}]$ の平行な 2 平面がせん断荷重 $W\,[\text{N}]$ を受けたために，$\overset{\text{ラムダ}}{\lambda}\,[\text{mm}]$ だけずれて微小角 $\overset{\text{ファイ}}{\phi}$ $[\text{rad}]$ だけ傾いたとする。λ は**せん断変形**で l に対する変形量を表す。単位長さに対するせん断変形を**せん断ひずみ**といい，$\overset{\text{ガンマ}}{\gamma}$ で表すと，次のようになる。

$$\gamma = \frac{\lambda}{l} = \tan\phi \overset{❸}{\fallingdotseq} \phi \qquad (3\text{-}6)$$

ここで，微小角 ϕ をずれの角度という。

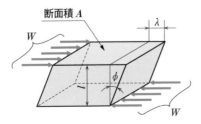

▲図 3-19　せん断ひずみ

❶せん断荷重によって生じる変形をせん断変形，せん断変形が生じる面を**せん断面**という。

❷shearing strain

❸下図で，$\tan\phi = \dfrac{\lambda}{l}$

$\phi\,[\text{rad}] = \dfrac{\overset{\frown}{\text{AB}}}{l}$

ϕ は微小角であるので $\overset{\frown}{\text{AB}} \fallingdotseq \lambda$ である。よって $\tan\phi = \dfrac{\lambda}{l} \fallingdotseq \phi$

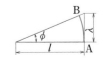

4 横弾性係数

比例限度内では，せん断応力 τ [MPa] とせん断ひずみ γ は，引張応力と引張ひずみの関係と同様に，比例する。弾性係数を G [MPa] とすると，せん断におけるフックの法則❶は次のようになる。

❶p.80 式 (3-3) 参照。

$$\tau = G\gamma, \quad G = \frac{\tau}{\gamma} \tag{3-7}$$

このときの弾性係数 G を，**横弾性係数**❷という。おもな金属の横弾性係数 G の値は，表 3-1 のとおりである❸。鋼の横弾性係数 G の値はおよそ 80 GPa で，一般に，金属の横弾性係数 G の値は，縦弾性係数 E の値の半分以下である。

❷modulus of transverse elasticity
❸p.80 参照。

図 3-19 で，断面積を A [mm²] とすると，式 (3-5)，(3-6)，(3-7)，から次の式がなりたつ。

$$\left.\begin{array}{l} G = \dfrac{\tau}{\gamma} = \dfrac{Wl}{A\lambda} \fallingdotseq \dfrac{W}{A\phi} \\[3mm] \lambda = \dfrac{Wl}{AG} = \dfrac{\tau l}{G}, \quad \phi \fallingdotseq \dfrac{W}{AG} \end{array}\right\} \tag{3-8}$$

例題 5 断面積 $A = 500$ mm² の材料に，$W = 33$ kN のせん断荷重を加えたら，$\gamma = \dfrac{1}{1\,200}$ のせん断ひずみを生じた。横弾性係数 G を求めよ。

⌐解答⌐ 式 (3-6)，式 (3-8) より，

$$G = \frac{W}{A\phi} = \frac{33 \times 10^3}{500 \times \dfrac{1}{1\,200}} = 79.2 \times 10^3 \text{ MPa}$$

$$= 79.2 \text{ GPa}$$

答 79.2 GPa

問 10 断面積 640 mm² の軟鋼板に，20 kN のせん断荷重を加えたときのせん断ひずみを求めよ。ただし，横弾性係数は 80 GPa とする。

1 図 3-18 で，せん断荷重が 8 kN のとき，せん断応力が 72 MPa になるようにしたい。ボルトの太さをいくらにしたらよいか。

2 図 3-19 のせん断ひずみで，ずれの角度 $\phi = \dfrac{1°}{60}$ のときのせん断ひずみを求めよ。

3 断面積が 600 mm²，横弾性係数が 79.4 GPa の軟鋼板に 50 kN のせん断荷重を加えた。せん断応力およびせん断ひずみを求めよ。 5

4 図 3-20 のように，ピンの直径が 35 mm のとき，ピンに生じるせん断応力を求めよ。

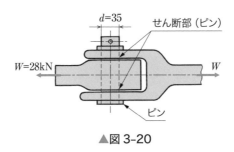

▲図 3-20

Challenge

工作機械の部品のなかで，せん断荷重が作用する部品をなるべく多く取り上げてみよう。また，その部品がどのような役割を果たしているのかを考えて発表してみよう。 10

4節 温度変化による影響

温度変化による影響

材料は，温度の変化によって伸びたり縮んだりする。鉄道のレールが，夏季の猛暑によって曲がったり，冬季には厳寒のためにひび割れたりすることがある。これは，レールが温度変化を受けて伸縮するとき，この伸縮がさまたげられて起こる現象である。

ここでは，温度変化を受ける材料の強さについて調べてみよう。

レールの伸縮継目▶

1 熱応力

図 3-21(a)のように，常温で両端を固定した材料に熱を加えると，材料は膨張しようとするが，両端を固定されているために膨張することができないので，材料は圧縮され，内部に圧縮応力が生じる。

逆に，常温の物を固定して冷却すると収縮することができないので，材料は引っ張られ，内部に引張応力が生じる (図(b))。このように温度変化によって生じる圧縮や引張りに対する応力を**熱応力**という。

❶thermal stress

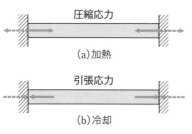

▲図 3-21 熱応力

内燃機関のシリンダや化学工業の反応がまなど，局部的な温度差のために熱応力を生じる装置や部品などは，あらかじめ温度変化に対応できるように設計することが必要である。上の写真のように，鉄道のレールの継目は，車両の運行中の振動や音の原因とならないよう，くふうされている。

第3章 材料の強さ

4節 温度変化による影響 **87**

2 線膨張係数

温度変化によって，物体が伸び縮みする割合を，**線膨張係数**[1]という。長さ l [mm] の金属棒が加熱されて，温度が t [℃] から

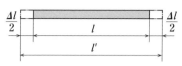

▲図 3-22　加熱時の棒の伸び

[1]coefficient of linear expansion

t' [℃] に上がったとする。このとき，図 3-22 のように，棒の両端は自由で，Δl [mm] だけ伸びて長さが l' [mm] になった材料の線膨張係数を α [℃$^{-1}$][2] とすれば，次の式がなりたつ。

$$\Delta l = l' - l = l\alpha(t' - t) \tag{3-9}$$

表 3-2 におもな材料の線膨張係数 α の値を示す。

[2] α は，温度変化 1℃ あたりのひずみを表す。

▼表 3-2　おもな材料の線膨張係数

材　料	線膨張係数 α [℃$^{-1}$]
鋼	$9.6 \sim 11.6 \times 10^{-6}$
鋳　鉄	$9.2 \sim 11.8$ 〃
ニッケル・クロム鋼	13.3 〃
超硬合金	5.0 〃
七三黄銅	19.9 〃
ジュラルミン	23.4 〃
タフピッチ銅	17.6 〃

(日本機械学会編「機械工学便覧」による)

実際には材料の両端が固定されていることが多く，そのために伸びることができないので，温度 t' のときの長さ l' の棒が圧縮されて Δl だけ縮み，l になったのと同じ結果になる。このときのひずみ ε は，次の式のようになる。

$$\varepsilon = \frac{\Delta l}{l'} = \frac{\Delta l}{l + \Delta l} \fallingdotseq \frac{\Delta l}{l} \tag{3-10}$$

式 (3-10) に式 (3-9) を代入すると，

$$\varepsilon = \frac{\Delta l}{l} = \frac{l\alpha(t' - t)}{l} = \alpha(t' - t) \tag{3-11}$$

このとき材料に生じる圧縮の熱応力 σ は，フックの法則から，

$$\sigma = E\varepsilon = E\alpha(t' - t) \tag{3-12}$$

となる。

温度降下のときは，逆に引張りの熱応力が生じる。

熱応力は，材料の太さや長さには無関係で，縦弾性係数と線膨張係数および温度差に比例する。

[3] l に対して Δl はきわめて小さく，$\frac{\Delta l}{l + \Delta l}$ を $\frac{\Delta l}{l}$ とみてさしつかえない。

[4]p.80 式 (3-3) 参照。

例題 6

両端を固定した温度 $t = 20\,°\mathrm{C}$ の銅棒を，加熱して温度を $t' = 50\,°\mathrm{C}$ に上げる。このときに生じる熱応力 σ を求めよ。この場合，銅の線膨張係数 $\alpha = 16.5 \times 10^{-6}\,°\mathrm{C}^{-1}$，縦弾性係数 $E = 110\,\mathrm{GPa}$ とする。

解答 式 (3-12) より，

$$\sigma = E\alpha(t' - t)$$
$$= 110 \times 10^3 \times 16.5 \times 10^{-6} \times (50 - 20)$$
$$= 54.5\,\mathrm{MPa} \qquad \boxed{\text{答}}\ 54.5\,\mathrm{MPa}\ \text{の圧縮熱応力}$$

問 11 直径 $30\,\mathrm{mm}$ の硬鋼棒を温度 $20\,°\mathrm{C}$ の状態で両端を壁に固定したのち，加熱して $50\,°\mathrm{C}$ に上げる。このときに生じる熱応力を計算せよ。また，棒が壁に及ぼす力を求めよ。ただし，硬鋼の α は $11 \times 10^{-6}\,°\mathrm{C}^{-1}$，$E$ は $205\,\mathrm{GPa}$ とする。

節末問題

1 軟鋼線を温度 $30\,°\mathrm{C}$ でまっすぐに伸ばし，両端を固定したのち，温度を $10\,°\mathrm{C}$ に下げた。このときに生じる熱応力を求めよ。ただし，軟鋼の α は $11 \times 10^{-6}\,°\mathrm{C}^{-1}$，$E$ は $206\,\mathrm{GPa}$ とする。

2 図 3-23 のように，温度 $20\,°\mathrm{C}$ のときに，長さ $2000\,\mathrm{mm}$ の棒を幅 $2001\,\mathrm{mm}$ の溝に直角方向に置いた。この状態で棒の温度を $80\,°\mathrm{C}$ に上げたとき，棒に生じる熱応力を求めよ。ただし，この棒の α は $11 \times 10^{-6}\,°\mathrm{C}^{-1}$，$E$ は $206\,\mathrm{GPa}$ とする。

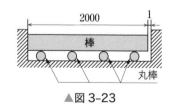

▲図 3-23

Challenge

テレビ，パソコン，タブレット端末など，身のまわりには多くの電子機器があるが，その電子機器に内蔵されているプリント基板は熱に関する解析が欠かせない。

プリント基板や実装されている電子部品に生じる熱応力について考え，それによりどのような問題が起こる可能性があるのか，話し合ってみよう。また，それを詳しく調べて発表してみよう。

5 節 材料の破壊

シャルピー衝撃試験機は，材料に衝撃荷重を加えた場合の材料の強さを試験するものである。

同じ材料でも荷重の加わりかたや温度によって強さが異なる。

ここでは，材料が破壊する場合の基礎的なことを知り，破壊に対して安全な材料の強さの求めかたを調べてみよう。

シャルピー衝撃試験機▶

1 破壊の原因

破壊[1]とは，材料が二つ以上に分離する破断と，破断にいたらないまでもそれが使用に耐えないほどに変形した状態をいう。材料が破壊する原因にはいろいろあり，荷重の加わりかたやそれによって生じる応力の種類，部材の形状や内部欠陥，部材が使用される温度や環境などによって異なる。

[1]fracture

1 静荷重

繰返し荷重などの動荷重に比べ，静荷重によって破壊が起こることは少ないが，応力や変形が一定限度を超えると材料に破壊が生じる。

2 動荷重

繰返し荷重は，静荷重に比べてはるかに小さい荷重であっても，それが長時間にわたると，材料の破壊にいたることがある。また，衝撃荷重は，大きな荷重が瞬間的にかかるので，とくに鋳鉄などのもろい材料や，溝・段・穴などのある材料は破壊しやすい。

3 応力集中

機械に使用される材料には，図3-24のように溝・段・穴などを設ける場合がある。溝・段・穴などのために断面の形状が急に変わる部分を**切欠**[2]という。

[2]notch；穴や段などと区別して，表面の溝部分をとくに切欠ということも多い。

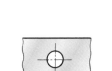

(a)キー溝　　(b)環状の溝　　(c)段　　(d)穴

▲図3-24　応力集中の原因となる切欠の例

断面形状が一様な材料を引っ張ったり，圧縮したりするときに発生する応力は，断面のどの部分にも均一に生じているとしている。

しかし，断面形状が局部的に急に変化する切欠部分では，図 3-25 のように，X-X 断面における断面積で荷重を割って求められる応力 σ_n より大きな応力が生じる。

このように，断面形状によって局部的に大きな応力が生じることを**応力集中**❶という。材料は，応力集中によって破壊，とくに疲労破壊❷を起こしやすいので注意を要する。

図 3-26 のような切欠部に生じる応力集中には，次の特徴がある。

① 切欠溝が深いほど大きい (図(a))。
② 切欠溝の底の角度が小さいほど大きい (図(b))。
③ 切欠溝の底の丸みが小さいほど大きい (図(c))。

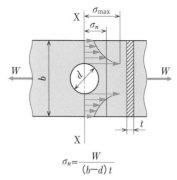

$$\sigma_n = \frac{W}{(b-d)\,t}$$

▲図 3-25　応力集中

❶stress concentration
❷詳しくは，p.93 で学ぶ。

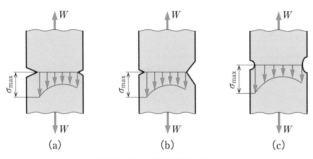

(a)　　　　　(b)　　　　　(c)

▲図 3-26　応力集中の特徴

したがって，部材の形状は切欠を避けることが望ましい。しかし，切欠が避けられない場合は，図 3-27 に示すように，すみ肉の半径を大きくして，断面の変化を緩やかにするなどのくふうが必要である。

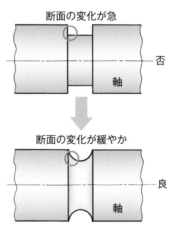

断面の変化が急

否

軸

断面の変化が緩やか

良

軸

▲図 3-27　応力集中を緩和する例

切欠のある部材の設計では，応力集中による最大応力を知ることが必要である。この最大応力を**集中応力**という。集中応力 $\sigma_{\max}$ と，応力集中がない場合の応力 σ_n との比 α_k を**応力集中係数**[1]といい，次のようになる。

$$\alpha_k = \frac{\sigma_{\max}}{\sigma_n}, \quad \sigma_{\max} = \alpha_k \sigma_n \tag{3-13}$$

この値は材料の種類に関係なく，切欠の形状によって決まる。図3-28は，図3-25の穴のあいた帯板の α_k の値を表す。

❶factor of stress concentration；応力集中係数の値は，切欠の形状によって定まるので，**形状係数**ともいう。

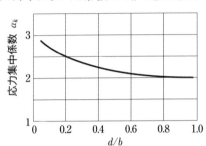

▲3-28　応力集中係数
（日本機械学会編「機械工学便覧」による）

例題 7　幅 $b = 50\,\mathrm{mm}$，厚さ $t = 8\,\mathrm{mm}$ の断面が一様な平鋼の軸線上に，直径 $d = 20\,\mathrm{mm}$ の穴があいている。この板の軸線方向に $W = 15\,\mathrm{kN}$ の引張荷重を加えたとき，集中応力 $\sigma_{\max}$ を求めよ。

〔解答〕　この板の軸線方向に生じる応力 σ_n は，図3-25より，

$$\sigma_n = \frac{W}{(b-d)t} = \frac{15 \times 10^3}{(50-20) \times 8} = 62.5\,\mathrm{MPa}$$

軸 $b = 50\,\mathrm{mm}$，穴の直径 $d = 20\,\mathrm{mm}$ であるから，

$\dfrac{d}{b} = \dfrac{20}{50} = 0.4$，図3-28より，応力集中係数 $\alpha_k = 2.25$

式(3-13)より，

$$\sigma_{\max} = \alpha_k \sigma_n = 2.25 \times 62.5 = 141\,\mathrm{MPa}$$

答 141 MPa

問 12　例題7で，直径 10 mm の穴があいているとき，集中応力を求めよ。

● 4 疲労

　機械の構成部材は，引張り・圧縮・曲げ・ねじりなどの荷重を繰返
し受けることが多い。その場合，材料に生じる応力が一定せず，その
大きさや向きがたえず変化する。その繰返し数によって，部材を構成
5　する材料は静荷重を受けるときよりはるかに小さな荷重で破壊を起こ
すことがある。これは，材料が，**疲労**[1]を起こすためであり，このよう
な現象を**疲労破壊**[2]という。

　歯車・車軸・クランク軸・ばねなどの破壊は，繰返し荷重による疲
労に起因することが多い。図 3-29 は，疲労破壊したスプライン[3]の例
10　である。

▲図 3-29　スプラインの疲労破壊

　材料の疲労に対する強さは，疲労試験[4]によって調べられる。図 3-30
は，炭素鋼の疲労試験で得られた応力振幅 σ_a[5]と材料が破断するまで
の応力の繰返し数 N_f との関係である。この図を **S-N 曲線**[6]という。

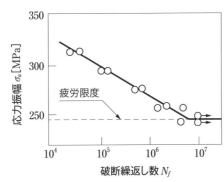

▲図 3-30　炭素鋼の代表的 S-N 曲線
（日本機械学会編「機械工学便覧」による）

　図から，応力振幅が大きいほど，少ない回数で疲労破壊することが
15　わかる。また，鋼では，繰返し数が多くなっておよそ $10^6 \sim 10^7$ に達す
ると，S-N 曲線にほぼ水平な部分が現れ，その値以下の応力振幅では，

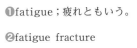

[1]fatigue；疲れともいう。

[2]fatigue fracture

[3]詳しくは，p.192 で学ぶ。

[4]試験片に繰返し荷重を加
える試験。回転曲げ疲労試
験などがある。
[5]1 サイクルの応力の最大
値を σ_{max}，最小値を σ_{min}
で表すと，応力振幅 σ_a は
$\sigma_a = \dfrac{\sigma_{max} - \sigma_{min}}{2}$ である。
[6]S は応力 (stress)，N は
応力の繰返し数
(number of cycles) を表
す。

第
3
章　材料の強さ

5節　材料の破壊　**93**

繰返し数が増えても破壊が起こりにくくなる。このほぼ水平な部分の応力振幅を**疲労限度**[1]といい，材料の強さの基準の一つである。[2]

　材料は応力振幅が疲労限度以下になるように使用する。しかし，銅合金などでは，はっきりした水平部を示さないので正確な疲労限度は求めにくい。

● 5　クリープ

　材料に一定の荷重を長時間加えると，図 3-31 のように，時間の経過とともにしだいにひずみが増加する。このような現象を**クリープ**[3]といい，そのひずみを**クリープひずみ**[4]という。とくに高温で使用される金属材料は，クリープによって，ついには破壊することがある。したがって，高温で使用される材料では，その温度でのクリープひずみを生じさせる応力を知っておかなければならない。この応力を**クリープ限度**[5]という。

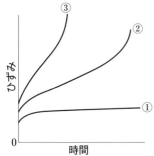

①は，温度が低く，応力が小さいとき。
②は，①と③の中間のとき。
③は，温度が高いか，応力が大きいか，また，それらが重なったとき。

▲図 3-31　クリープ曲線（模式図）

● 6　温度や環境

●**低温脆性**　材料は低温になると，急激に延性を失って衝撃に対してもろくなることがある。この性質を**低温脆性**（ていおんぜいせい）[6]といい，低温脆性に強い材料を用いるなどの配慮が必要である。

●**腐　食**　腐食（ふしょく）[7]作用によって部材の表面に傷や割れなどが生じると，応力集中などが発生してその強さが低下する。部材の表面にめっきを施したり，さび止めの塗装などをして対応する。

[1] fatigue limit
[2] 詳しくは，p.96 で学ぶ。
[3] creep
[4] creep strain
[5] creep limit；ある一定の温度において，ある一定時間後に一定のクリープひずみに収束させる応力の最大値をその温度における**クリープ限度**という。
[6] cold temperture brittleness
[7] corrosion；大気中の水分や塩水などによる腐食がある。

2 材料の機械的性質とおもな使いかた

1 延性材料・脆性材料

　各種材料の引張試験を行うと，図3-32に示すような異なった二つの性質をもつ応力-ひずみ線図が得られる。

5　　図(a)のような性質を示す材料は，破断するまでに大きな塑性変形を示す。このような材料を**延性材料**[1]という。延性材料には，軟鋼やアルミニウム合金・銅合金[3]などがある。

　　図(b)のような性質を示す材料は，ほとんど塑性変形をしないで破断する。このような材料を**脆性材料**[4]という。脆性材料には，鋳鉄やコン10　クリート[5]などがある。

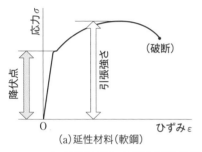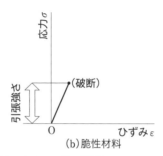

▲図3-32　延性材料と脆性材料の応力-ひずみ線図

2 材料のおもな使いかた

　機械や構造物を構成している部材に生じる応力が，材料の比例限度以下であれば，荷重を取り去ると部材の変形はもとに戻る。したがって，機械の各部材に生じる最大応力は，使用する材料の降伏点より低15　めである比例限度を超えないようにする[6]。表3-1に，おもな金属材料の降伏点を示す[7]。

　　鋳鉄やコンクリートは，引張りには弱いが圧縮には強いので，圧縮荷重を受けるところに使われることが多い。このように，各種材料の機械的性質をよく知って，使用目的に適した材料を使うことが必要で20　ある。

---

[1] ductile materials
[2] p.96 表3-3 参照。
[3] アルミニウム合金や銅合金の応力-ひずみ線図は，p.79 図3-12 参照。
[4] brittle materials
[5] 詳しくは，p.124 表3-9 参照。

[6] このほかに，材料の疲労にも配慮しなければならない (p.93 参照)。
[7] p.80 参照。

3 許容応力と安全率

1 基準強さ

基準強さ[1]は，設計の基礎となる応力[2]を決定するために必要な強さのことで，基準として用いられる材料の強さを表す。基準強さは，材料に加えられる荷重の種類，その材質，形状など実際の使用状態に適した種類の応力をとることが望ましい。

次に，基準強さのとりかたの例をあげる。

●引張強さをとる場合　引張強さは，ほとんどの材料について実験値が求められているので基準強さとしてとりやすい。たとえば，鋳鉄などのもろい材料に引張りの静荷重が加わる場合は，基準強さとして引張強さをとる。

●降伏点・耐力をとる場合　降伏点や耐力を超えると，急にひずみが増加する軟鋼やアルミニウム合金などの延性材料に，引張りの静荷重が加わる場合は，軟鋼は降伏点，アルミニウム合金は耐力を基準強さにとる。

●疲労限度をとる場合　機械や構造物を構成する各部材は，実際の使用にさいしては，静荷重だけを受けることは少なく，各種の荷重を繰り返し受けることが多い。材料が繰返し荷重を受ける場合には，基準強さとして疲労限度をとる。

表3-3におもな鉄鋼の引張強さ・降伏点・疲労限度を示す。

▼表3-3　おもな鉄鋼の引張強さ・降伏点・疲労限度の例

機械的性質 材料	引張強さ σ_B [MPa]	降伏点 σ_y [MPa]	疲労限度 （両振引張・圧縮） [MPa]
軟鋼　S20C （焼ならし）	402 以上	245 以上	155〜245
硬鋼　S50C （焼ならし）	608 以上	363 以上	195〜295
鋳鉄　FC200	200 以上	—	35〜98

（日本規格協会編「JISに基づく機械システム設計便覧」，
日本金属学会編「金属データブック」改訂4版による）

2 使用応力・許容応力と安全率

機械や構造物が実際に使用される場合に，それを構成する各部材の材料に生じる応力を**使用応力**[3]という。これに対して，使用される材料に許される最大の応力で，それ以内ならば変形や破壊などしないで安

[1]reference strength
[2]許容応力のこと。詳しくは，p.97で学ぶ。
[3]working stress

全であるとして，設計の基礎に用いられる応力を**許容応力❶**という。し ❶allowable stress
📖3-2
たがって，設計にあたっては，許容応力は使用応力に等しいか，それ
より大きくなければならない。許容応力 σ_a [MPa] の値は，なるべく実
際の使用状態で実験的に定めるのが理想的であるが，一般には材料の
基準強さ σ_F [MPa] を**安全率❷**Sで割って決めるため，次のようになる。 ❷factor of safety

$$\sigma_a = \frac{\sigma_F}{S} \tag{3-14}$$

安全率は，腐食・磨耗・基準強さ・荷重などのばらつき，また，温
度などの使用条件を考えて決める。

表 3-4 に安全率および表 3-5 に鉄鋼の許容応力について，めやすと
して用いられる値を示す。

▼表 3-4 引張強さ σ_B を基準強さとするときの安全率S

材料 \ 荷重	静荷重	繰返し荷重		衝撃荷重❸
		片 振	両 振	
鋼	3	5	8	12
鋳鉄	4	6	10	15

❸衝撃荷重などでは，正確な荷重の見積もりが困難であるので安全率を大きくとる。

▼表 3-5 鉄鋼の許容応力の例　　[単位 MPa]

応　力	荷重	軟　鋼	中硬鋼	鋳　鋼	鋳　鉄
引張り	a	88 ～ 147	117 ～ 176	59 ～ 117	29
	b	59 ～ 98	78 ～ 117	39 ～ 78	19
	c	29 ～ 49	39 ～ 59	19 ～ 39	10
圧　縮	a	88 ～ 147	117 ～ 176	88 ～ 147	88
	b	59 ～ 98	78 ～ 117	59 ～ 98	59
せん断	a	70 ～ 117	94 ～ 141	47 ～ 88	29
	b	47 ～ 88	62 ～ 94	31 ～ 62	19
	c	23 ～ 39	31 ～ 47	16 ～ 31	10
曲　げ	a	88 ～ 147	117 ～ 176	73 ～ 117	－
	b	59 ～ 98	78 ～ 117	49 ～ 78	－
	c	29 ～ 49	39 ～ 59	24 ～ 39	－
ねじり	a	59 ～ 117	88 ～ 141	47 ～ 88	－
	b	39 ～ 78	59 ～ 94	31 ～ 62	－
	c	19 ～ 39	29 ～ 47	16 ～ 31	－

注　a：静荷重　b：動荷重　c：繰返し荷重
（日本規格協会編「JIS に基づく機械システム設計便覧」による）

Note📖 3-2　　許容応力
　　許容応力は，同じ材料でも使用目的，使用環境などによって異なり，豊富
なデータをもとに決められている。そのために，許容応力は，一般的な値を
示すことは難しく，通常は各設計者や設計部門の公開されない貴重な技術資
料となっている。

例題**8**　降伏点が，285 MPa の鋼材について，降伏点を基準強さ σ_F としたとき，安全率 $S = 3$ にとった場合の許容応力 σ_a を求めよ。

──────────────────────────────────────

解答　式 (3-14) より，

$$\sigma_a = \frac{\sigma_F}{S} = \frac{285}{3} = 95 \text{ MPa}$$

答 95 MPa

問 13　引張りの繰返し荷重を受ける軟鋼丸棒がある。疲労限度を 180 MPa，安全率を 6 としたときの許容応力を求めよ。

問 14　引張強さが 450 MPa である材料の許容応力を 90 MPa としたときの安全率を求めよ。

3　許容応力と部材の寸法

　部材の寸法を求める場合の強さの計算には材料の許容応力がもとになる。許容応力が与えられていないときは，材料や荷重の種類，使用条件，また，設計資料などによる基準強さと安全率をもとにして許容応力を決める。

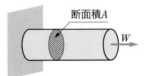

▲図 3-33　部材寸法の計算

　図 3-33 のように，断面積 A [mm²] の棒に引張荷重 W [N] が加わっている。許容応力 σ_a [MPa] の材料を使い，安全な状態で使用するためには，次の関係が必要である。

$$A \geq \frac{W}{\sigma_a} \tag{3-15}$$

　表 3-6 に，機械構造用炭素鋼鋼材丸鋼の寸法を示す。式 (3-15) より，必要な断面積 A を求め，それ以上の断面積となる材料の寸法を表 3-6 などから選ぶ。

▼表 3-6　機械構造用炭素鋼鋼材（熱間圧延鋼材）の寸法　　　　[単位 mm]

丸　鋼（直径）									
(10)	(15)	(20)	28	38	48	70	95	120	(170)
11	16	22	30	40	50	75	100	130	180
(12)	(17)	(24)	32	42	55	80	(105)	140	(190)
13	(18)	25	34	44	60	85	110	150	200
(14)	19	(26)	36	46	65	90	(115)	160	

注　設計にあたっては，（ ）以外の寸法の適用が望ましい。　　　　（JIS G 4051：2016 による）

例題 9 図 3-34 のような部材に $W = 40\,\mathrm{kN}$ の引張荷重が加わったとき，直径 d と頭の高さ H の寸法を求めよ。ただし，材料の許容引張応力 $\sigma_a = 130\,\mathrm{MPa}$，許容せん断応力 $\tau_a = 72\,\mathrm{MPa}$ とする。

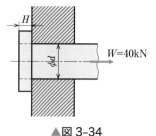

▲図 3-34

解答 式 (3-15) より，

$$A = \frac{W}{\sigma_a} = \frac{40 \times 10^3}{130} = 307.7\,\mathrm{mm^2}$$

$A = \dfrac{\pi}{4}d^2$ から，$d = \sqrt{\dfrac{4A}{\pi}} = \sqrt{\dfrac{4 \times 307.7}{\pi}} = 19.79\,\mathrm{mm}$

せん断を受ける面積は $\pi d H$ であるから，

$$\pi d H = \frac{W}{\tau_a}$$

$$H = \frac{W}{\pi d \tau_a} = \frac{40 \times 10^3}{\pi \times 19.79 \times 72} = 8.94\,\mathrm{mm}$$

答 $d = 19.8\,\mathrm{mm}$, $H = 8.94\,\mathrm{mm}$

問 15 引張荷重 10 kN を受ける丸鋼の直径を求めよ。許容応力は 100 MPa とする。

問 16 例題 9 の部材を，直径 12 mm，頭の高さ 10 mm とした場合，加えることができる引張荷重を求めよ。ただし，材料の許容引張応力は 50 MPa，許容せん断応力は 40 MPa とする。

問 17 2 kN の引張荷重を受ける軟鋼丸棒を，安全に使用するために必要な直径を求めよ。軟鋼の引張強さは 400 MPa，安全率は 5 とする。

第 **3** 章 材料の強さ

節末問題

1 次の用語を説明せよ。

(1) 繰返し荷重　　(2) 応力集中　　(3) 疲労　　(4) S-N 曲線　　(5) クリープ

(6) 許容応力　　　(7) 安全率

2 応力集中を避けるために，一般に，部材の形状にどのようなくふうがされているか。

3 幅 25 mm，厚さ 4.5 mm の断面が一様な平鋼の中心線上に，直径 5 mm の穴があいている。この平鋼の軸線方向に 7.2 kN の引張荷重を加えた。このときの集中応力を求めよ。

4 30 kN の引張荷重に耐える丸鋼の直径を求めよ。ただし，許容引張応力を 120 MPa とする。

5 2 辺の比が 4：3 の長方形断面の鋳鉄製の短い柱が 30 kN の圧縮荷重を受けているとき，2 辺の長さを求めよ。ただし，許容圧縮応力を 60 MPa とする。

6 20 kN の引張荷重を受ける正方形断面の軟鋼棒を，安全に使用するために必要な 1 辺の長さを求めよ。この材料の引張強さを 420 MPa，安全率を 3 とする。

7 40 kN の圧縮荷重を受けている短い鋳鉄丸棒を安全に使用するために必要な直径を求めよ。鋳鉄の圧縮強さを 800 MPa，安全率を 4 とする。

8 圧縮に耐えられる応力が 580 MPa の鋳鉄製の短い中空の軸が，軸方向に 600 kN の圧縮荷重を受けている。外径 d_2 が 120 mm のとき，安全率を 4 として内径 d_1 を求めよ。

9 直径 10 mm，長さ 5 m の鋼棒の上端を固定してつり下げた。このとき，鋼棒に働く重力によって上端に生じる応力を求めよ。ただし，鋼の密度は 7.8×10^3 kg/m^3 とする。

10 S20C（機械構造用炭素鋼）の降伏点を 245 MPa とする。降伏点を基準強さにとって，40 kN の引張荷重に耐える丸鋼を，表 3-6 から最も近くて大きい値の寸法を選択せよ。ただし，安全率は 3 とする。

*C*hallenge

ここでは，さまざまな破壊の原因について学習したが，それぞれが原因となった大きな事故について調べ，詳しくまとめて発表してみよう。

6節 はりの曲げ

コラム
主軸頭
アーム
テーブル
ベース

ラジアルボール盤▶

機械や構造物，歯車の歯，板ばねなどのように，曲げ作用を受けているものが多くある。

ここでは，曲げ作用を受けると，どのような応力が生じ，どのような変形が起こるのか調べてみよう。

また，曲げ作用に対して強い断面形状についても調べてみよう。

1 はりの種類と荷重

棒が，曲げ荷重を受けるとき，この棒を**はり**[1]という。建築構造物でいうはりはもちろんであるが，クレーンの柱，橋げた，車軸，歯車の歯，板ばね，スパナの柄なども，はりとみなされる。

❶ p.73 参照。
❷ beam

1 はりの種類

はりを支えているところを**支点**[3]，支点間の距離を**スパン**[4]という。はりには，その支えかたや荷重の受けかたによってさまざまな種類がある。図3-35にその例を示す。なお，ここでは，はりの断面は一様で[5]，重さは無視して考える。

❸ support または supporting point
❹ span
❺ どの位置の断面であっても，その形状と寸法が同じであること。

●**片持ばり**　片持ばり[6]は，一端が固定されているはりである。固定されている端を**固定端**[7]，反対側を**自由端**[8]という。

❻ cantilever
❼ fixed end
❽ free end

●**単純支持ばり**　単純支持ばり[9]は，両端で自由に回転できるように，単純支持されているはりである。**両端支持ばり**ともいう。

❾ simply supported beam

●**張出しばり**　張出しばり[10]は，支点の外側で荷重を受けているはりである。

❿ overhanging beam

●**固定ばり**　固定ばり[11]は，両端とも固定されているはりである。

⓫ fixed beam
⓬ continuous beam

●**連続ばり**　連続ばり[12]は，3個以上の支点で支えられているはりである。

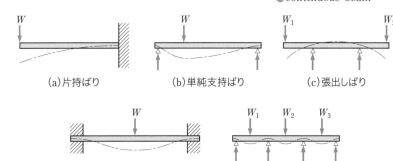

W

W

W_1　　W_2

(a)片持ばり　　　(b)単純支持ばり　　　(c)張出しばり

W

W_1　W_2　W_3

(d)固定ばり　　　　(e)連続ばり

▲図3-35　はりの種類

2 はりに加わる荷重

図3-36(a)のように，はりの1点に集中して加わるとみなされる荷重を**集中荷重**[1]という。

これに対して，はりの全長または一部に分布されている荷重を**分布荷重**[2]という。このなかで，図(b)のように，とくに単位長さあたりの荷重が一定のものを**等分布荷重**[3]という。

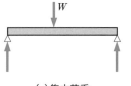
(a)集中荷重

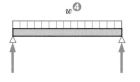
(b)等分布荷重

▲図3-36　はりに加わる荷重

3 つり合いと支点の反力

はりは，いろいろな荷重を受けると，それに応じて支点に**反力**[5]が生じ，荷重と反力によって力のモーメントが生じる。はりはこれらの力を受けて，安定した，つり合いの状態にあるとき，次の二つの条件がなりたつ。

① 合力（荷重と反力の和）が0である。

② 力のモーメント[6]の和は，どの断面についても0である。

このことから，支点の反力やせん断力・曲げモーメントを求めることができる。

ここで，力の向きは，上向きを正（＋），下向きを負（－）とし，力のモーメントの向きは，反時計回りを正（＋），時計回りを負（－）とする。

図3-37のような，1個の集中荷重 W を受ける単純支持ばりで，支点の反力 R_A，R_B を調べてみよう。

はりはつり合いの状態にあるので，

① 合力が0の条件によって，
$$R_A + R_B - W = 0$$

② 力のモーメントの和が0の条件によって，点Aのまわりの力のモーメントをとれば，
$$R_B l - Wa = 0$$

したがって，

$$R_B = \frac{Wa}{l} \\ R_A = W - R_B = \frac{Wb}{l} \Bigg\} \qquad (3\text{-}16)$$

[3]uniformly distributed load または uniform load
[4]wは，はりが受ける単位長さあたりの荷重 [N/mm] を表す。
[5]reaction または reaction force

[6]p.30 参照。

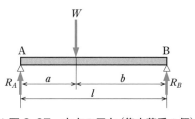

▲図3-37　支点の反力（集中荷重1個）

[7]力のモーメント $R_B l$ は反時計回り。

図 3-38 のように，二つ以上の集中荷重を受けるはりの反力も，つり合いの条件から求めることができる。合力は，

$$R_A + R_B - W_1 - W_2 - W_3 = 0$$

➊

モーメントは，点Aについて考えると

$$R_B l - W_1 l_1 - W_2 l_2 - W_3 l_3 = 0$$

したがって，

$$\left.\begin{array}{l} R_B = \dfrac{W_1 l_1 + W_2 l_2 + W_3 l_3}{l} \\[2mm] R_A = W_1 + W_2 + W_3 - R_B \end{array}\right\} \qquad (3\text{-}17)$$

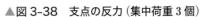

▲図 3-38　支点の反力（集中荷重 3 個）

➊点Bについてのモーメントを考えてもよい。

例題 10 図 3-39(a)，(b)の反力 R_A，R_B を求めよ。

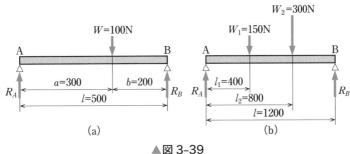

▲図 3-39

解答　図(a)は式 (3-16) より，

$$R_B = \frac{100 \times 300}{500} = 60 \text{ N}$$

$$R_A = 100 - 60 = 40 \text{ N}$$

図(b)は式 (3-17) より，

$$R_B = \frac{150 \times 400 + 300 \times 800}{1\,200} = 250 \text{ N}$$

$$R_A = 150 + 300 - 250 = 200 \text{ N}$$

答 図(a) $R_A = 40$ N，$R_B = 60$ N

図(b) $R_A = 200$ N，$R_B = 250$ N

問 18 図 3-40(a)，(b)の反力 R_A，R_B を求めよ。

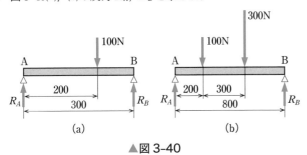

▲図 3-40

2　せん断力と曲げモーメント

　図3-41(a)のような二つの集中荷重を受ける単純支持ばりを例にして，任意の断面Xに働く力やモーメントを考えてみよう。

　はりは，つり合いの状態にあるから，荷重と反力の和が0の条件から，

$$R_A + R_B - W_1 - W_2 = 0$$

したがって，

$$R_B = W_1 + W_2 - R_A \qquad (3\text{-}18)$$

また，点Aのまわりの力のモーメントの和が0の条件から，

$$R_B l - W_1 l_1 - W_2 l_2 = 0$$

したがって，

$$R_B l = W_1 l_1 + W_2 l_2 \qquad (3\text{-}19)$$

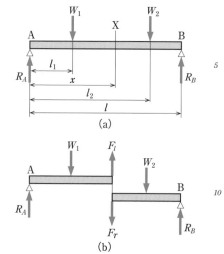

▲図3-41　せん断力

1　せん断力

　点Aから距離xの断面Xで，その左側と右側に生じる力を図3-41(b)のように考えると，左側の部分では，反力R_Aと荷重W_1の差によって生じる力F_lは，

$$F_l = R_A - W_1 \qquad (3\text{-}20)$$

　一方，右側の部分では，荷重W_2と反力R_Bの差によって生じる力F_rは，

$$F_r = W_2 - R_B \qquad (3\text{-}21)$$

　はりは，つり合いの状態にあるから，式(3-18)が成立しているので，これを式(3-21)に代入すると，

$$F_r = W_2 - (W_1 + W_2 - R_A) = R_A - W_1 = F_l$$

となって，断面Xに生じる力F_rとF_lは，大きさが等しく，図(b)に示すように，向きが逆であることがわかる。この力は，はりをせん断するように働くので**せん断力**[1]である。

　断面に働くせん断力の向きには，図3-42に示すように，二通りある。本書では，図(a)のように，断面の左側部分に対して右側部分を押し下げるような場合を正（＋）とし，図(b)のようにその逆の場合を負（−）とする。前述の図3-41(b)では，せん断力の向きは図3-42(a)に相当するので，（＋）の符号をもつ。

[1]shearing force

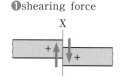

(a)正の場合

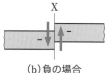

(b)負の場合

▲図3-42　せん断力の符号

例題 **11**

図 3-43 において，反力 R_A，R_B および断面 X_1 と断面 X_2 におけるせん断力 F_1，F_2 を求めよ。

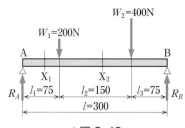

▲図 3-43

解答

1) 反力

$$R_B = \frac{200 \times 75 + 400 \times (75 + 150)}{300} = 350 \text{ N}$$

$$R_A = 200 + 400 - 350 = 250 \text{ N}$$

2) せん断力　各断面の左側にある力の和を求める。力が上向きならば正，下向きならば負となるから，

断面 X_1 のせん断力　$F_1 = R_A = 250 \text{ N}$

断面 X_2 のせん断力　$F_2 = R_A - 200 = 250 - 200 = 50 \text{ N}$

答 $R_A = 250 \text{ N}$, $R_B = 350 \text{ N}$, $F_1 = 250 \text{ N}$, $F_2 = 50 \text{ N}$

問 19 図 3-43 で，200 N の荷重を 240 N にしたとき，反力 R_A，R_B および断面 X_1 と断面 X_2 におけるせん断力 F_1，F_2 を求めよ。

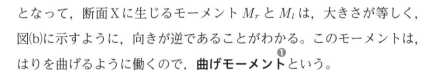

❶ bending moment

● **2** 曲げモーメント

図 3-44(a)において，点Aから距離 x の断面Xで，その左側と右側に生じるモーメントを求めてみよう。

図(b)のように，左側の部分では，反力 R_A と荷重 W_1 によるモーメントの差によって生じるモーメント M_l は，

$$M_l = R_A x - W_1(x - l_1) \tag{3-22}$$

一方，右側の部分では，反力 R_B と荷重 W_2 によるモーメントの差によって生じるモーメント M_r は，

$$M_r = R_B(l - x) - W_2(l_2 - x) \tag{3-23}$$

式 (3-23) に式 (3-18) と式 (3-19) を代入すると，

$$M_r = W_1 l_1 + W_2 l_2 - (W_1 + W_2 - R_A)x - W_2(l_2 - x)$$

$$= R_A x - W_1(x - l_1) = M_l$$

となって，断面Xに生じるモーメント M_r と M_l は，大きさが等しく，図(b)に示すように，向きが逆であることがわかる。このモーメントは，はりを曲げるように働くので，**曲げモーメント❶**という。

曲げモーメントの向きも，図 3-45 に示すように，二通りある。曲げモーメントの生じかたを区別する必要があるときは，本書では図(a)のように下側に凸に曲がるような場合を正（＋），図(b)のように上側に凸に曲がるような場合を負（－）とする。

なお，はりの強さの計算では，曲げモーメントの符号の正負にかかわらず，曲げモーメントの絶対値だけを考えればよい。

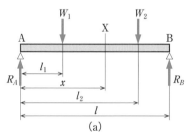
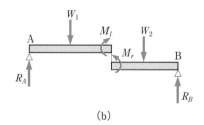

(a)

(b)

▲図 3-44　曲げモーメント

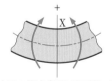

(a) 正の場合（はりが下側に凸）

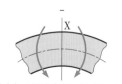

(b) 負の場合（はりが上側に凸）

▲図 3-45　曲げモーメントの符号

例題⑫ 図 3-46 において，反力 R_A，R_B および断面 X における曲げモーメント M_{500} を求めよ。

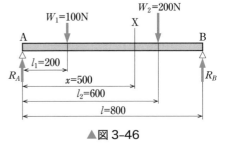
▲図 3-46

解答
1) 反力

$$R_B = \frac{100 \times 200 + 200 \times 600}{800} = 175 \text{ N}$$

$$R_A = 100 + 200 - 175 = 125 \text{ N}$$

2) 曲げモーメント　断面 X の曲げモーメント M_{500} は，

$$M_{500} = 125 \times 500 - 100 \times (500 - 200) = 32\,500$$

$$= 32.5 \times 10^3 \text{ N·mm}$$

答 $R_A = 125$ N, $R_B = 175$ N, $M_{500} = 32.5 \times 10^3$ N·mm

問 20 図 3-47 のようなはりにおいて，点 A から 1 000 mm と 1 300 mm の断面 X_1 と断面 X_2 における曲げモーメントを求めよ。

問 21 図 3-47 で，200 N の力が作用している断面と，300 N の力が作用している断面における曲げモーメント M_{1100} と M_{1800} を求めよ。

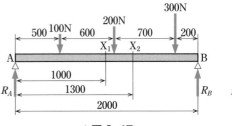
▲図 3-47

---

3 せん断力図と曲げモーメント図

はり全体について，せん断力や曲げモーメントがどのようになっているか，また，最大曲げモーメントはどの断面に生じて，その大きさはいくらかを，線図に示したものを，それぞれ**せん断力図❶**，**曲げモーメント図❷**という。

これらの線図は，横軸にはりの長さを，縦軸にせん断力または曲げモーメントの値を適宜な尺度でとる。

これらの線図を描くことによって，はりの各断面に働くせん断力と曲げモーメントの大きさや変化の状態が一目でわかる。

以下，基本的なはりのせん断力図および曲げモーメント図について調べてみよう。

❶shearing force diagram；**SFD** と略して表す。
❷bending moment diagram；**BMD** と略して表す。

1 集中荷重を受ける片持ばり

図3-48に，自由端に集中荷重を受ける片持ばりのせん断力図と曲げモーメント図を示す。

1) せん断力　自由端から距離xの断面Xでは，せん断力は$F_x = -W$であり，自由端から固定端まで，はりの全長にわたって一定である。

2) 曲げモーメント　自由端から距離xの断面Xでは，曲げモーメントは$M_x = -Wx$となり，M_xはxに比例する。自由端では0，固定端では最大で，**最大曲げモーメント**は，$M_{max} = -Wl$❶となる。

以上のことから，せん断力図は，横軸に平行な直線を1辺とした長方形となる。曲げモーメント図は，固定端の最大曲げモーメント$-Wl$と自由端の曲げモーメント0とを直線で結んだ三角形となる。

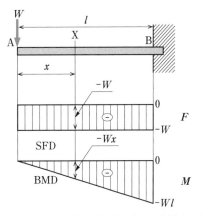

▲図3-48　集中荷重を受ける片持ちばり

❶符号の正負にかかわらず，絶対値では最大となる値。

せん断力図や曲げモーメント図は，長さや尺度に比例するようになるべくていねいに描き，必要なせん断力や曲げモーメントの大きさを記入する。

 例題 13

図3-49のように，長さ$l = 1500$ mmの片持ばりが，自由端に$W = 800$ Nの集中荷重を受けている。せん断力図と曲げモーメント図を作成し，最大曲げモーメントが生じる断面の位置とその大きさM_{max}を求めよ。

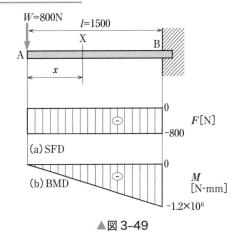

▲図3-49

[解答]　1) せん断力　自由端Aから距離xの断面Xでは，せん断力$F_x = -800$ Nであり，はりの全長にわたって一定である。
　　　したがって，せん断力図は図(a)のようになる。

2) 曲げモーメント　断面Xにおける曲げモーメントは$M_x = -Wx = -800x$ N·mmである。自由端では0，固定端で最大曲げモーメント

$M_{max} = -Wl = -800 \times 1500 = -1.2 \times 10^6$ N·mm

したがって，曲げモーメント図は図(b)のようになる。

答 $x = 1500$ mmの位置で$M_{max} = -1.2 \times 10^6$ N·mm

問 22 長さ 2 m の片持ばりが，自由端に 500 N の荷重を受けているとき，せん断力図と曲げモーメント図を描け。

例題 14 図 3-50 のような片持ばりのせん断力図と曲げモーメント図を描け。

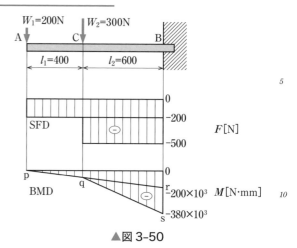

▲図 3-50

解答　1）　せん断力

　　　　AC 間　$F_{AC} = -200$ N

　　　　CB 間　$F_{CB} = (-200) + (-300)$

　　　　　　　　　　$= -500$ N

2）　曲げモーメント　　はじめに $W_1 = 200$ N の荷重だけを考えて，その曲げモーメント図を描き，それに点 C から右側の部分だけに $W_2 = 300$ N の荷重による曲げモーメント図を加える。固定端では，

① $W_1 = 200$ N による曲げモーメントは，$-200 \times 1000 = -200 \times 10^3$ N·mm だから，点 r を -200×10^3 にとり，点 p と点 r を結ぶ。点 C からの垂線と pr の交点を q とする。

② $W_2 = 300$ N による曲げモーメントは，$-300 \times 600 = -180 \times 10^3$ N·mm だから，点 r から -180×10^3 に点 s をとり，qs を結ぶ。pqs の折れ線が，統合した曲げモーメント図となる。したがって，最大曲げモーメントは固定端（点 B）に生じ，

$M_{\max} = -380 \times 10^3$ N·mm である。

問 23 長さ 1200 mm の片持ばりが，自由端に 300 N，これから 400 mm 離れた点に 200 N，さらに 300 mm 離れた点に 100 N の荷重を受けている。せん断力図と曲げモーメント図を描け。

● 2　集中荷重を受ける単純支持ばり

図 3-51 のように，単純支持ばりでは，まず，支点の反力 R_A，R_B を求める。

1）　反力　　$R_A = \dfrac{Wb}{l}$，$R_B = \dfrac{Wa}{l}$

2）　せん断力　　AC 間 $F_{AC} = R_A$，

　　　　　　　　CB 間 $F_{CB} = -R_B$

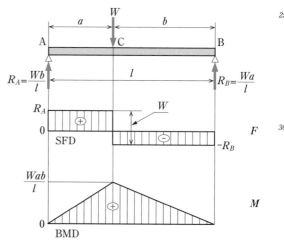

▲図 3-51　集中荷重を受ける単純支持ばり

3) 曲げモーメント　荷重を受けている点Cに最大曲げモーメント $M_{\max} = R_A \cdot a = \dfrac{Wab}{l}$ が働いている。

❶せん断力の符号が変わる断面に最大曲げモーメントが生じる。

両端においては，曲げモーメントは 0 である。これらを直線で結ぶ。

例題 15　図 3-52 のような単純支持ばりのせん断力図と曲げモーメント図を描け。

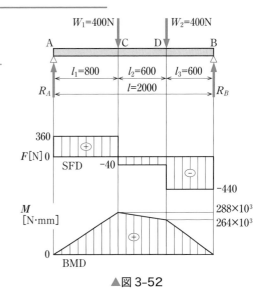

▲図 3-52

[解答]　1)　反力

$$R_B = \frac{400 \times 800 + 400 \times 1\,400}{2\,000}$$

$$= 440\,\mathrm{N}$$

$$R_A = 400 + 400 - 440$$

$$= 360\,\mathrm{N}$$

2)　せん断力

AC 間　$F_{AC} = R_A = 360\,\mathrm{N}$

CD 間　$F_{CD} = R_A - W_1 = 360 - 400$

$$= -40\,\mathrm{N}$$

DB 間　$F_{DB} = (R_A - W_1) - W_2$

$$= (360 - 400) - 400$$

$$= -440\,\mathrm{N}$$

3)　曲げモーメント　はりの曲げられている状態から，モーメントの符号は (＋) である。

① 点Cの曲げモーメントは，R_A によるモーメントをとると，

$$M_C = R_A \times 800 = 360 \times 800 = 288\,000$$

$$= 288 \times 10^3\,\mathrm{N \cdot mm}$$

② 点Dの曲げモーメントは，R_B によるモーメントをとると，

$$M_D = R_B \times 600 = 440 \times 600 = 264\,000$$

$$= 264 \times 10^3\,\mathrm{N \cdot mm}$$

問 24　スパン 1 m の単純支持ばりが，左端から 250 mm，500 mm の点にそれぞれ 100 N，200 N の荷重を受けているときのせん断力図と曲げモーメント図を描け。

問 25　スパン 2 m の単純支持ばりが，左端から 500 mm，1 000 mm，1 500 mm の点にそれぞれ 100 N の荷重を受けているときのせん断力図と曲げモーメント図を描け。

3 等分布荷重を受ける片持ばり

1) **せん断力**　図3-53で，はりが単位長さあたりに受ける等分布荷重を w とすると，長さ x の間に受ける荷重は wx となる。断面Xの左側が受ける荷重は wx で，せん断力としての符号は負であるから，$F_x = -wx$ の直線の式で表され，自由端では0，固定端では最大の $F_B = -wl$ となる。

せん断力図は，固定端 $-wl$ と自由端0とを直線で結ぶ。

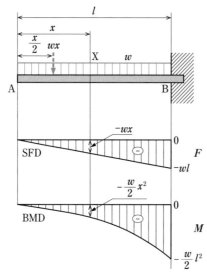

▲図3-53　等分布荷重を受ける片持ばり

2) **曲げモーメント**　断面Xでは，その左側の曲げモーメントは，wx の荷重を集中してその中央$\left(\text{自由端から } \dfrac{x}{2} \text{ の点}\right)$に受けたために生じたものと考える。曲げモーメントとしての符号は負である。

$$M_x = -wx\frac{x}{2} = -\frac{wx^2}{2}$$

固定端では，$M_B = -\dfrac{wl^2}{2}$ で最大となり，自由端では0となる。

自由端と固定端の間の曲げモーメントの変化は $M_x = -\dfrac{wx^2}{2}$ の式でわかるように，放物線[1]となる。

wl は全荷重であるから，これを W とおけば，$-\dfrac{wl^2}{2} = -\dfrac{Wl}{2}$ となり，この片持ばりの $M_{\max}$ は，全荷重が自由端に集中したときの $M_{\max}$ の半分になる。

[1]放物線の作図は $-\dfrac{wx^2}{2}$ に x の値を入れて順に点を求めればよい。あるいは，自由端からの距離の2乗に比例するから，中央部では最大値（固定端）の $\dfrac{1}{4}$，自由端から $\dfrac{3}{4}$ のところでは最大値の $\dfrac{9}{16}$ などの点を結んでも求められる。

例題 **16**　　図 3-54 のように，長さ $l = 800\,\text{mm}$ の片持ばりが
$w = 1.5\,\text{N/mm}$ の等分布荷重を受けている。せん断力図と
曲げモーメント図を描き，曲げモーメントが最大となる断面
の位置とその大きさ M_{max} を求めよ。

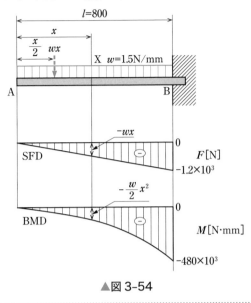

▲図 3-54

[解答]　1)　せん断力

$F_x = -wx$ の直線の式で表され，自由端で 0，固定端で最
大値 $F_B = -wl = -1.5 \times 800 = -1.2 \times 10^3\,\text{N}$ となる。

2)　曲げモーメント

$M_x = -\dfrac{wx^2}{2}$ の放物線の式で表され，自由端で 0，固定端

で最大値 $M_B = -\dfrac{wl^2}{2} = -\dfrac{1.5 \times 800^2}{2}$

$= -480 \times 10^3\,\text{N·mm}$ となる。

答 $x = 800\,\text{mm}$（固定端）で，最大曲げモーメント

$$M_{\text{max}} = -480 \times 10^3\,\text{N·mm}$$

問 26　$w = 0.2\,\text{N/mm}$ の等分布荷重を，800 mm の全長にわたって受けて
いる片持ばりがある。せん断力図と曲げモーメント図を描け。

問 27　長さ 1 m の片持ばりが，全長に 0.4 N/mm の等分布荷重を受けてい
る。せん断力図と曲げモーメント図を描け。

4　等分布荷重を受ける単純支持ばり

　図3-55は，全長にわたって等分布荷重wを
受ける単純支持ばりである。

1)　反力　　$R_A = R_B = \dfrac{wl}{2}$

2)　せん断力　　断面Xでは，R_Aとwxの
差となるので，

$$F_x = R_A - wx = \frac{wl}{2} - wx = w\left(\frac{l}{2} - x\right)$$

直線の式であるから，

点A$(x = 0)$で$F_A = \dfrac{wl}{2}$，

点B$(x = l)$で$F_B = -\dfrac{wl}{2}$ の2点を求め

て，直線で結ぶ。

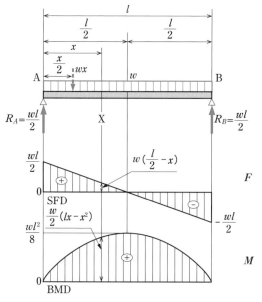

▲図3-55　等分布荷重を受ける単純支持ばり

3)　曲げモーメント　　断面Xでは，

$$M_x = R_A x - wx\frac{x}{2} = \frac{wl}{2}x - \frac{wx^2}{2} = \frac{w}{2}(lx - x^2)\ \text{で，}\quad x = \frac{l}{2}$$

のとき，$M_{\max} = \dfrac{wl^2}{8}$ となり，点A，点BではM_xは0となる。

　この曲線も放物線である。

問28　$w = 1\,\mathrm{N/mm}$ の等分布荷重を，スパン$800\,\mathrm{mm}$の全長にわたって受
けている単純支持ばりがある。せん断力図と曲げモーメント図を描け。

問29　$w = 0.5\,\mathrm{N/mm}$ の等分布荷重を，スパン$2\,\mathrm{m}$の全長にわたって受け
ている単純支持ばりがある。せん断力図と曲げモーメント図を描け。

4　曲げ応力と断面係数

　曲げモーメントによって，はりにどのような応力が生じるか，また，
はりの断面の形状によって，生じる応力にどのような違いがあるか，
これらのことを調べてみよう。

1　抵抗曲げモーメント

　はりの各断面には曲げモーメントが生じている。曲げモーメントが
生じてもはりが破壊しないのは，材料の内部に曲げモーメントに対し
てつり合うような抵抗が生じているからである。

　図3-56のように，任意の断面Xで，はりを左右に分けて考えてみよ
う。左側の部分が右まわりの曲げモーメントMを生じながらつり合

いの状態にあるためには，断
面 X に M と同じ大きさの左
まわりのモーメント M_r が生
じていなければならない。右
側の部分についても，同様の
ことがいえる。

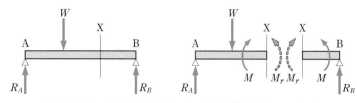

▲図 3-56　はりの曲げモーメントと抵抗曲げモーメント

　この M_r は M に抵抗して生じたモーメントで，これを**抵抗曲げモー
メント**という。これは，つねに曲げモーメントと大きさが等しく向き
は逆である。このような抵抗曲げモーメントは，曲げ作用のため材料
の内部に発生する応力によって生じる。

● 2　曲げ応力

　図 3-57 のようなはりの一部に，軸に直角で，きわめ
て接近している平行な断面 AABB，CCDD を考える。

　はりが曲げモーメントを受けて，図(a)から図(b)のよ
うに曲がると，AC 側は圧縮され，BD 側は引っ張ら
れて，A′C′，B′D′ のようになる。このため，はりの上
側には圧縮応力，下側には引張応力が生じる。このよ
うに，はりが曲げ作用を受けたために，はりの内部に
生じる引張りと圧縮の応力を総称して**曲げ応力**[1]という。

　AC 側の縮みと BD 側の伸びが，はりの最上層から
最下層まで連続的に変化しているものとすると，その
中間には伸びも縮みもしない面が考えられ，このよう
な面 EEFF および E′E′F′F′ を**中立面**[2]という。

　中立面は湾曲をするだけで伸び縮みはしていない。
中立面が断面 AABB または CCDD と交わってでき
る直線 NN（EE，FF）を**中立軸**[3]という。

　曲げモーメントによるはりの変形が小さい場合，は
りは部分的に円弧とみなすことができる。いま，図(b)
のようにこの円弧の中心を O とし，∠B′OD′ を θ[rad] とする。O か
ら中立面までの距離を r とすれば，

$$\widehat{E′F′} = r\theta$$

中立面から距離 y にある面上の GH は，変形して $\widehat{G′H′}$ になる。

$$\widehat{G′H′} = (r + y)\theta$$

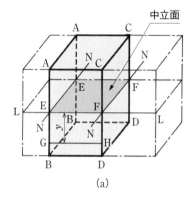

(a)

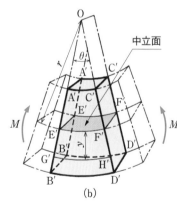

(b)

▲図 3-57　はりの湾曲と中立面

[1] bending stress
[2] neutral plane
[3] neutral axis
[4] r を中立面の**曲率半径**と
いう。

中立面の $\widehat{E'F'}$ は伸び縮みしないので,

$$\widehat{E'F'} = EF = GH$$

したがって,$\widehat{G'H'}$ のひずみε ❶は次のようになる。

$$\varepsilon = \frac{\widehat{G'H'} - GH}{GH} = \frac{(r+y)\theta - r\theta}{r\theta} = \frac{y}{r} \qquad (3\text{-}24)$$

縦弾性係数を E [MPa] とすれば,フックの法則から,曲げ応力 σ [MPa] は次のようになる。

$$\sigma = E\varepsilon = E\frac{y}{r} \qquad (3\text{-}25)$$

ひずみε と曲げ応力 σ は中立面(軸)からの距離 y に比例し,最上層または最下層の表皮に生じる圧縮または引張りの応力が最大となる。混同のおそれのないときはこの最大となる応力をたんに曲げ応力❸という。

❶ひずみ $= \dfrac{変形量}{もとの長さ}$
p.76 参照。

❷p.80 式 (3-3) 参照。

❸はりの縁に働く応力なので,縁応力ともいう。

● 3 断面二次モーメントと断面係数

図 3-57(b) の断面 C'C'D'D' では,図 3-58(a) に示すように,中立軸 NN から上の部分には断面を右に押す応力,下の部分には左に引く応力が生じ,これらの応力が中立軸を軸として断面を右まわりに回そうとする。これが抵抗曲げモーメント M_r で,はりを曲げるモーメント M とつり合う。

いま,図(b),(c)で,中立軸から y の距離に生じた応力を σ とすると,ここにある微小面積 Δa に生じた内力は $\sigma\Delta a$ となる。この力の中立軸のまわりのモーメントを ΔM_r とすると,

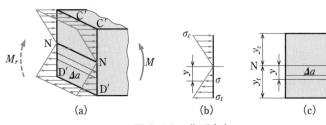

▲図 3-58　曲げ応力

$$\Delta M_r = \sigma\Delta a \cdot y$$

となる。はりの断面のすべての $\sigma\Delta a$ について,このモーメントをとり,その総和を求めたものが,断面に生じた抵抗曲げモーメント M_r であるから,総和記号 $\sum$ を使うと次のような式がなりたつ。

$$M_r = \sum \sigma\Delta a \cdot y = M \qquad (3\text{-}26)$$

また,式 (3-26) に式 (3-25) を代入すると,

$$M_r = \sum \sigma\Delta a \cdot y = \sum E\frac{y}{r}\Delta a \cdot y = \sum \frac{E}{r}y^2\Delta a = M$$

ここで，E, r は決まった値であるから，$\sum$ の外に出すと，

$$M = \frac{E}{r}\sum y^2 \varDelta a$$

となり，$\sum y^2 \varDelta a$ を I で表せば，

$$M = \frac{E}{r}I = \frac{\sigma}{y}I$$

y は中立面からの距離であるから，引張り側の曲げ応力を σ_t，表皮までの距離を y_t とすれば，

$$M = \frac{\sigma_t}{y_t}I$$

がなりたち，圧縮側についても同様に，

$$M = \frac{\sigma_c}{y_c}I$$

となる。

I は，断面の形状と中立軸の位置によって決まるもので，これを**断面二次モーメント**❶という。また，y_t, y_c も断面の形状と中立軸の位置によって定まる値であるから，$\dfrac{I}{y_t}$，$\dfrac{I}{y_c}$ もまた断面が決まれば定まる値である。これを**断面係数**❷といい，Z_t, Z_c で示す。この記号を用いて，前の式を表すと，

❶moment of inertia of area

❷section modulus

$$M = \sigma_t Z_t = \sigma_c Z_c$$

となる。また，この式の曲げ応力 σ_t, σ_c を σ_b でまとめて示すと，次の式のようになる。

$$M = \sigma_b Z \tag{3-27}$$

I や Z の値は，材料には関係なく，断面の形状・寸法と中立軸の位置に応じて決まる。断面積を A，断面二次モーメントを I，断面係数を Z とすると，各種形状の断面の A, I, Z の値は表 3-7 のとおりである。

▼表3-7　各種形状の断面の A, I, Z

❶ I の単位は長さの4乗で，mm^4 を用いる。
❷ Z の単位は長さの3乗で，mm^3 を用いる。

	断面 [mm]	A [mm²]	I [mm⁴]❶	Z [mm³]❷
1		bh	$\dfrac{1}{12}bh^3$	$\dfrac{1}{6}bh^2$
2		$\dfrac{\pi}{4}d^2$	$\dfrac{\pi}{64}d^4$	$\dfrac{\pi}{32}d^3$
3		$\dfrac{\pi}{4}(d_2{}^2 - d_1{}^2)$	$\dfrac{\pi}{64}(d_2{}^4 - d_1{}^4)$	$\dfrac{\pi}{32}\cdot\dfrac{d_2{}^4 - d_1{}^4}{d_2}$
4		$A = bh - b_1(h - s)$ $I = \dfrac{th^3 + b_1 s^3}{12}$ $Z = \dfrac{th^3 + b_1 s^3}{6h}$		
5		$A = bh - b_1 h_1$ $I = \dfrac{bh^3 - b_1 h_1{}^3}{12}$ $Z = \dfrac{bh^3 - b_1 h_1{}^3}{6h}$		
6		$A = bh - b_1 h_1$ $I = \dfrac{1}{3}\{te_1{}^3 + be_2{}^3 - b_1(e_2 - s)^3\}$ $e_1 = h - e_2 \qquad e_2 = \dfrac{h^2 t + s^2 b_1}{2(bs + h_1 t)}$ $Z_1 = \dfrac{I}{e_1} \qquad Z_2 = \dfrac{I}{e_2}$		

注 e_1, e_2 は断面下端または上端から中立軸までの距離

例題 **17**　図 3-59 のような二つの長方形断面の断面二次モーメント I と断面係数 Z を求めよ。

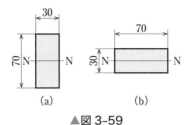

▲図 3-59

解答　表 3-7 より，

(a)　$I = \dfrac{1}{12}bh^3 = \dfrac{30 \times 70^3}{12} = 858 \times 10^3 \text{ mm}^4$

　　　$Z = \dfrac{1}{6}bh^2 = \dfrac{30 \times 70^2}{6} = 24.5 \times 10^3 \text{ mm}^3$ ❶

(b)　$I = \dfrac{1}{12}bh^3 = \dfrac{70 \times 30^3}{12} = 158 \times 10^3 \text{ mm}^4$

　　　$Z = \dfrac{1}{6}bh^2 = \dfrac{70 \times 30^2}{6} = 10.5 \times 10^3 \text{ mm}^3$

❶ $Z = \dfrac{I}{\dfrac{h}{2}}$ の式を用いてもよい。

答 ❷ (a)　$I = 858 \times 10^3 \text{ mm}^4$
　　　　　$Z = 24.5 \times 10^3 \text{ mm}^3$
　　(b)　$I = 158 \times 10^3 \text{ mm}^4$
　　　　　$Z = 10.5 \times 10^3 \text{ mm}^3$

❷ 同じ長方形でも，(a)のほうがより高い強さが得られる。詳しくは，p.123 で学ぶ。

問 **30**　図 3-60 の各断面の I と Z を求めよ。

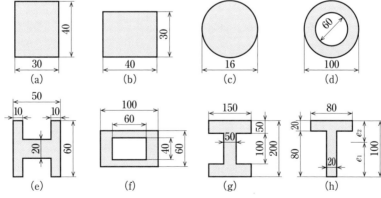

▲図 3-60

第 **3** 章　材料の強さ

6 節　はりの曲げ　**117**

5 断面の形状と寸法

● 1 曲げモーメントと曲げ応力

式 (3-27) から，曲げ応力と断面係数の式は次のようになる。

$$\sigma_b = \frac{M}{Z}, \ Z = \frac{M}{\sigma_b} \qquad (3\text{-}28)$$

σ_b：曲げ応力 [MPa]　M：曲げモーメント [N·mm]

Z：断面係数 [mm³]

式 (3-28) より，はりに生じる曲げモーメント M と断面係数 Z がわかれば，曲げ応力 σ_b が求められる。また，曲げ応力 σ_b が与えられ，はりに生じる曲げモーメント M がわかれば，断面係数 Z を求めることができる。

 例題 18　断面係数 $Z = 50 \times 10^3$ mm³ のはりが，曲げモーメント $M = 4 \times 10^6$ N·mm を受けているとき，曲げ応力 σ_b はいくらか。

解答　式 (3-28) より，

$$\sigma_b = \frac{M}{Z} = \frac{4 \times 10^6}{50 \times 10^3} = 0.08 \times 10^3 \, \text{N/mm}^2$$

$$= 80.0 \, \text{MPa} \qquad \boxed{答} 80.0 \, \text{MPa}$$

 例題 19　最大曲げモーメント $M = 3.5 \times 10^6$ N·mm を受けることができるはりを設計したい。許容曲げ応力 $\sigma_a = 70$ MPa とすれば，必要な断面係数 Z はいくらか。

❶許容応力は σ_a で表す。p.97 参照。

解答　式 (3-28) より，

$$Z = \frac{M}{\sigma_a} = \frac{3.5 \times 10^6}{70} = 50 \times 10^3 \, \text{mm}^3$$

$$\boxed{答} 50 \times 10^3 \, \text{mm}^3$$

問 31　(1)　図 3-61(a)の単純支持ばりを幅 60 mm，高さ 200 mm の長方形断面でつくった。はりに生じる最大曲げ応力を求めよ。

(2)　図(b)の片持ばりの断面を幅 40 mm，高さ 60 mm の長方形としたとき，固定端に生じる曲げ応力を求めよ。

(3)　図(c)の単純支持ばりの断面を幅 30 mm，高さ 50 mm の長方形としたとき，中央に加えることができる荷重 W を求めよ。ただし，許容曲げ応力は 80 MPa とする。

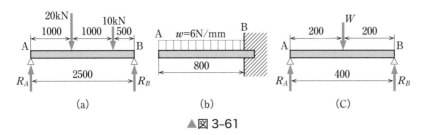

▲図 3-61

スパン 2 m の単純支持ばりが，$w = 6\,\text{N/mm}$ の等分布荷重を受けている。はりの断面を中空円形 $(d_2 = 80\,\text{mm},\ d_1 = 50\,\text{mm})$ として生じる最大曲げ応力を求めよ。

● 2　断面の形状と寸法

はりの断面の形状や寸法は，そのはりに生じる最大曲げモーメントと，はりの材料の許容曲げ応力とから計算して得た断面係数 Z の値に基づいて決める。たとえば，$Z = 50 \times 10^3\,\text{mm}^3$ が必要であると計算されたとき，断面を正方形とするならば $Z = \dfrac{h^3}{6}$ から，

$$h = \sqrt[3]{6Z} = \sqrt[3]{6 \times 50 \times 10^3} = 66.9\,\text{mm}$$

また，断面を円形とするならば，$Z = \dfrac{\pi}{32}d^3$ から，

$$d = \sqrt[3]{\frac{32Z}{\pi}} = \sqrt[3]{\frac{32 \times 50 \times 10^3}{\pi}} = 79.9\,\text{mm}$$

材料を経済的に利用するには，断面係数がなるべく大きく，断面積のなるべく小さいものがよいが，複雑な形では加工のための経費がかかりすぎることもある。

例題 20　はりに生じる最大曲げモーメント $M = 28.8 \times 10^6\,\text{N·mm}$ で，はりの許容曲げ応力 $\sigma_a = 100\,\text{MPa}$ とする。はりの断面を正方形としたとき，断面の寸法を求めよ。

解答　$M = 28.8 \times 10^6\,\text{N·mm}$，$\sigma_a = 100\,\text{MPa}$ であるから，
式 (3-28) より，

$$Z = \frac{M}{\sigma_a} = \frac{28.8 \times 10^6}{100} = 288 \times 10^3\,\text{mm}^3$$

正方形の断面係数 $Z = \dfrac{h^3}{6}$ であるから，

$$h = \sqrt[3]{6Z}$$
$$= \sqrt[3]{6 \times 288 \times 10^3} = 120\,\text{mm}$$

答 1辺 120 mm

第 3 章　材料の強さ

問 33 長さ 2 m の片持ばりが，自由端に 5 kN の集中荷重を受けている。はりの断面を長方形とし，その高さを 100 mm としたとき，その幅を求めよ。はりの許容曲げ応力は 100 MPa とする。

 例題 21 図 3-62 のような単純支持ばりの断面形状を $\dfrac{b}{h} = \dfrac{2}{3}$ の長方形にしたい。はりの許容曲げ応力 $\sigma_a = 100$ MPa のとき，b と h を求めよ。

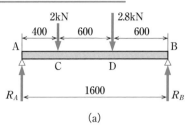

(a)

(b)はりの断面

▲図 3-62

解答

$$R_A = \frac{2 \times 10^3 \times (600 + 600) + 2.8 \times 10^3 \times 600}{1\,600}$$

$$= 2.55 \times 10^3 \text{ N}$$

$$R_B = 2 \times 10^3 + 2.8 \times 10^3 - 2.55 \times 10^3 = 2.25 \times 10^3 \text{ N}$$

$$M_C = R_A \times 400 = 2.55 \times 10^3 \times 400$$

$$= 1.02 \times 10^6 \text{ N·mm}$$

$$M_D = R_B \times 600 = 2.25 \times 10^3 \times 600$$

$$= 1.35 \times 10^6 \text{ N·mm}$$

$M_C < M_D$ なので，M_D が最大曲げモーメントとなる。

式 (3-28) より，

$$Z = \frac{M_D}{\sigma_a} = \frac{1.35 \times 10^6}{100} = 13.5 \times 10^3 \text{ mm}^3$$

$\dfrac{b}{h} = \dfrac{2}{3}$ から，$b = \dfrac{2}{3}h$

$$Z = \frac{bh^2}{6} = \frac{\frac{2}{3}h \cdot h^2}{6} = \frac{h^3}{9} = 13.5 \times 10^3 \text{ mm}^3$$

$$h = \sqrt[3]{9 \times 13.5 \times 10^3} = 49.5 \text{ mm}$$

$$b = \frac{2}{3}h = \frac{2}{3} \times 49.5 = 33.0 \text{ mm}$$

答 幅 33.0 mm，高さ 49.5 mm

問 34 例題 21 で，はりの断面を円形としたとき，その直径を求めよ。

問 35 スパン 1800 mm の単純支持ばりが，0.5 N/mm の等分布荷重を受けている。このはりの断面を正方形とすると，1辺は何 mm 以上必要かを求めよ。ただし，はりの許容曲げ応力は 90 MPa とする。

6 たわみ

　図3-63(a)のように，はりが荷重を受けて，その中立面ACBが湾曲して，A′C′Bのようになったとき，この湾曲した曲線を**たわみ曲線**[１]という。同様に，図(b)のAC′M′Bもたわみ曲線である。

５　　また，任意の点CがC′に下がった垂直距離δ[mm]を，その点の**たわみ**[２]という。

　片持ばりでは，図(a)のように，固定端のたわみは0で，自由端のたわみが最大となる。図(b)のように，中央に荷重を受けている単純支持ばりでは，最大たわみは中央に現れる。

１０

　最大たわみ$\delta_{\max}$[mm]の値は，はりによってそれぞれ違うが，これをまとめてみると，次のような一般式で示すことができる。ただし，等分布荷重の場合には，その全荷重wlをW[N]とする。

１５
$$\delta_{\max} = \beta \frac{Wl^3}{EI} \qquad (3\text{-}29)$$

　l：はりの長さまたはスパン[mm]

　E：縦弾性係数[MPa]　I：断面二次モーメント[mm⁴]

　この式からわかるように，たわみを小さくするには，弾性係数の大きい材料を使って，断面二次モーメントが大きくなるような形状の断
２０　面にすればよい。EIをとくに**曲げ剛性**[３]という。βは，**たわみ係数**とよばれ，はりの条件によって決まる定数である（表3-8）。

❶deflection curve

❷deflection

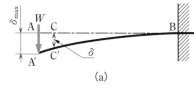

(a)

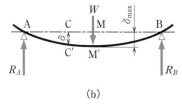

(b)

▲図3-63　はりのたわみ

❸flexural rigidity；剛性とは，変形のしにくさをいう。**剛さ**ともいう。

▼表3-8　たわみ係数β

番号	片持ばり	β	$\delta_{\max}$の位置	番号	単純支持ばり	β	$\delta_{\max}$の位置
1	W　l	$\frac{1}{3}$	自由端	2	W　l	$\frac{1}{48}$	Wの位置（中央）
3	$wl=W$　l	$\frac{1}{8}$	自由端	4	$wl=W$　l	$\frac{5}{384}$	中央

　また，はりは強さがじゅうぶんであっても，たわみが許容範囲内になるように，検討を加えなければならない。

第3章　材料の強さ

例題 22 長さ $l = 1\,\mathrm{m}$ の片持ばりが，自由端に $W = 10\,\mathrm{kN}$ の集中荷重を受けている。はりの最大たわみ $\delta_{\max}$ を求めよ。ただし縦弾性係数 $E = 206\,\mathrm{GPa}$，はりの断面は幅 $b = 60\,\mathrm{mm}$，高さ $h = 80\,\mathrm{mm}$ の長方形とする。

解答 断面二次モーメント I は，

$$I = \frac{bh^3}{12} = \frac{60 \times 80^3}{12} = 2.56 \times 10^6 \,\mathrm{mm}^4$$

表 3-8 から，$\beta = \dfrac{1}{3}$ だから，

式 (3-29) より，

$$\delta_{\max} = \frac{Wl^3}{3EI} = \frac{10 \times 10^3 \times 1\,000^3}{3 \times 206 \times 10^3 \times 2.56 \times 10^6}$$

$$= 6.32\,\mathrm{mm} \qquad\qquad \text{答}\,6.32\,\mathrm{mm}$$

問 36 長さ $800\,\mathrm{mm}$ の片持ばりが，$5\,\mathrm{N/mm}$ の等分布荷重を受けている。縦弾性係数を $206\,\mathrm{GPa}$，断面二次モーメントを $4 \times 10^6 \,\mathrm{mm}^4$ としたとき，最大たわみを求めよ。

問 37 長さ $1\,200\,\mathrm{mm}$ の両端支持ばりが，中央に，$2.5\,\mathrm{kN}$ の集中荷重を受けている。はりに生じる最大たわみを求めよ。縦弾性係数は $206\,\mathrm{GPa}$，はりの断面は直径 $55\,\mathrm{mm}$ の円形とする。

7 はりを強くするくふう

1 危険断面

はりでは，最大曲げモーメントが生じる断面の位置と，その大きさを知ることがたいせつである。片持ばりでは，つねに固定端に最大曲げモーメントが生じている。単純支持ばりでは，せん断力図が正から負，または負から正に変わる断面で最大曲げモーメントが生じている。[1] 式 (3-28) からわかるように，曲げ応力は曲げモーメントに比例するので，断面が一様なはりの最大曲げ応力は最大曲げモーメントが作用する断面に生じる。この断面は，破壊に対して最も危険である（破壊が最も生じやすい）ので，はりの**危険断面**という。[2]

はりの設計にあたっては，危険断面の位置を知り，この断面に生じる最大曲げ応力がはりの材料に許容される応力以下であることを確かめなければならない。はりの曲げ強さに及ぼすせん断力の影響はひじょうに小さいので，はりの強さは曲げ応力だけで考える。[3]

[1] p.109 参照。

[2] critical section

[3] 曲げ応力の最大値とせん断応力の最大値を比べると曲げ応力の最大値がはるかに大きい。

2 断面係数を大きくするくふう

最大曲げ応力は，式 (3-28) から $\sigma_b = \dfrac{M}{Z}$ である。したがって，断面係数 Z が大きいほど曲げ応力は小さくなり，はりは曲げに対して強くなる。そのために，材料の有効利用の点から断面積ができるかぎり小さく，断面係数ができるかぎり大きくなるように，断面形状をくふうする。

そのくふうの例として，次のようなことがあげられる。

① 同じ断面積であれば，垂直方向に荷重を受けるはりでは，断面形状を縦長にする。❶

❶p. 117 例題 17 参照。

② 曲げ応力は，中立軸から遠いほど大きくなるので，主要部を外側に配置して大きな曲げ応力を負担するようにする。

たとえば，図 3-64(a)の中空の断面形状や，図(b)の溝形の断面形状などは，曲げ応力の小さい中立軸に近い部分の材料を少なくしたくふうである。

はりとして広く使われている**形鋼**（かたこう）には，受ける荷重に対してじゅうぶんな強さをもち，材料にむだがないように，図 3-65 に示すさまざまな断面形状がある。

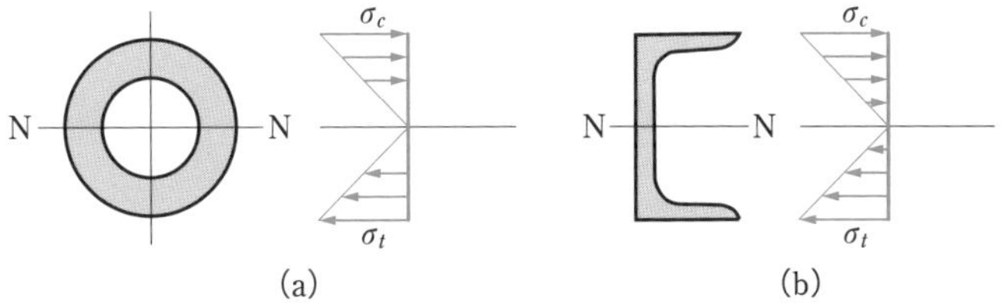

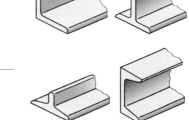

▲図 3-64　断面形状のくふう

▲図 3-65　形鋼

問 38 図 3-64(a)で，外径 50 mm，内径 30 mm とする中空円筒❷（ちゅうくう）と，この中空円筒と同じ断面積の直径 40 mm の中実円筒❸（ちゅうじつ）の I，Z を求め，比較せよ。

❷hollow cylinder

❸solid cylinder；中身が材料でつまっている円筒。

3 材料の使いかた

はりの断面形状を決めるときは，材料の特性も考える必要がある。

① 中立軸は断面の図心を通るので，❹円や長方形のように中立軸に対して対称な断面形状では，曲げ応力の大きさは引張りも圧縮も同じになる。鋼など引張りと圧縮に対してほぼ等しい強さをもつ材料では，**I 形鋼**（あいがたこう）❺のように，中立軸に関して上下対称な断面形状にするとよい（図 3-66(a)）。

❹材料が均質な場合，断面の図心と重心は一致する。

❺断面が I の字に似ているので I 形鋼という（図 3-65）。

② 鋳鉄（表3-9）のように，圧縮に強く引張りに弱い材料では，引張り側の応力が小さくなる断面形状にするとよい（図(b)）。

③ コンクリート❶では，引張り側に鋼棒（鉄筋）を埋め込んだ鉄筋コンクリートにすることによって，コンクリートの引張強さが低いという欠点を補うことができる（図(c)）。図3-67は，引張側を強化した鉄筋コンクリートのはりの例である。

❶セメントに，水や砂利，砂を混ぜ合わせて固めた材料。

5

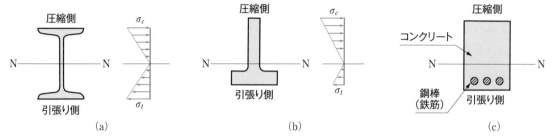

▲図3-66　材料の特性を考慮したはりの断面

▲図3-67　鉄筋コンクリートのはり

▼表3-9　引張と圧縮に対して強さが異なる材料の例

材　料	引張強さ [MPa]	圧縮強さ [MPa]
鋳鉄（FC200）	200以上	引張強さの3～4倍
普通コンクリート	圧縮強さの $\frac{1}{9}$～$\frac{1}{13}$	20～40❷

（日本機械学会編「機械工学便覧」による）

❷コンクリートの圧縮強さは，水とセメントの比や，つくってからの時間などによって変わる。

1　図 3-68 の単純支持ばりにおいて，危険断面の位置と最大曲げモーメントを求めよ。

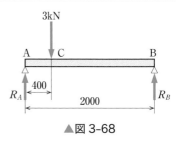

▲図 3-68

2　スパン 2.4 m の単純支持ばりが，左端から 800 mm の位置に 4 kN の集中荷重を受けている。せん断力図と曲げモーメント図を描き，最大曲げモーメントを求めよ。

3　スパン 2 m の単純支持ばりが，4 N/mm の等分布荷重を受けている。せん断力図と曲げモーメント図を描き，最大曲げモーメントおよび左端から 800 mm の位置におけるせん断力と曲げモーメントを求めよ。

4　スパン 2.5 m の単純支持ばりが，左端から 1.2 m の位置に 200 N，さらに 0.5 m の位置に 300 N の集中荷重を受けている。せん断力図と曲げモーメント図を描き，はりの中央の位置のせん断力と曲げモーメントを求めよ。

5　前問のはりに幅 40 mm，高さ 80 mm の長方形断面のはりを使うとき，はりの最大曲げ応力を求めよ。

6　外径 60 mm，内径 40 mm の鋼管でつくった長さ 1000 mm の片持ばりがある。材料に許される曲げ応力を 100 MPa とするとき，自由端で受けることができる最大の荷重を求めよ。

7　20 N/mm の等分布荷重を受ける長さ 500 mm の中実円筒の片持ばりがある。はりの許容曲げ応力を 100 MPa としたとき，この中実円筒の直径を求めよ。

8　等分布荷重を受ける長方形断面の単純支持ばりで，$w = 40$ N/mm，スパン 2 m であるとき，このはりの断面の寸法 b, h を求めよ。ただし，$b : h = 1 : 2$，はりの許容曲げ応力は 100 MPa とする。

9　丸鋼をスパン 4 m の単純支持ばりに使うとき，はりに働いている重力による曲げ応力が 20 MPa になるようなはりにしたい。直径を求めよ。ただし，丸鋼の単位体積あたりの質量は 7.85×10^{-6} kg/mm³ とする。

10　前問の状態のはりが，中央にさらに集中荷重を受けたとき，はりに生じる最大曲げ応力を 120 MPa に止めたい。受けることができる集中荷重を求めよ。（集中荷重だけによって，$120 - 20 = 100$ MPa の曲げ応力が生じるとして計算する。）

11　長さ 2 m の片持ばりが，自由端に 2 kN，自由端から 1 m の位置に 3 kN の集中荷重を受けている。このときの最大曲げモーメントを求めよ。また，このはりが幅 60 mm の長方形断面としたとき，高さを求めよ。ただし，はりの許容曲げ応力は 70 MPa とする。

12　全長 600 mm の単純支持ばりが，全長にわたって 5 N/mm の等分布荷重を受けている。このときの最大曲げ応力を求めよ。ただし，はりは直径 30 mm の中実円筒とする。

13　直径 120 mm の円形断面のはりと同じ曲げ強さをもつ外径 140 mm の中空断面のはりの内径を求めよ。また，その断面積比を求めよ。

14　図 3-69 のような T 形断面のはりが，1.2×10^6 N·mm の曲げモーメントを受けている。はりに生じる最大引張応力と最大圧縮応力とを求めよ。

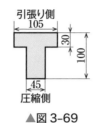

▲図 3-69

15　中央に集中荷重を受けるスパン 900 mm の両端支持ばりがある。最大たわみを 1.5 mm まで許すときの最大荷重を求めよ。はりの断面は直径 28 mm の円形とし，材料の縦弾性係数は 206 GPa とする。

16　図 3-70 のような断面をもつスパン 3 m の単純支持ばりが，$w = 6$ N/mm の等分布荷重を受けている。はりに生じる最大曲げ応力と最大たわみを求めよ。材料の縦弾性係数は 206 GPa とする。

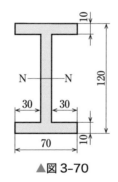

▲図 3-70

17　長さ 1.5 m，断面が外径 80 mm，内径 60 mm の中空円形の片持ばりが，自由端に 500 N の集中荷重を受けている。最大曲げ応力および自由端のたわみを求めよ。ただし，縦弾性係数を 206 GPa とする。

18　スパン 2 m，幅 80 mm，高さ 150 mm の長方形断面の単純支持ばりが，3 N/mm の等分布荷重を受けている。はりの最大曲げ応力と最大たわみを求めよ。ただし，縦弾性係数を 192 GPa とする。

19　断面が直径 30 mm の円形で長さが 450 mm のアルミニウム合金製の片持ばりと鋼製の片持ばりがある。それぞれのはりの自由端が 500 N の集中荷重を受けたとき，二つのはりに生じる最大たわみを求めて比較せよ。アルミニウム合金の縦弾性係数を 72.5 GPa，鋼の縦弾性係数を 206 GPa とする。

20　図 3-71 に示す長さ 5 m の I 形鋼材を単純支持ばりとして使用するとき，はりに働いている重力によるたわみを求めよ。ただし，鋼材の単位体積あたりの質量を 7.85×10^{-6} kg/mm³，縦弾性係数を 206 GPa とする。

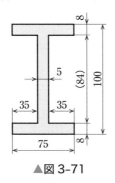

▲図 3-71

*C*hallenge

　断面積が等しく，断面形状が中空円形，中実円形，正方形の 3 本の棒がある。曲げに強い棒はどれか。また，それぞれに同じ大きさの曲げ荷重を加えた場合，たわみの大きさはどのようになるかを考えて発表してみよう。ただし，3 本とも同じ材料であるとする。

6 節　はりの曲げ　**127**

7節 ねじり

スタビライザは，自動車がカーブを走るときなどに，車体を安定させる。また，伝動軸は，動力を回転運動で伝動する部品として工作機械などに用いられる。

スタビライザや伝動軸は，ねじり作用を受ける。

ここでは，ねじり作用によって，どのような応力や変形が生じるか調べてみよう。

スタビライザ▶

1 軸のねじり

図3-72(a)のように，軸径 d [mm] の丸軸の右端に，偶力のモーメント WL [N・mm] を作用させたとき，軸は一様にねじられ，角 θ [rad] だけ回ってつり合ったとする。ここで，軸に作用させた力のモーメント (WL) を**ねじりモーメント**または**トルク**といい，記号 T で表す。また，ねじりによって生じた角 θ を**ねじれ角**という。

いま，軸の固定端から x [mm] の距離で，微小長さ Δx [mm] の断面をとって考えると，図(b)のように，せん断力 S が働いて，母線 ab は $a'b''$ に移る。ab に平行に $a'b'$ を引いて，ϕ をずれの微小角，$\Delta\theta$ をこの断面のねじれ角とすると，せん断ひずみ γ は式 (3-6) から次のようになる。

①軸の直径。

②torsional moment
③torque
④angle of torsion または angle of twist

⑤p.84 参照。

$$\gamma = \tan\phi \doteqdot \frac{\widehat{b'b''}}{a'b'} = \frac{\frac{d}{2}\Delta\theta}{\Delta x}^{⑥}$$

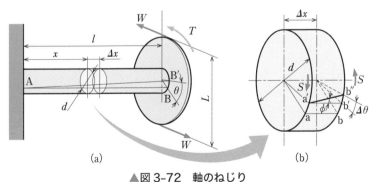

▲図3-72　軸のねじり

⑥下図で $\Delta\theta$ [rad] $= \dfrac{\widehat{b'b''}}{\frac{d}{2}}$ であるので，

$$\widehat{b'b''} = \frac{d}{2}\Delta\theta$$

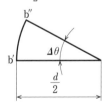

⑦ $\dfrac{\Delta\theta}{\Delta x}$ は軸の単位長さあたりのねじられた中心角を示し，比ねじれ角という。一様な断面をもつ軸では，$\dfrac{\Delta\theta}{\Delta x} = \dfrac{\theta}{l} =$ 一定 である。

$\dfrac{\Delta\theta}{\Delta x}$ は，軸の全長にわたって一定で，軸端のねじれ角 θ [rad] と軸の長さ l [mm] との比に等しい。すなわち，次の式がなりたつ。

$$\gamma = \frac{\frac{d}{2}\Delta\theta}{\Delta x} = \frac{\frac{d}{2}\theta}{l} = \frac{d\cdot\theta}{2l} \qquad (3\text{-}30)$$

せん断応力を τ [MPa]，横弾性係数を G [MPa] とすれば，式 (3-7)
から，

❶p.85 参照。

$$\tau = G\gamma = G\frac{d\cdot\theta}{2l} \qquad (3\text{-}31)$$

5 　また，軸の内部に生じるせん断ひずみは，軸の中心からの距離に比
例するから，生じるせん断応力の大きさは中心からの距離に比例して
大きくなり，外径表面で最大となる。そしてその向きは半径に対して
垂直な方向である。

　これらのせん断応力は，ねじりによって生じるので，**ねじり応力**と
10 もいい，混同するおそれのないときには，最大せん断応力を，たんに
ねじり応力ともいう。

❷torsional stress

例題 23　直径 $d = 60$ mm，長さ $l = 1800$ mm の鋼の軸の一端を固
定して他端を $\theta = 0.8°$ ねじったとき，軸の表皮に生じるね
じり応力 τ を求めよ。鋼の横弾性係数 $G = 82$ GPa とする。

15 　[解答]　$0.8°$ は $0.8 \times \dfrac{\pi}{180}$ rad である。式 (3-31) より，

❸$180°$ は π [rad] だから，
$1°$ は $\dfrac{\pi}{180}$ [rad] である。

$$\tau = G\frac{d\cdot\theta}{2l} = 82 \times 10^3 \times \frac{60 \times 0.8 \times \dfrac{\pi}{180}}{2 \times 1800}$$

$$= 19.1\,\text{MPa} \qquad \boxed{答}\,19.1\,\text{MPa}$$

問 39　軟鋼棒がねじり荷重を受けたとき，0.001 のせん断ひずみを生じた。
横弾性係数を 79 GPa として，このときのねじり応力を求めよ。

❹p.72 参照。

2 ねじり応力と極断面係数

　軸に作用するねじりモーメントによって，どのようなねじり応力が
生じるか，また，軸の断面形状によって生じる応力にどのような違い
があるのか，これらのことについて調べてみよう。

1 抵抗ねじりモーメント

25 　図 3-73(a)のように，軸にねじりモー
メント T が作用すると，軸の任意の断面
にねじり応力を生じる。軸はねじられた
ままの状態でつり合っているから，応力

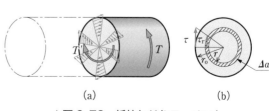

(a) 　　　　　　(b)

▲図 3-73　抵抗ねじりモーメント

によるモーメント T' は，加えられたねじりモーメント T とつり合いの状態になる。応力によるモーメント T' を**抵抗ねじりモーメント**[1]といい，ねじりモーメント T と逆向きで大きさが等しい。

❶torsional resisting moment

● 2　断面二次極モーメントと極断面係数

図 3-73(b) において，半径 r_0 [mm] の軸の表皮の応力を τ [MPa]，中間にとった任意の半径 r [mm] の部分の応力を τ_r [MPa] とすると，応力の大きさは半径に比例するので，次の式がなりたつ。

$$\frac{\tau_r}{\tau} = \frac{r}{r_0}, \quad \tau_r = \frac{r}{r_0}\tau$$

断面の抵抗ねじりモーメントを T' [N·mm]，τ_r が生じている微小断面積 Δa [mm²] に生じる内力 $(\tau_r \Delta a)$ による抵抗ねじりモーメントを $\Delta T'$ [N·mm] とすれば，

$$\Delta T' = \tau_r \Delta ar = \frac{r}{r_0}\tau \Delta ar = \frac{\tau}{r_0}\Delta ar^2$$

となる。そして，すべての断面について $\Delta T'$ の総和 T' を求めると，次のようになる。

$$T' = \sum \Delta T' = \sum \frac{\tau}{r_0}\Delta ar^2 = \frac{\tau}{r_0}\sum \Delta ar^2$$

ここで，$\sum \Delta ar^2 = I_p$ [mm⁴] と表すと，次のようになる。

$$T' = \frac{\tau}{r_0}I_p$$

I_p を**断面二次極モーメント**[2]といい，はりで学んだ断面二次モーメントと同じように，断面の形状によって決まる。

また，T と T' は向きが逆であるが，大きさは等しいから，

$$T = \frac{\tau}{r_0}I_p \tag{3-32}$$

となり，$\dfrac{I_p}{r_0} = Z_p$ [mm³] とすると，ねじりモーメント T [N·mm] は次のようになる。

$$T = \tau Z_p \tag{3-33}$$

Z_p を**極断面係数**[3]といい，断面の形状によって決まる値である。

式 (3-33) は，曲げに関する曲げモーメント・曲げ応力・断面係数の間の関係式 $M = \sigma_b Z$ と同形である。[4]

図 3-74 において，断面上に直交する X 軸，Y 軸をとる。断面二次極モーメントは，$I_p = \sum r^2 \Delta a$ であり，図の

❷polar moment of inertia of area
❸polar modulus of section
❹p.118 参照。

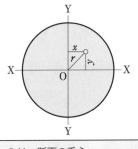

> O は，断面の重心
> $I_X = \sum y^2 \Delta a$
> 　X を中立軸とする断面二次モーメント
> $I_Y = \sum x^2 \Delta a$
> 　Y を中立軸とする断面二次モーメント

▲図 3-74　断面二次極モーメント

$r^2 = x^2 + y^2$ の関係から，

$$I_p = \sum r^2 \Delta a = \sum (x^2 + y^2)\Delta a = \sum x^2 \Delta a + \sum y^2 \Delta a$$

$$= I_X + I_Y \tag{3-34}$$

式 (3-34) は，ある断面における断面二次極モーメントと断面二次
モーメントの関係を示すものである。

断面が中実円形または中空円形のときは $I_X = I_Y = I$ であるから，
式 (3-34) によって $I_p = 2I$ となる。中実円形
の直径を d [mm]，中空円形の外径を d_2 [mm]，
内径を d_1 [mm] とすれば，中実円形と中空円
形の断面二次極モーメント I_p と極断面係数 Z_p
は，それぞれ表 3-10 のようになる。

▼表 3-10 代表的な形状の I_p と Z_p

断面 [mm]	I_p [mm^4]	Z_p [mm^3]
  直径 d の中実円形	$\dfrac{\pi}{32}d^4$	$\dfrac{\pi}{16}d^3$
  外径 d_2，内径 d_1 の中空円形	$\dfrac{\pi}{32}(d_2{}^4 - d_1{}^4)$	$\dfrac{\pi}{16}\left(\dfrac{d_2{}^4 - d_1{}^4}{d_2}\right)$

例題 24 直径 $d = 30$ mm の中実円形の断面二次極モーメント I_p
と極断面係数 Z_p を求めよ。

解答 表 3-10 より，

$$I_p = \frac{\pi}{32}d^4 = \frac{\pi}{32} \times 30^4 = 79.5 \times 10^3 \text{ mm}^4$$

$$Z_p = \frac{\pi}{16}d^3 = \frac{\pi}{16} \times 30^3 = 5.3 \times 10^3 \text{ mm}^3$$

また，$Z_p = \dfrac{I_p}{r_0} = \dfrac{7.95 \times 10^4}{15} = 5.3 \times 10^3$ mm^3 でもよい。

答 79.5×10^3 mm^4，5.3×10^3 mm^3

問 40 直径 80 mm の中実円形と，外径 80 mm，内径 40 mm の中空円形のそ
れぞれの極断面係数を求めよ。

問 41 外径 60 mm，内径 30 mm の中空円形の軸の極断面係数を求め，これ
と等しい極断面係数をもつ中実円形の軸の直径を求めよ。

問 42 前問で，中空円形の軸の断面積は中実円形の軸の断面積の何パーセン
トになるかを求めよ。

● 3 軸に生じるねじり応力

軸にねじりモーメントが作用したとき，軸の極断面係数がわかれば，
軸に生じるねじり応力を知ることができる。なお，断面が中実円形の

軸を中実丸軸[1]，断面が中空円形の軸を中空丸軸[2]という。

中実丸軸の直径を d [mm]，極断面係数を Z_p [mm³]，軸に作用する
ねじりモーメントを T [N·mm] とすれば，式 (3-33)，表 3-10 から，
軸に生じるねじり応力 τ [MPa] は，次の式で求められる。

$$\tau = \frac{T}{Z_p} = \frac{16\,T}{\pi d^3} \tag{3-35}$$

また，中空丸軸では，外径を d_2 [mm]，内径を d_1 [mm] とすると，
軸に生じるねじり応力 τ [MPa] は，次の式で求められる。

$$\tau = \frac{T}{Z_p} = \frac{16\,T}{\pi}\left(\frac{d_2}{d_2{}^4 - d_1{}^4}\right) \tag{3-36}$$

例題 25 直径 $d = 63$ mm の中実丸軸に $T = 1 \times 10^6$ N·mm のね
じりモーメントが作用した。このとき軸に生じるねじり応力
τ を求めよ。

解答 式 (3-35) より，

$$\tau = \frac{16\,T}{\pi d^3} = \frac{16 \times 1 \times 10^6}{\pi \times 63^3} = 20.4 \text{ MPa}$$

答 20.4 MPa

問 43 直径 48 mm の中実丸軸に 800×10^3 N·mm のねじりモーメントが作
用している。この軸に生じるねじり応力を求めよ。

問 44 外径 60 mm，内径 40 mm の中空丸軸に 570 N·m のねじりモーメン
トが作用している。この軸に生じるねじり応力を求めよ。

問 45 外径 45 mm，内径 25 mm の中空丸軸で，30 MPa のねじり応力が生
じる。このとき軸に作用したねじりモーメントを求めよ。

● 4 ねじり剛性

軸は強さがじゅうぶんであっても，ねじれが大きいと使用上支障を
きたすことがある[3]。図 3-75 の軸にねじりモーメント T [N·mm] が
作用したときの軸端のねじれ角 θ [rad] は，式 (3-31) と式 (3-32) か
ら，$r_0 = \dfrac{d}{2}$ として，次のようになる。

$$\theta = \frac{Tl}{GI_p} \text{[rad]} = \frac{180}{\pi} \times \frac{Tl}{GI_p} \text{[°]}[4] \tag{3-37}$$

l：軸の長さ [mm] 　G：横弾性係数 [MPa]

I_p：断面二次極モーメント [mm⁴]

この式から，ねじれ角 θ は GI_p が大きくなるほど小さくなり，
ねじれにくくなるので，GI_p を軸の**ねじり剛性**[5]という。

[1]solid round shaft
詳しくは，p.176 で学ぶ。
[2]hollow round shaft
詳しくは，p.176 で学ぶ。

[3]軸にねじり振動が生じて，
騒音が発生したり，極端な
場合には，軸が破壊するこ
とがある。

[4] 1 [rad] は $\dfrac{180}{\pi}$ [°] であ
る。

[5]tortional rigidity；**ね
じり剛さ**ともいう。一般に
は「ねじり剛性」が多く用
いられる。p.121 参照。

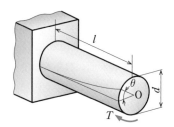

▲図 3-75　軸端のねじれ角

例題 26 直径 $d = 55\,\text{mm}$，長さ $l = 2\,200\,\text{mm}$ の鋼製の中実丸軸に $T = 300\,\text{N·m}$ のねじりモーメントが作用したときの軸端のねじれ角 $\theta\,[\text{rad}]$ を求めよ。鋼の横弾性係数 $G = 82\,\text{GPa}$ とする。

$\boxed{\text{解答}}$ 式 (3-37) より，

$$\theta = \frac{Tl}{GI_p} = \frac{300 \times 10^3 \times 2.2 \times 10^3}{82 \times 10^3 \times \dfrac{\pi \times 55^4}{32}}$$

$$= 8.96 \times 10^{-3}\,\text{rad} \qquad \boxed{\text{答}}\ 8.96 \times 10^{-3}\,\text{rad}$$

問 46 外径 $50\,\text{mm}$，内径 $30\,\text{mm}$ の鋼製の中空丸軸に $100\,\text{N·m}$ のねじりモーメントが作用したとき，軸の長さ $1\,000\,\text{mm}$ に対するねじれ角を求めよ。軸の材料の横弾性係数を $82\,\text{GPa}$ とする。

節末問題

1 次の用語を説明せよ。

(1) ねじれ角　　(2) 断面二次極モーメント　　(3) ねじり剛性

2 ねじりを受ける軸として，中空の軸が使われる理由を述べよ。

3 長さ $1\,\text{m}$，直径 $60\,\text{mm}$ の中実丸軸をねじったとき，軸端のねじれ角が $\dfrac{1^\circ}{5}$ であった。軸の表皮に生じているねじり応力を求めよ。ただし，横弾性係数は $79\,\text{GPa}$ とする。

4 直径 $40\,\text{mm}$ の中実丸軸に $500\,\text{N·m}$ のねじりモーメントが作用している。この軸に生じるねじり応力を求めよ。

5 $1 \times 10^6\,\text{N·mm}$ のねじりモーメントが作用する中空丸軸の外径を $50\,\text{mm}$，内径を $30\,\text{mm}$ としたとき，軸に生じるねじり応力を求めよ。

6 直径が $20\,\text{mm}$ および $40\,\text{mm}$ の中実丸軸に，それぞれ $200 \times 10^3\,\text{N·mm}$ のねじりモーメントが作用したとき，生じるねじり応力を求め，その大きさを比較せよ。

7 $1 \times 10^6\,\text{N·mm}$ のねじりモーメントが作用する中実丸軸の許容ねじり応力を $40\,\text{MPa}$ としたとき，この軸の直径を求めよ。

8 $100\,\text{N·m}$ のねじりモーメントが作用している中実丸軸がある。ねじれ角が軸の長さ $1\,\text{m}$ あたり 0.5° になる軸の直径を求めよ。軸の材料の横弾性係数を $82\,\text{GPa}$ とする。

*C*hallenge

等しいねじり強さをもつ中実丸軸と中空丸軸がある。中実丸軸の直径と中空丸軸の外径の関係式を求め，それが中空丸軸の外径と内径の比によってどのようになるかを調べてみよう。また，断面積の比較も行い，考察したことを発表してみよう。

8節 座屈

細長い柱に圧縮荷重がかかれば，断面に一様な圧縮応力が生じ，柱は縮むはずである。しかし，実際には，材質の不均一や加工の誤差などから，ある大きさ以上の圧縮荷重がかかると，柱は湾曲する。

ここでは，このような現象について調べてみよう。

エンタシス形状の柱▶

1 座 屈

構造物や機械を構成する棒状の部材などで，軸方向に圧縮荷重が加わるときは，部材が短ければ，圧縮応力だけが生じて，圧縮強さに達すると破壊する。しかし，部材の直径に比べて長さがある細長い部材では，ある程度の荷重に達すると曲がりはじめ，圧縮強さより小さい応力でも折損する。このような現象を**座屈**という。座屈は，荷重が軸線からずれていたり，材質が不均一であったりすると起こりやすい。

❶buckling
❷おもに圧縮荷重を受ける棒状の部材を**柱**という。
❸long column
❹buckling load

2 柱の強さ

1 柱両端の状態と座屈

細長い柱をもつ図 3-76(a)のラックの棚の上に物体を載せた場合を考えてみよう。

細長い柱に加わる軸方向の圧縮荷重がある大きさになると，荷重が増加しないのに急激に柱が横方向にたわんで図(b)のようになる。これが座屈である。また，座屈しやすい細長い柱を**長柱**という。座屈が生じる限界の荷重を**座屈荷重**，単位面積あたりの座屈荷重を**座屈応力**という。座屈応力は，材料が圧縮に耐えられる応力よりかなり小さい。

柱を支える端部には，自由に移動できる**自由端**，柱の軸線の位置で自由に回転のできる**回転端**，および移動も回転もできない**固定端**などがある。表 3-11 は，端部の条件によって，柱の曲がる状態の違いを示したもので，n は，柱の端部による曲がりにくさを表し，**端末条件係数**とよばれる。端末条件係数は座屈荷重の計算に用いられ，その値が

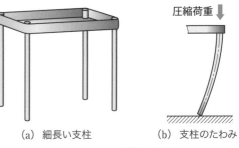

圧縮荷重

(a) 細長い支柱　　(b) 支柱のたわみ

▲図 3-76　支柱と座屈

❺buckling stress；**座屈強さ**ともいう。
❻柱の端を**端末**といい，柱を支えるための端末部分。
❼free end
❽rounded end
❾fixed end
❿coefficient of fixity 柱の両端の端末条件によって決まる係数。

大きいほど曲がりにくい。

　長柱では，材料に生じる圧縮応力が弾性限度内であっても，座屈荷重に達すると座屈がはじまるので，長柱の強さは座屈荷重を基準強さ[1]にして安全率を考え[2]，柱に許される荷重を決める。

[1]p.96 参照。
[2]p.97 参照。

▼表 3-11　柱の端末条件と端末条件係数

横方向移動	拘　束			自　由		
端末条件と座屈形	回転端	固定端	回転端	回転拘束	自由端	回転拘束
	回転端 (a)	固定端 (b)	固定端 (c)	固定端 (d)	固定端 (e)	回転端 (f)
端末条件係数 n	1	4	2	1	0.25	0.25

日本機械学会編「機械工学便覧」より

[3]p.113 参照。
[4]p.114 参照。
[5]断面二次モーメントが小さいほど曲がりやすい。
p.121 参照。
[6]principal moment of inertia of area；**最小断面二次モーメント**ともいう。

● 2　主断面二次モーメント[3]

　断面の中立軸の取りかたによって断面二次モーメント[4]が変わる場合，最小の断面二次モーメントの方向が最も曲がりやすく[5]，これを**主断面二次モーメント**[6]という。

　たとえば，図 3-77(a)において，中立軸 XX 軸，YY 軸まわりの断面二次モーメントを I_X，I_Y とし，$b > h$ とすれば，図(b)，(c)から，

$$I_X = \frac{bh^3}{12} < I_Y = \frac{hb^3}{12}$$

I_X が最小となるので，主断面二次モーメントを I_0 とすると，$I_0 = I_X$ となる。図の場合，主断面二次モーメントの方向である XX 軸まわりに曲がる座屈が生じる。

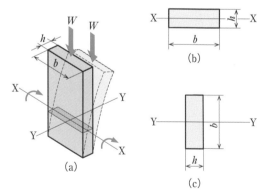

▲図 3-77　主断面二次モーメント

● 3　座屈荷重と座屈応力

　座屈応力を計算する式はいろいろあるが，次の二つの式がおもなもので，柱の長短によって使い分けられる。

● **オイラーの式**　比較的長い柱の場合には，柱の座屈荷重 W [N] は，次の**オイラーの式**[7]から求められる。

[7]Euler's formula

$$W = n\pi^2 \frac{EI_0}{l^2} \qquad (3\text{-}38)$$

E：材料の縦弾性係数 [MPa]　　l：柱の長さ [mm]

I_0：主断面二次モーメント [mm⁴]　　n：端末条件係数

式 (3-38) から，柱が大きな荷重に耐えるためには，端末条件係数を大きくすることや，主断面二次モーメントを大きくすることが必要である。たとえば，断面が円形で同じ断面積ならば，中実円柱より中空円柱のほうが一般に強い。

座屈応力 σ [MPa] は，断面積を A [mm²] とすれば，次の式で求められる。

$$\sigma = \frac{W}{A} = n\pi^2 \frac{EI_0}{l^2 A} = n\pi^2 E\left(\frac{k_0}{l}\right)^2 = \frac{n\pi^2 E}{\left(\frac{l}{k_0}\right)^2} \qquad (3\text{-}39)$$

ただし，$\dfrac{I_0}{A} = k_0{}^2$ とし，k_0 を**主断面二次半径**[1] [mm] という。

なお，$\dfrac{l}{k_0}$ を**細長比**[2] という。オイラーの式は，細長比の値が表 3-12 の $\dfrac{l}{k_0}$ の値より大きいときに用いる。

これらの式からわかるように，柱は曲げ剛性[3] EI_0 が大きいほど座屈に対して強く，細長比が大きいほど（細長いほど）弱い。

●**ランキンの式**　　柱が短いときは，オイラーの式では座屈荷重や座屈応力が実際よりも大きい値に算出されるから，次のような**ランキンの式**[4] を適用する。

$$\left. \begin{array}{l} W = \dfrac{\sigma_c A}{1 + \dfrac{a}{n}\left(\dfrac{l}{k_0}\right)^2} \\[3ex] \sigma = \dfrac{\sigma_c}{1 + \dfrac{a}{n}\left(\dfrac{l}{k_0}\right)^2} \end{array} \right\} \qquad (3\text{-}40)$$

σ_c：材料によって決まった定数 [MPa]　　a：材料による実験定数

表 3-12 において，$\dfrac{l}{k_0}$ の値が表の値より小さい場合にはランキンの式を用いる。

式 (3-38)，式 (3-39)，式 (3-40) から求めた座屈荷重や座屈応力は上限の値であるから，使用状況に応じた安全率を考えなければならない。

[1] principal radius of gyration of area；**最小断面二次半径**ともいう。一般には，$\dfrac{I}{A} = k^2$ で，k を**断面二次半径**という。
[2] slenderness ratio；長柱の細長さの程度を表す。
[3] p.121 参照。

[4] Rankine's formula；細長比の小さい場合の実験式の一つである。

▼表 3-12　ランキンの式の定数

材料 定数	鋳 鉄	軟 鋼	硬 鋼	木 材
σ_c [MPa]	549	333	480	49
a	$\dfrac{1}{1\,600}$	$\dfrac{1}{7\,500}$	$\dfrac{1}{5\,000}$	$\dfrac{1}{750}$
$\dfrac{l}{k_0}$	$80\sqrt{n}$	$90\sqrt{n}$	$85\sqrt{n}$	$60\sqrt{n}$

例題 27　　　長さ $l = 2\,\mathrm{m}$，$80\,\mathrm{mm} \times 40\,\mathrm{mm}$ の長方形断面の軟鋼製の柱で，両端回転端のときの座屈荷重 $W\,[\mathrm{kN}]$ を求めよ。縦弾性係数 $E = 206\,\mathrm{GPa}$ とする。

解答　　　主断面二次モーメント I_0 と断面積 A は，

$$I_0 = \frac{bh^3}{12} = \frac{80 \times 40^3}{12} = 426.7 \times 10^3\,\mathrm{mm^4}$$

$$A = 80 \times 40 = 3\,200 = 3.20 \times 10^3\,\mathrm{mm^2}$$

主断面二次半径 k_0 は，

$$k_0 = \sqrt{\frac{I_0}{A}} = \sqrt{\frac{426.7 \times 10^3}{3.20 \times 10^3}} = 11.54\,\mathrm{mm}$$

細長比は，$\dfrac{l}{k_0} = \dfrac{2 \times 10^3}{11.54} = 173$

両端回転端の端末条件係数 n は表 3-11 より 1 だから，表 3-12 で，軟鋼製柱の細長比の限界は $90\sqrt{n} = 90$ となるので，オイラーの式を用いる。式 (3-38) より，

$$W = n\pi^2\frac{EI_0}{l^2} = 1 \times \pi^2 \times \frac{206 \times 10^3 \times 426.7 \times 10^3}{(2 \times 10^3)^2}$$

$$= 217 \times 10^3\,\mathrm{N} = 217\,\mathrm{kN} \qquad \boxed{答}\,217\,\mathrm{kN}$$

 例題 28　　　両端固定端の長さ $l = 1.5\,\mathrm{m}$，直径 $d = 100\,\mathrm{mm}$ の硬鋼製円柱の座屈応力 $\sigma\,[\mathrm{MPa}]$ を求めよ。

解答　　　$k_0 = \sqrt{\dfrac{I_0}{A}} = \sqrt{\dfrac{\frac{\pi d^4}{64}}{\frac{\pi d^2}{4}}} = \sqrt{\dfrac{d^2}{16}} = \dfrac{d}{4} = \dfrac{100}{4} = 25\,\mathrm{mm}$

$$\frac{l}{k_0} = \frac{1.5 \times 10^3}{25} = 60$$

両端固定端の端末条件係数 n は 4 であるから，表 3-12 で細長比の限界は $85\sqrt{4} = 170$ となるので，ランキンの式を用いる。式 (3-40) より，

$$\sigma = \frac{\sigma_c}{1 + \dfrac{a}{n}\left(\dfrac{l}{k_0}\right)^2} = \frac{480}{1 + \dfrac{1}{4 \times 5000} \times 60^2}$$

$$= 407\,\mathrm{MPa} \qquad \boxed{答}\,407\,\mathrm{MPa}$$

問 47　例題 27 の座屈応力を求めよ。

問 48　例題 28 の座屈の許容荷重を求めよ。ただし，安全率を 6 とする。

問 49　図 3-76(a) において，外径 $24\,\mathrm{mm}$，内径 $18\,\mathrm{mm}$，長さ $1\,200\,\mathrm{mm}$ の 4 本の支柱をもつ棚の上に荷重が加わっている。支柱が座屈するときの荷重と支柱の座屈応力を求めよ。ただし，支柱は軟鋼製で縦弾性係数は $206\,\mathrm{GPa}$ とする。また，荷重は 4 本の支柱に均等に作用するものとし棚などの重量は無視する。

1 次の用語を説明せよ。

(1) 座屈　(2) 端末条件係数　(3) 主断面二次モーメント　(4) 細長比

2 両端回転端で，長さ 2 m，直径 80 mm の軟鋼製円柱の座屈荷重を求めよ。ただし，縦弾性係数を 206 GPa とする。

3 1 辺の長さ 20 mm の正方形断面の軟鋼棒がある。これを一端固定，他端回転とし，長さ 1 000 mm および 600 mm の柱に使うとすれば，それぞれの許容荷重はいくらか。ただし，縦弾性係数を 206 GPa，安全率は 5 とする。

4 断面積 5 000 mm²，長さ 500 mm の鋳鉄製円柱がある。これを両端固定端の柱に使うとすれば，許容応力はいくらか。ただし，安全率は 8 とする。

5 直径 100 mm の軟鋼丸棒で，長さ 2 400 mm の柱には，いくらまでの荷重を加えることができるか。ただし，両端は固定端とし，縦弾性係数を 206 GPa，安全率は 5 とする。

6 長さ 1 m，80 mm × 40 mm の長方形断面の硬鋼製柱で，両端を固定したものの座屈応力を求めよ。

7 図 3-78 のような断面で長さ 3 m の軟鋼製の柱がある。この柱の両端が表 3-11 の(d)のようになっているときの座屈に対して安全な荷重を求めよ。ただし安全率を 10，縦弾性係数を 206 GPa とする。

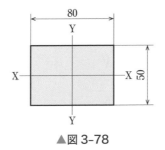

▲図 3-78

8 等しい断面積をもつ正方形断面の柱と，中実円柱とではどちらが座屈に強いかを調べてみよ。

*C*hallenge

上皿はかりを用いて，身の回りにある材料の座屈実験を行いたい。何を材料に使い，どのように実験を行うのか，また，何を実験で調べるのか計画を立ててみよう。その後，実際に実験を行い，考察した結果を発表してみよう。

第 4 章

安全・環境と設計

　現代社会の繁栄は，科学技術の発展によってもたらされた。たとえば，電車などは高速で快適になり，整備されたライフライン（生活・生命を維持するための電気・ガス・水道・交通・通信などの施設）によって生活が便利になった。危険や不安を感じないでこれらを利用できるのは，技術者が社会の安全を維持するため，専門家としての知識と良心に基づき安全を確保する設計を行っているからである。これに加えて，これからは，地球規模でエネルギーの消費や環境汚染などを減らす環境対応も考えた設計を心がけなければならない。

　この章では，安全をになう信頼性とは何だろうか，技術者に求められる倫理観とは何だろうか，地球規模の環境とは何だろうか，また，これらを配慮した設計ではどんなことに心がければよいだろうか，などについて調べる。

　トランジスタは 1948 年，アメリカ合衆国ベル研究所のショックレーらによって開発された。トランジスタの開発によって，それまでの真空管と同じ機能がミクロの世界で行えるようになった。その後，トランジスタ・抵抗・コンデンサなどを 1 枚の半導体結晶の上に作った IC（Integrated Circuit；集積回路）が開発された。IC より素子の集積度をさらに高めた LSI（Large-scale Integrated Circuit；大規模集積回路）の出現によって飛躍的に進歩したコンピュータは，信頼性が向上し，動作が高速化し，低消費電力になった。

電子式卓上計算機の演算などを行う LSI の例

1節 安全・安心と設計

　複雑化・高機能化した機械では，構成要素・機構・ソフトウェア・人間の操作など，どれか一つに不具合が生じたり，間違いを起こしたりすると，危険な事故につながることがある。ブレーキとアクセルの踏み間違いや車線を逸脱したときに，自動ブレーキの作動，あるいは運転者への警報により，事故を最小限にしようとする先進の技術がある。安全・安心のための設計とはどのようなものだろうか。ここでは，機械の**信頼性**❶と**安全性**❷について調べる。

自動ブレーキの例▶

1 信頼性とメンテナンス

　信頼性とは，機械が故障しないで，満足な**性能**❸が発揮できる程度（度合い）を表す用語である。

　機械の信頼性を高く維持するためには，つねに**メンテナンス**❹をしていかなければならない。📖4-1 メンテナンスとは，機械の点検・検査・試験・調整・修理・清掃などを行うことをいい，保全・保守・整備ともいわれる。

　このようなメンテナンスの考え方は，次のように変わってきた。

① 　最も高い信頼性とは，故障しないようにすることである。しかし，むやみに信頼性を高めると，機械が実現できなかったり，質量やスペースが異常に大きくなったり，コストがかさんだり，といった問題が生じる。

② 　①の問題を解決するために，ある一定期間ごとの部品交換や，検査で異常がみつかったら修理するという考え❺が取り入れられた。図4-1のように，電車・自動車・航空機などは，一定期間ごとに点検し，予防的なメンテナンスを行うことになっている。

③ 　その後，予防的なメンテナンスだけではじゅうぶんではないとの考えから，故障が発生したり不具合が生じたとき，簡単に修理

❶reliability
❷safety
❸performance；機能が発揮できる能力（機能の達成度合い）。
❹maintenance

❺まだこわれていないものの予防的なメンテナンスをいう。

> **Note 📖 4-1　ソフトウェアの信頼性**
> 　機械の制御などに用いられるソフトウェアにも，高い信頼性が要求される。そのために，まず，設計者には，対象とする機械に要求される機能・性能・使用環境をプログラマに正確に伝えることが求められる。作成されたソフトウェアの信頼性は，それが組み込まれた機械の試験運転の結果によって評価される。

ができるような構造にして，機械を最初の状態に戻すという考え^❶が導入されるようになった。

④　最近では，これらのことがらをすべて含む対応，すなわち故障しづらいように配慮するが，修理や調整しやすい構造にして，適切にメンテナンスをしながら機械を満足な状態に保つことが行われるようになった。

❶事後のメンテナンスという。

▲図 4-1　電車の定期点検

例題 **1**　　なぜメンテナンスがたいせつになったか考えてみよ。

解答　　たとえば，信頼性が高い無故障に近い機械は，原理的に実現が不可能であったり，質量やスペースが異常に大きくなりすぎて現実的ではなかったり，製造コストや維持コストがかさみすぎるなどの問題が生じやすい。そのために，事前・事後のメンテナンスを導入して信頼性を高め，機械全体として耐用年数を長くするようになった。

❷service life；機械の利用可能な年数。

問 **1**　運転時間がある値に達すると行う予防的なメンテナンスの例を調べよ。

問 **2**　大型トラックの車輪を取りつけているボルトの頭をテストハンマでたたいて安全のための検査をしている。どのような原理を利用した検査か，調べよ。

問 **3**　電車や自動車などでは，一定の期間ごとに点検しなければならないのはなぜか，調べよ。

第 **4** 章　安全・環境と設計

2 信頼性に配慮した設計

信頼性を与えることを目的とした設計技術を**信頼性設計**[1]という。信頼性設計では，次の事項に心がけて，信頼性を高める各設計を行う。

① 過去の故障・事故・失敗などの経験を活かし，経験や改善を標準化して同じ失敗を繰り返さない。

② 部品点数をできるかぎり少なくし，故障率を低減させ，組み立てや点検の手間をはぶく。

③ 入手しやすい信頼性の高い標準品を利用する。

④ 部品に互換性や共通性をもたせ，部品の供給を容易にする。

⑤ 機械や部品のメンテナンスがしやすい構造・部品配置にして保全性を高める。

1 危険を除く設計

機械の各部に作用する荷重の種類や大きさなどを予測し，使用する材料を注意深く選んで，機械の各部材[2]がじゅうぶんな強さ[3]や剛性[4]をもつようにする。

また，作用するかもしれない異常に大きな力や材料の強さのばらつきなどを予想して安全率[5]を決め，機械部品の寿命[6]を推定して信頼性を高める。これらは，信頼性設計における最も基本的で重要な作業である。力の加わりかたや材料の性質と使いかた，許容応力や安全率，疲労限度などを理解しておく必要がある。

2 フェールセーフ設計

機械では，万が一の故障も必ず起こるということを前提に，前もって故障を防いだり，故障が起きても損害が最小限にとどまるようにする予防的な対応をとることがある。このような考えの設計を**フェールセーフ設計**[7]という。

フェールセーフ設計の例として，蒸気を発生するボイラの安全弁があげられる。ボイラ内が過大な圧力になったとき，安全弁から蒸気を逃して正常な圧力に戻し，ボイラの破壊を防ぐ。

フェールセーフ設計では，上の例のように安全弁を製作して取りつけるので，コストがかさんだり，構造が複雑になる。そのために，フェールセーフ設計は，はぶきたくなる。しかし，人命などにかかわるような重要なものに対しては，**設計者の倫理**[8]として，フェールセーフ

[1] reliability design (JIS Z 8115：2019)。

[2] p.72 参照。
[3]，[4] 詳しくは，p.178 で学ぶ。

[5] p.97 参照。
[6] p.17 参照。たとえば，転がり軸受の寿命計算（詳しくは，p.217 で学ぶ。）。軸受以外でも，繰返し荷重が働く部材では，とくに注意する。

[7] fail-safe（JIS Z 8115：2019）；不具合（fail）があっても安全（safe）に運転できるようにすること。

[8] 詳しくは，p.149 で学ぶ。

設計をしなければならない。

例題 2 フェールセーフ設計の例を調べよ。

解答 エレベータに使われている電磁ブレーキは，ばねによって
ブレーキがきくようになっている。電気を送ると電磁石によ
ってブレーキが解放されて，エレベータが動けるようになる。
電源系統が故障したり，電磁石が不能になったときは，ブレ
ーキがきいてエレベータは停止し，安全な状態になる。

3 フールプルーフ設計

人間は，機械の操作をするとき，偶発的なミスをおかすという前提
で，ミスを予想して予防する。このような対応をする設計を**フールプ
ルーフ設計**[1]という。

図4-2は，P（駐車）・R（後退）・N（ニュートラル）・D（前進）の位置
にシフトするオートマチック乗用車のシフトレバーである。レバーが
Pの位置にあり，ブレーキを踏んでいないとエンジンをスタートさせ
ることができないようになっている。

このように，二つ以上の操作の間に約束ごと（ここでは，シフトレ
バーをPの位置にして，ブレーキを踏みながらエンジンスタート）を
つくって，誤操作による事故を防止している。[2]

❶fool-proof（JIS Z 8115
：2019）；愚かなことをして
も（fool），それに耐えるよ
うに（proof）すること。

❷インタロック
（interlock），またはイン
タロッキングシステム
（interlocking system）と
いう。

▲図4-2 オートマチック車のシフトレバー

例題 3 身近にあるフールプルーフ設計の例をあげよ。

解答 ある速度以上で走っている電車のドアは，乗客がいたずら
しても開かないようにして，乗客の安全をはかっている。

4 冗長設計

　機械は，多くの部品から構成されているので，一つの部品に不具合が生じると全体が動かなくなるおそれがある。

　この対応として，予備（余分）の部品やユニットを備え，不具合が生じたときは，これらに切り替えて運転が続けられるようにする方法がある。このような方法を**冗長性**をもたせるという。

　この冗長性をもたせる設計を**冗長設計**❶という。例として，図4-3のような双発エンジンの飛行機をあげることができる。この飛行機では，片方のエンジンに不具合が生じても，残りのエンジンで最寄りの飛行場へ飛行して着陸することができる。そのために，双発エンジンは，冗長性も兼ねているといわれる。

　冗長設計では，構成要素の数が増えるので，コストも増大する。そのために，一般に，冗長性をもたせるのは，故障が発生すると人的被害や物的損害が大きいと予想される場合など，安全を重要視しなければならない場合であることが多い。

❶redundancy design

▲図4-3　双発の飛行機

 4　　冗長設計の例をあげて説明せよ。

　　　[解答]　　病院などでは，不意に停電したとき，病院に設置されている予備の発電機を始動させて電源を確保し，人命にかかわる医療機器の運転を続け，治療が維持できるようにしている。❷

❷このような方式をスタンバイ（stand-by；指示があれば，すぐに行動できるようにしていること）方式という。

[問4]　第3章の材料の強さにおいて，外力に対して材料が破壊しないようにするための考えかたを整理せよ。

[問5]　フェールセーフ設計に沿ってつくられたものを調べよ。

[問6]　工作機械の操作盤に並んでいる多数のスイッチやレバーのなかで重要なものは，目立つ色や大きい形にして操作しやすい位置に配置する。図4-4では，安全の観点から何を最も重要なものとしているか調べよ。

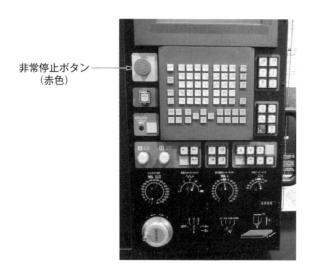

非常停止ボタン
（赤色）

▲図4-4

問7 オートマチック車で，シフトレバーの位置とエンジンスタートの間に約束ごとをつくる理由を考えよ。

3 安全性に配慮した設計

安全性とは，人間に加わるかもしれない肉体的・精神的な危害を取り除いて，人間がいる環境を有害な影響から守ることをいう。

機械に欠陥が見つかって**リコール**問題が起こると，社会問題となって製造者の信用が失われる。設計者は，製品の安全性が確保できるように**リスク**を予想し，正しく機能すること，こわれにくいこと，安全であることを念頭において設計しなければならない。

安全性と信頼性とは深い関係にある。安全性に配慮した設計で対応しなければならないことがらは，信頼性設計の項で調べた，

① **危険を除く設計**

② **フェールセーフ設計**

③ **フールプルーフ設計**

④ **冗長設計**

に加えて，次のようになる。

⑤ **危険隔離** 保護装置などで人間と危険を隔離する方法である。次のような例がある。

霧状のペイントが飛び散る塗装作業をする場所，火花が飛び散る溶接作業をする場所などは，壁で仕切って隔離したり，保護装置によって囲んで危険を遮断する。

❶recall；メーカの製造したものに欠陥があったときに，修理などのために自主回収すること。
❷risk；損害を受ける可能性，予測できない危険。

第**4**章 安全・環境と設計

❸そのほかに，タンパプルーフ（tamper proof）設計などがある。これは，安全装置をはずすなどのいたずらを防ぐ設計である。

また，稼働している産業用ロボットでは，**安全防護領域**[1]に人間が入れないように防護柵などを設ける。

このようにして，周囲の人間に危害が及ばないようにする。

⑥　**警告表示**　危険の原因が除かれない場合には，赤色ランプを点灯させたり警報音を鳴らして，機械を停止させるなどの必要な対策がとれるようにする。

❶ロボットに故障や誤操作が生じても，すべての稼働部分が超えることがない領域を最大領域という。最大領域の外側を防護柵などによって囲まれた場所を安全防護領域という（JIS B 8433-2：2015）。

4　利用者に配慮した設計

1　利用者に配慮した設計

最近は，使いやすさや安全性などで利用者に配慮した設計が広く行われている。たとえば，図 4-5 のマグネットコンセント[2]を用いた電気ポットやごみ捨てが手軽になった掃除機などがあげられる。

❷コードに足をひっかけても，人が転倒したり器具が倒れたりしないように，簡単に差し込み口からはずれるようにしたコンセント。

▲図 4-5　マグネットコンセント

人間にとって邪魔になる障壁（バリア）や使いにくさを除こうとする**バリアフリー**[3]も広まっている。その例として，図 4-6 のような，車いすのまま利用できる電車の駅のホームに設けられたエレベータ[4]や建物の入口の階段脇に設けられたスロープなどがあげられる。

❸barrier free
❹高架鉄道や地下鉄道の駅のホームと地上を結ぶエレベータ。

(a)　駅のホームのエレベータ

(b)　スロープ

▲図 4-6　バリアフリー

すべての人に使いやすい設備・機器などを設計することを**ユニバーサルデザイン**[1]という。床を低くして乗り降りをしやすくする図4-7のLRT[2]などが、その例である。

▲図4-7　LRT（トラム[3]の例）

このように、つねに、利用する人の立場を理解して、だれでも安全・安心で、快適に利用できる製品を設計することが求められる。

問8　ユニバーサルデザインにはどのようなものがあるか、調べよ。

2　安全・安心の手だて

製品の信頼性や安全性を高め、安心して使用できるように、利用者を守る体制が整ってきている。

たとえば、製品の安全性については、製品に欠陥があった場合、**製造物責任法（PL法）**[4]により製造者の責任が問われる。PL法は、製品の欠陥によって生命・身体・財産に損害を受けた場合、被害者は製造者などに対して損害賠償を請求することができる制度である。

また、製品安全分野、適合性認定分野、バイオテクノロジー分野、化学物質管理分野で各種法令や政策における技術的な評価や審査などを実施する、NITE（ナイト）[5]がある。📖4-2

しかし、最もたいせつなことは、利用者の信頼にこたえ、細心の注意と責任をもって信頼性と安全性を備えた製品を設計・製造する技術者の倫理である。

Note📖4-2　NITEの業務内容例

　製品安全分野　法律などに基づき、消費生活用製品の事故情報を収集し、事故の原因究明やリスク評価を行う。さらに、製品の事故情報やリコール情報を広く消費者・事業者などに提供している。このほかにも、事業者がより安全な製品を提供するための基準づくりなども行う。

　適合性認定分野　試験や認証などを行う試験事業者や認証事業者に対して、中立的な立場で公平・公正に審査し、そこで行われる試験や認証の結果が信頼できるものであることを認定している。

❶universal design；共用化設計ともいう。もともと万人が使いやすい設計をめざすので、design for all ともよばれる。
❷light-rail transit：軽快電車。低騒音・低床車で、環境に配慮した都市交通機関。

❸tram；路面電車

❹product liability 法、略して PL 法ともいわれる。

❺National Institute of Technology and Evaluation

1 次の用語の意味を説明せよ。

(1) メンテナンス　　(2) フェールセーフ設計　　(3) フールプルーフ設計

(4) 冗長設計　　(5) 製造物責任法

2 信頼性に配慮した設計と安全性に配慮した設計の違いを述べよ。

3 飛行機や自動車などでは，部品を構成する材料が疲労破壊をしないように最大限の注意を払っている。その理由を調べよ。

4 安全性の設計例として建物の免震構造がある。免震構造[❶]について調べよ。

5 ATS (automatic train stop device；自動列車停止装置)，ATC (automatic train control device；自動列車制御装置) 設置の目的を調べよ。

6 金属板の打ち抜き加工などを行うプレス機械では，どのようなフールプルーフ設計がされているか調べよ。

❶建築物の基礎部分に積層ゴムなどを入れて，地震時の揺れを減らす構造。

2節 倫理観を踏まえた設計

技術者が，設計など日々の活動で忘れてはならないことは，「設計した製品などが社会に及ぼす影響に責任を持ちつづける」という，技術者としての使命や倫理観である。

ここでは，技術者に求められる倫理観について調べてみよう。

機械の点検▶

企業はものづくりにおいて，よりシェアを伸ばすため，他社との差別化を目指して新製品を開発し，商品化をはかる努力をしている。このため，技術者には，高性能・高品質・低価格な製品を短期間で開発することが求められている。

そのような状況下において，企業や技術者の倫理観の欠如（検査データの改ざん・ねつ造など）に起因する，信頼性を損なう事故が起きている。

安心・安全な製品をつくるため，設計段階での評価（第1章-図1-8），製作段階での複数の検査（第1章-図1-7）があることを学習した。

仮に，評価や検査で仕様を満たさないなどの状況があると判断されたときは，その原因を追求し，設計を見直すなど，よりよい製品を製作するための努力を惜しまないことが重要である。

技術者が最優先に考えるべきことは，専門家としてすぐれた知識や技術だけでなく，良心に基づいて，安全で安心して使える製品を設計・製作することを基本とすることである。これこそが技術者倫理であることを理解しなければならない。

*C*hallenge

これまでに起きている倫理観の欠如により起きた事故，事件を調べ，その要因をまとめ，再発防止のための策を協議しよう。

第4章 安全・環境と設計

自動車エンジンルーム内のカバー

3節 環境に配慮した設計

資源制約や環境問題への関心の高まりを背景に，地球上の資源を有効に利用し，環境に配慮した設計をすることが強く望まれている。

ここでは，資源の再利用などの観点から，製品の一生を通じた資源の有効利用について調べてみよう。

◀プラスチックの再生加工品

1 ライフサイクル

図 4-8 に示す製品の製造から廃棄までの一生を**ライフサイクル**[1]という。図の製品や部品の循環において，おもな方法は次のようになる。[3]

[1] life cycle
[2] 製品や部品を再利用したり，材料を回収して資源にするなど，資源を循環させて何回もの利用をはかることをいう。

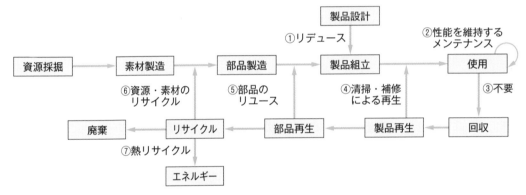

乗用車を例にすると，①〜⑦の行動は次のようになる。

①部品の軽量化・バイオプラスチックの利用など ②定期点検・車検など ③所有者の手を離れた中古車
④清掃・補修した中古車の再使用 ⑤使用済自動車からの部品の再使用
⑥使用済自動車を解体して素材とし，再資源化
⑦タイヤなどを燃料とした熱エネルギーの使用

▲図 4-8　製品のライフサイクル（日本機械学会編「機械工学便覧 2007，デザイン編β1」より作成）

1 リデュース（廃棄物の発生抑制）

廃棄物の発生を少なくすることを**リデュース**[4]という。したがって，製品を設計するにあたっては，できるかぎり資源を使わないようにして，必要な機能・性能が発揮できるように検討する。**循環型社会**は，廃棄物の発生をおさえることが目標であるから，リデュースはリユースやリサイクルよりも優先される。

身近なものでは，何回も使える買い物袋（エコバッグ）や薄肉にして材料を少なくした PET ボトル[5]などがあげられる。

[3] リデュース，リユース，リサイクルは，それぞれの頭文字から，**3R（スリーアール）**ともよばれる。
[4] reduce

[5] polyethylene terephthalate；ポリエチレンテレフタレート

2 リユース（再利用）

　回収した使用済み製品や部品，容器などを清掃し，不具合部分を補修・交換して製品として再利用する。これを製品のリユースという。また，製品から取り出した部品を別の製品に取りつけて再利用する。これを部品のリユースという。リユースは，資源とエネルギーの節約になる。

　複写機のトナー容器や野球場での飲料用コップ，飲料用のびんなどが身近にある例としてあげられる。

❶reuse

3 リサイクル（再資源化，再生利用）

　一度使った部品を再加工してほかの部品につくり直したり（再生利用という），使用済みの製品から材料を取り出して再生（資源・素材のリサイクルという）することをリサイクルという。牛乳紙パックは，素材のリサイクルがされてトイレットペーパーなどになる。

　リサイクルでは，再加工のための追加資源やエネルギーが必要になるうえ，素材としての品質が低下したり，人手による作業が多いためにコストが高くなるという課題がある。しかし，環境のことを考えると，リサイクルを考えた設計・製作が必要となる。

❷recycle；リサイクルは，狭義には再資源化・再生利用という意味で用いられるが，広義にはリデュース，リユース，リサイクルを総称した意味でも使われる。

4 熱リサイクルと廃棄

　循環型社会形成推進基本法では，廃棄物などの処理の優先順位を

　　(1)**発生抑制**，(2)**再使用**，(3)**再生利用**，(4)**熱回収**，(5)**適正処分**

としており，最後には，ゴミ焼却発電施設などでごみを燃やして電気エネルギーとして回収（熱リサイクル）後，埋め立て破棄する。

🖉 Note 📖 4-3　　循環型社会
　資源を循環させて再利用をはかる社会を循環型社会（resource circulation society）という。

2 ライフサイクル設計

　循環を前提としながらライフサイクル全体を考えた設計を**ライフサイクル設計①**という。環境に配慮した設計では，製品全体のライフサイクルを見通し，各段階で資源を有効に利用して**環境負荷**を減らす循環型の社会を築くことが求められる。

①life cycle design

📖4-4　　📖4-5

 例題 5　　身近にあるリサイクルの例をあげよ。

　解答　　使用済みのエアコンディショナやテレビジョン，携帯電話機，コンピュータなどを解体して，金や銅などを取り出す資源のリサイクル。

節末問題

1　ライフサイクル設計がどうして導入されるようになったかを考えよ。

Note📖 4-4　環境負荷
　製品の製造プロセスで発生する廃棄物などや製品そのものが環境に及ぼすさまざまな影響をいう。

Note📖 4-5　ライフサイクルアセスメント
　製品のライフサイクルの各段階で環境に与える影響を評価する方法に**ライフサイクルアセスメント**（life cycle assessment：**LCA** ともいう）がある。消費される資源の種類と量，消費エネルギー，排出される物質の種類と量などのデータを集め，大気・水質・土壌などへの影響を評価する。その結果を製品開発などに反映させる。

ねじ

　ねじは，広く用いられている機械要素である。ねじのおもな用途は，締付け（締結），送り（運動），力と変位の拡大・縮小，位置の調整などである。ねじは，国際的な標準化が進んでいる機械要素の一つである。

　この章では，ねじはどのようなしくみになっているのだろうか，ねじにはどのような種類がありどのような場所に使われているだろうか，ねじにはどのような力が働きその力に耐えるようにするにはどうすればよいだろうか，ねじが緩んで機械が危険な状態にならないようにするにはどうすればよいだろうか，などについて調べる。

　現代の工作機械は，1800 年頃のイギリスのモーズレイのねじ切り旋盤に始まるといわれている。それまでは，ねじはやすりなどを使った手仕事でつくられていた。そのために，1本1本ピッチや直径が違ってしまいひじょうに不便であった。

　モーズレイは，刃物台がねじの回転によって進む送り機構を実用化した。このねじによる送り機構は，工作機械の技術に画期的な発展をもたらした。

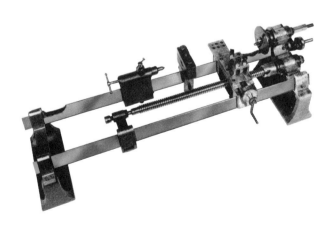

モーズレイのねじ切り旋盤

1節 ねじの用途と種類

ねじは，おねじとめねじの一対でねじの働きをする。ねじ山の形状によって，さまざまな種類があり，それぞれの特徴を生かして，締結用，位置決め用，運動用などに用いられる。

ねじは，国際的な標準化が進んでいる最も一般的な機械要素である。

ここでは，ねじの用途と種類，ねじのしくみについて調べてみよう。

旋盤の親ねじ▶

1 ねじの用途

ねじ[1]のおもな用途は，図5-1のようになる。

図(a)のボルト・ナットなどは，**スパナ**[2]や**モンキレンチ**[3]のような簡単な工具によって締め付けることができる。

図(b)のボールねじは，摩擦が小さい送りねじとして，工作機械のテーブルなどの運動に使われる。

図(c)のバイスは，ねじの締付け力を利用して工作物などの固定に用いられる。

図(d)のマイクロメータは，微小な変位を拡大指示することができるので寸法測定に用いられる。

[1]screw, screw thread
[2]spanner, wrench
[3]monkey wrench

10

[4]締結ともいう。

15

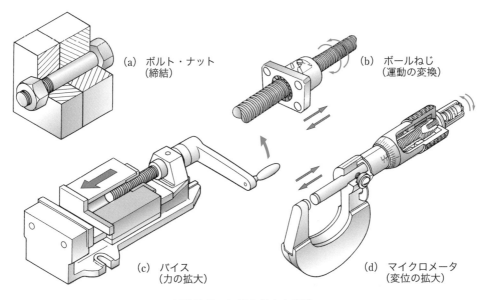

(a) ボルト・ナット（締結）

(b) ボールねじ（運動の変換）

(c) バイス（力の拡大）

(d) マイクロメータ（変位の拡大）

▲図5-1　ねじのおもな用途

2 ねじの基本

1 リード・リード角・ピッチ

図5-2のように，直径 d_2 の円筒の周囲に，底辺 $AB = \pi d_2$ の直角三角形の紙ABCを巻きつけると，斜辺ACは円筒面上に図のような曲線を描く。この曲線を**つる巻線**❶といい，ねじの基本となる曲線である。なお，この斜辺の傾き β を**リード角**❷という。

また，隣り合うつる巻線の間隔 P を**ピッチ**❸といい，ねじを1回転させて，ねじが軸方向に進む距離 l を**リード**❹という❺。

また，図5-2から，リード l とリード角 β [°]，円筒の直径 d_2 には次の関係がある。

$$\tan\beta = \frac{l}{\pi d_2}$$

❶helix
❷lead angle
❸pitch；本来の意味は，1列に並んでいる物どうしの距離である。
❹lead；本来の意味は，「進む」である。この場合，1回転で進む距離のこと。
❺つる巻線が1本の場合は，$P = l$ となる。
❻triangular thread
❼square thread
❽ridge
❾groove

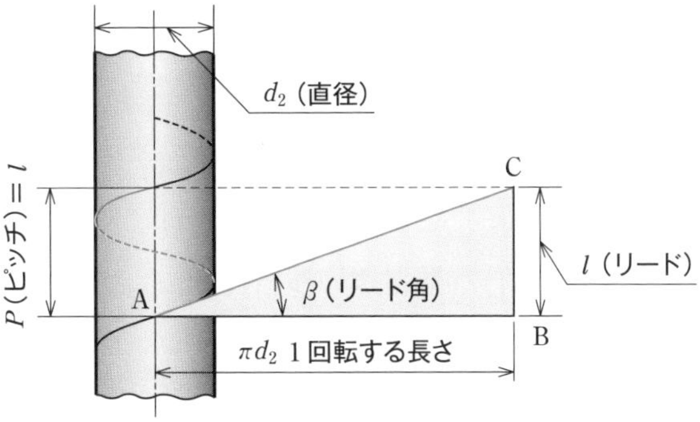

▲図5-2　つる巻線

2 ねじ山

つる巻線に沿って三角形の断面形状の山と溝を直径 d_2 の円筒面の外側と内側につくったものを**三角ねじ**❻という。同様に，四角形の断面形状の山と溝からなるねじを，**角ねじ**❼という。突起部分を**ねじ山**❽，空間部分を**ねじ溝**❾という。

3 一条ねじ・多条ねじ

図5-3(a)のように，1本のつる巻線のねじを**一条ねじ**❿，図(b)のように，2本以上のつる巻線のねじを**多条ねじ**⓫という。2本のつる巻線のねじは**二条ねじ**⓬といわれ，ねじを1回転させるとねじ溝はピッチの2倍進むことになる。

リードを l，ピッチを P，ねじの条数を n とすると，これらの関係は，次のようになる。

$$l = Pn$$

問1　ピッチが4mmの三条ねじのリードを求めよ。

❿single-start thread
⓫multiple-start thread
⓬double-start thread

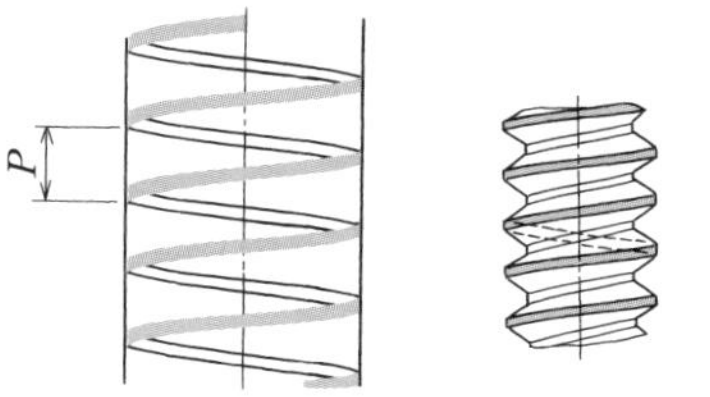

(a)　一条ねじ

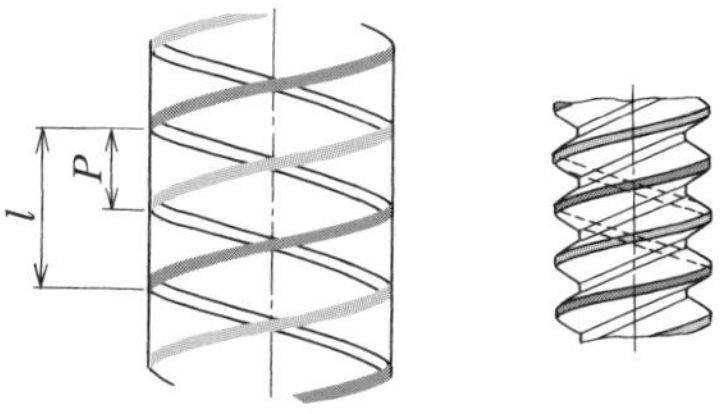

(b)　二条ねじ

▲図5-3　ねじの条数

第5章　ねじ

4　おねじ・めねじ

図 5-4 のように，ねじ山が円筒軸の外面にあるねじを**おねじ**[1]，ねじ溝が円筒穴の内面にあるねじを**めねじ**[2]という。

ねじの大きさは，おねじの外径で表し，これをねじの**呼び径**[3]という。めねじは，これにはまり合うおねじの大きさで表す。

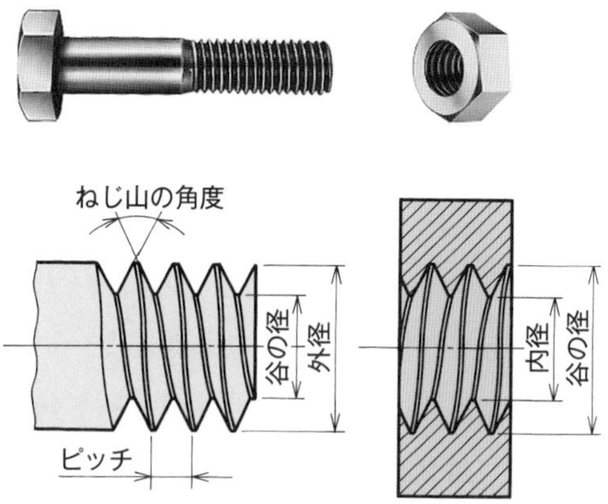

5　右ねじ・左ねじ

図 5-4 のねじを垂直にしてみたとき，ねじ山が右上方向を向くねじを**右ねじ**[4]，左上方向を向くねじを**左ねじ**[5]という。一般には右ねじが多く用いられる。

▲図 5-4　おねじとめねじ

3　三角ねじ

1　一般用メートルねじ

機械部品の締結には，ねじ山の断面が正三角形に近い三角ねじを用いることが多く，これにはメートルねじ・**ユニファイねじ**[6]などがある。メートルねじは一般に広く使われ，ユニファイねじは航空機，そのほかかぎられたものに使われている。

また，締結には，**メートル並目ねじ**[7]が使われることが多いが，さらに細かいピッチのねじを必要とするときは**メートル細目ねじ**[8]を用いる。📖5-1

図 5-5 は，同じ大きさのメートルねじで，並目と細目とを比較したものである。細目は並目に比べてリード角が小さく，緩みにくいので，振動する部品などのねじに用いられる。

●**ねじ山の角度**　三角ねじの**軸断面**[9]における三角山の頂角を**ねじ山の角度**[10]という。

ねじ山の角度が 60° で，ねじの寸法が表 5-1 のような規格に従った mm 単位のねじを，一般用メートルねじという。

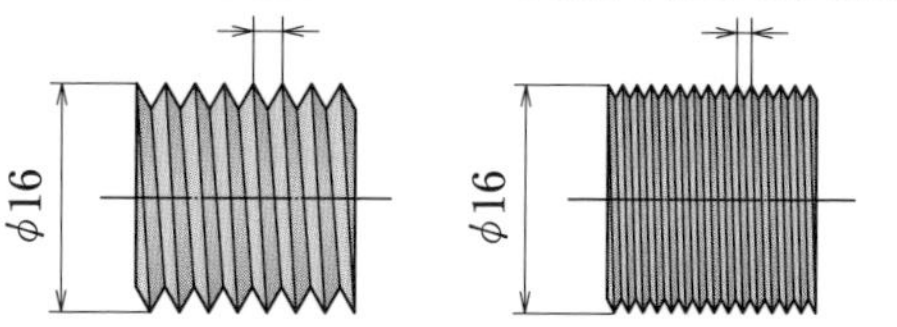

[1] external thread
[2] internal thread
[3] nominal diameter
[4] right-hand thread
[5] left-hand thread
[6] ねじ山の大きさはピッチで表される。ユニファイねじはインチ系のねじで，山の形はメートルねじと同じであるが，ねじ山の大きさはねじの軸方向の長さ 25.4 mm（1 インチ）あたりの山数で表されている。
[7] metric coarse thread
[8] metric fine pitch thread
[9] 中心線を含む縦断面。
[10] thread angle

(a) 最大ピッチのねじ（並目）　(b) 細かいピッチのねじ（細目）

▲図 5-5　呼び径 16 mm の一般用メートルねじのピッチの例

> **Note 📖 5-1　並目・細目**
>
> 「並目（metric coarse thread）・細目（metric fine pitch thread）」(JIS B 0101：2013) は，正式名称ではなくなったが，従来の慣習に従うために用いられている (JIS B 0205－2：2001)。「並目」は，規格で定められたねじのピッチのなかで最大のものである。本書では，従来の慣習に従い，（並目），（細目）をつけて区別する。

▼表 5-1　一般用メートルねじ（ねじ部品用に選択したサイズの抜すい）

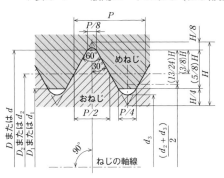

D：めねじ谷の径の基準寸法（呼び径）
d：おねじ外径の基準寸法（呼び径）
D_2：めねじ有効径の基準寸法
d_2：おねじ有効径の基準寸法
D_1：めねじ内径の基準寸法
d_1：おねじ谷の径の基準寸法
H：とがり山の高さ

$$H = \frac{\sqrt{3}}{2}P = 0.866\,025\,404\,P$$

P：ピッチ
$A_{s,\text{nom}}$：有効断面積

$$A_{s,\text{nom}} = \frac{\pi}{4}\left(d - \frac{13}{12}H\right)^2$$

[単位 mm]

呼び径 d, D	ピッチ P	有効径の基準寸法 d_2, D_2	おねじ谷の径の基準寸法 d_1 めねじ内径の基準寸法 D_1	有効断面積 $A_{s,\text{nom}}$ [mm²]	呼び径 d, D	ピッチ P	有効径の基準寸法 d_2, D_2	おねじ谷の径の基準寸法 d_1 めねじ内径の基準寸法 D_1	有効断面積 $A_{s,\text{nom}}$ [mm²]
2	0.4	1.740	1.567	2.07	*22	2.5	20.376	19.294	303
3	0.5	2.675	2.459	5.03		2	20.701	19.835	318
*3.5	0.6	3.110	2.850	6.78		1.5	21.026	20.376	333
4	0.7	3.545	3.242	8.78	24	3	22.051	20.752	353
5	0.8	4.480	4.134	14.2		2	22.701	21.835	384
6	1	5.350	4.917	20.1	*27	3	25.051	23.752	459
*7	1	6.350	5.917	28.9		2	25.701	24.835	496
8	1.25	7.188	6.647	36.6	30	3.5	27.727	26.211	561
	1	7.350	6.917	39.2		2	28.701	27.835	621
10	1.5	9.026	8.376	58.0	*33	3.5	30.727	29.211	694
	1.25	9.188	8.647	61.2		2	31.701	30.835	761
	1	9.350	8.917	64.5	36	4	33.402	31.670	817
12	1.75	10.863	10.106	84.3		3	34.501	32.752	865
	1.5	11.026	10.376	88.1	*39	4	36.402	34.670	976
	1.25	11.188	10.647	92.1		3	37.051	35.752	1030
*14	2	12.701	11.835	115	42	4.5	39.077	37.129	1120
	1.5	13.026	12.376	125		3	40.051	38.752	1210
16	2	14.701	13.835	157	*45	4.5	42.077	40.129	1310
	1.5	15.026	14.376	167		3	43.051	41.752	1400
*18	2.5	16.376	15.294	192	48	5	44.752	42.587	1470
	2	16.701	15.835	204		3	46.051	44.752	1600
	1.5	17.026	16.376	216	*52	5	48.752	46.587	1760
20	2.5	18.376	17.294	245		4	49.402	47.670	1830
	2	18.701	17.835	258	56	5.5	52.428	50.046	2030
	1.5	19.026	18.376	272		4	53.402	51.670	2140

注　呼び径の選択には，無印のものを最優先にする。表の＊印の呼び径は第 2 選択のものである。ピッチは並目である。複数のピッチの表示があるものは，最上段のピッチが並目で，以下細目である。

ねじの呼びかた　　並目：M（呼び径）　　　例　M20
　　　　　　　　　　細目：M（呼び径）×ピッチ　　例　M20 × 2
　　　　　　　　　　　　（JIS B 0205-1〜4：2001，JIS B 1082：2009 から作成）

●**外径・有効径・有効断面積**　図 5-4 において，おねじの山の頂に接する仮想の円筒の直径である**外径**を d（めねじではめねじの谷の径を D）とし，おねじの谷底に接する仮想の円筒の直径であるおねじの谷の径を d_1（めねじではめねじの内径を D_1）とする。

第 5 章 ねじ

表 5-1 は，一般用メートルねじの基準寸法である。表の図で，おねじの山の幅とめねじの山の幅とが等しくなるような仮想の円筒の直径を**有効径**[1]（おねじでは d_2，めねじでは D_2）という。また，おねじの有効径 d_2 と谷底の径 d_3 との平均値を直径とする仮想の円筒の断面積のことを**有効断面積**[2] $A_{s,\mathrm{nom}}$ といい，おねじが引張・圧縮荷重を支えることができる断面積である。表 5-1 に示される $A_{s,\mathrm{nom}}$ の値は，ねじの強度計算などに用いる。

● **ねじの表しかた**　mm 単位のおねじの外径 d や，めねじの谷の径 D はねじの呼び径であり，一般用メートルねじの大きさは，呼び径によって表す。たとえば，おねじの呼び径 16 mm，ピッチが 2 mm の右ねじは，一般用メートルねじの記号 M，呼び径の 16，ピッチ 2 を組み合わせて，M16 × 2 とする。ただし，並目では，ピッチの表示をはぶいて M16 としてよい。左ねじは，左ねじを表す記号 LH をつけて，M16 × 2 − LH または M16 − LH のように表す。

M16，M16 × 2 − LH のように表されたものを**ねじの呼び**[3]という。

2　管用ねじ

管用ねじ[4]は，管・弁や油圧・空気圧ユニット，機械部品などと管をつなぐときに用いられる。

ねじ山の角度が 55° の三角ねじで，ピッチは 25.4 mm（1 インチ）あたりの山数で表す。一般用メートルねじ（並目）に比べてピッチが細かいので，厚さ（肉厚）が薄い管に使用することができる。

管用ねじには，図 5-6 のように**平行ねじ**[5]と**テーパねじ**[6]がある。テーパねじは，流体の漏れ止めや気密性を必要とするときに用いられる。そのため，ピッチが小さく，ねじ山が並目ねじに比べて低いので，管自身の強さをそこなうことが少ないのが特徴である。おねじにシール用テープを巻いたり，シール剤を塗布したりして締める。平行ねじを使ったときの漏れ止めには，**ガスケット**[7]や O リングなどを用いる。ねじの呼びは，管の呼び径に関連づけて表すので，ねじの外径寸法の値とは一致しない。

📖5-2

> ✎ **Note** 📖 5-2　管用ねじの外径
> 　管用平行ねじの呼び G1/2 を例にすると，呼び径は 1/2 インチ，外径は 20.955 mm，ねじ山数は 1 インチ（25.4 mm）あたり 14 山，ピッチは約 1.814 mm である。

❶pitch diameter
(JIS B 0101：2013)
❷tensile stress area；
有効断面積は，ねじの有効径 d_2 と谷底の径 $d_3 = d_1 − H/6$ の平均値を直径とする円の面積である。
❸nominal designation of thread；ねじの形式・直径・ピッチなどを表す記号（JIS B 0123：1999）。
❹pipe thread
❺parallel pipe thread；表しかたは，G1/2 のようなねじの呼びによる。平行ねじの記号 G と呼び径 1/2 からなる G1/2 をねじの呼びという。
(JIS B 0202：1999)。
❻taper pipe thread；表しかたは，ねじの呼びによる（JIS B 0203：1999）。たとえば，テーパおねじは R1/2，テーパめねじは Rc1/2，テーパおねじにはまる平行めねじは Rp1/2。
❼固定接合部に用いる薄板状のシールである。
❽詳しくは，「新訂機械要素設計入門 2」の p.153 表 13-4 参照。

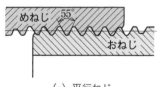

(a) 平行ねじ

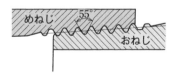

(b) テーパねじ $\left(\text{テーパ}\dfrac{1}{16}\right)$

▲図 5-6　管用平行ねじとテーパねじ

4 各種のねじ

ねじには，三角ねじ以外にも図5-7のように，ねじ山の形状が異なるいろいろなねじがある。

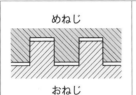

（a）角ねじ ❶
ねじ山の断面が長方形（ほぼ正方形）のねじで，三角ねじに比べて摩擦が少ない。ねじプレスなど，大きな力が働く機械に用いられる。

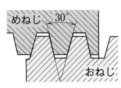

（b）台形ねじ ❷
ねじ山の断面が台形で，角ねじより作りやすく，強さもあるので，工作機械の送りやバルブ開閉用に用いられる。

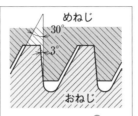

（c）のこ歯ねじ ❸
ねじ山がのこ歯状のもので，一方向に大きな力が作用するジャッキなどに用いられる。大きな力が働く方向には，動摩擦力が小さくなるという角ねじの性質を利用する。

（d）丸ねじ ❹
薄板でつくられた電球の口金など，ごみや砂などが入りやすい部分のねじに用いられる。

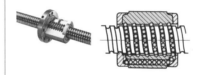

（e）ボールねじ ❺
円弧状のねじ溝のおねじとナットの溝の間に多数の鋼球を入れたねじである。摩擦がひじょうに少ない。自動車のステアリング部やNC工作機械の送りねじなどに用いられる。

▲図5-7　その他のねじ

5 ねじの材料

ねじの材料は，おもに鉄，真鍮，ステンレス鋼が利用されているが，アルミニウム，チタン，樹脂製などもある。また，ねじの種類，強度により種類の違う鋼が利用される。そして，さび止めのためにめっきなどの表面処理を施すのが一般的である。

材料もいろいろな種類があり，それぞれのねじに合った特性のものがJIS規格に定められた要件でつくられている。

❶square thread
❷trapezoidal screw thread
❸buttress thread
❹round thread
❺ball screw

6 ねじ部品

ボルト・ナット・小ねじなどのねじ部品は，部品の締付けなどに多く用いられる。

1 ボルト・ナット

最も一般的に使用される締付け用の機械要素で，使用目的や形状により，多くの種類がある。図5-8, 5-9, 5-10に**ボルト・ナット**の種類と使いかたの例を示す。

❶bolt
❷nut

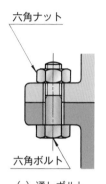
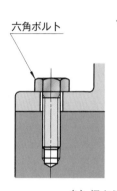
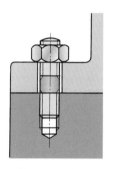

（a）通しボルト

部品に通し穴を使って，ボルトとナットで締め付ける。

（b）押さえボルト

本体のねじ穴を使ってボルトを締め付ける。

（c）植込みボルト

両端がねじのボルトの一端を本体に強くねじ込み，他端をナットで締め付ける。

▲図5-8　ボルトとナットの使いかた

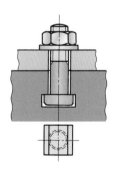
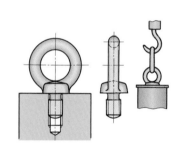
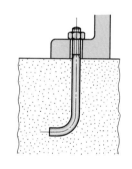

（a）T溝ボルト

T溝に，ボルトをはめて任意の位置で締め付ける。

（b）アイボルト

機械や重い部品を，つり上げる。

（c）基礎ボルト（L形）

機械などを，コンクリート基礎にすえ付ける。

▲図5-9　特殊なボルトと用途

（a）六角袋ナット　　（b）ちょうナット　　（c）溝付き丸ナット　　（d）アイナット

▲図5-10　いろいろなナット

2　小ねじ[1]

　外径の小さい頭付きのねじで，大きな力が加わらない部品の締付けに用いられる。小ねじは，頭の形により図5-11のような種類がある。小ねじの頭には，ねじを回すための十字穴[2]やすりわりがつけられている。また，ボルト頭と工具の接触面が曲線で構成されているヘクサロビュラ穴付き[3]のなべ小ねじがある。従来のボルト・ナットと比べてトルクの伝達効率が高く，応力の集中が少なく耐久性も高い。その優れた特徴から自動車産業をはじめ，各種産業機械に広く採用されている。

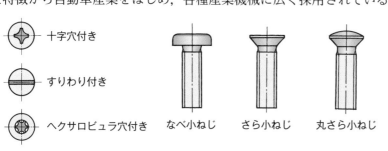

十字穴付き
すりわり付き
ヘクサロビュラ穴付き

なべ小ねじ　さら小ねじ　丸さら小ねじ

▲図5-11　小ねじ

3　止めねじ[4]

　ねじを押し込んで部品を固定する目的のねじである。頭の形状やねじ先の形状により，図5-12のような種類がある。

4　タッピンねじ[5]

　めねじが加工されていない下穴にねじ込み，ねじ自身のねじ山でめねじを切りながら締め付ける。めねじの加工が必要ないので，組立作業の能率が上がる。薄い鋼板やアルミニウム材などに用いられる。図5-13にタッピンねじの例を示す。

5　木ねじ[6]

　タッピンねじと同じ原理で，木材の締付けに用いられる。図5-14に木ねじの例を示す。

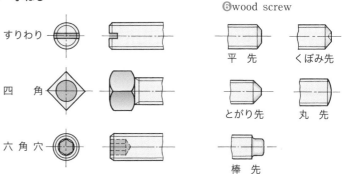

すりわり
四　角
六角穴

平　先　くぼみ先
とがり先　丸　先
棒　先

▲図5-12　止めねじ

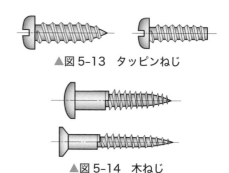

▲図5-13　タッピンねじ

▲図5-14　木ねじ

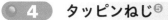

Challenge
　左ねじはどのようなところに使われるか，調べよ。

❶machine screw；小ねじとは，呼び径が8 mm以下の頭付きねじをいう。
❷「十字穴付きねじ」用ドライバ（ねじ回し）はプラスドライバ，「すりわり付きねじ」用ドライバはマイナスドライバとよばれることがある。
❸hexalobular internal driving feature for bolts and screw
（JIS B 1015：2018）

❹setscrew
❺self tapping screw, tapping screw；タッピン（tapping）とは，めねじを切ることをいう。
❻wood screw

第5章　ねじ

ねじに働く力と強さ

　重い物体を上げ下げするときに，斜面を利用することがある。ねじは，この斜面を応用したものである。

　バイス（万力）は，ねじの締付け力を利用して対象物を口金の間にはさみくわえて固定する工具である。

　ここでは，斜面における傾角の大きさや斜面の摩擦，また，ねじに働く力について調べてみよう。

バイス▶

1　ねじに働く力

ねじを締めるときと，緩めるときの力の関係を調べてみよう。

1　ねじと斜面

　ねじの働きは，斜面上にある物体を押し上げ，または押し下げる作用と考えられる。ねじに働く軸方向の荷重は，はまり合うねじ山のすべてにほぼ一様に加わる。

　ここでは，図5-15のような角ねじについて，ねじ山の1か所に全荷重 W が集中して加わるものとして，ねじに働く力の作用などを調べてみよう。

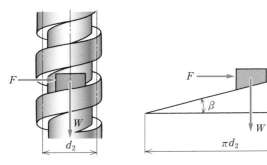

▲図5-15　角ねじと斜面

2　ねじを締める力

　図5-15において，d_2 をねじの有効径とすれば，リード角 β [°] は，次の式で表される。

$$\tan\beta = \frac{l}{\pi d_2} \tag{5-1}$$

　ねじを締めることは，荷重 W を水平方向（ねじの有効径 d_2 の円筒に接する方向）の力 F で押し上げることになる。この力 F を求めると，次のようになる。

いま，図 5-16 のように，W および F の斜面に平行な分力をそれぞれ S，Q，斜面に垂直な分力をそれぞれ R，N，とすると，

$$\left.\begin{aligned} S &= W\sin\beta & R &= W\cos\beta \\ Q &= F\cos\beta & N &= F\sin\beta \end{aligned}\right\} \tag{a}$$

の式がなりたつ。また，斜面の垂直力は $R + N$ であるから，斜面の静摩擦係数を μ_0 とすると，最大静摩擦力 f_0 は，

$$f_0 = \mu_0(R + N) \tag{b}$$

となり，これは Q とは逆向きに働く。

斜面に平行な力のつり合いの条件から，

$$Q = S + f_0 \tag{c}$$

がなりたつ。式(c)に式(a)，(b)を代入すれば，

$$F\cos\beta = W\sin\beta + \mu_0(W\cos\beta + F\sin\beta)$$

$$F(\cos\beta - \mu_0\sin\beta) = W(\sin\beta + \mu_0\cos\beta)$$

となる。したがって，

$$F = W\frac{\sin\beta + \mu_0\cos\beta}{\cos\beta - \mu_0\sin\beta} = W\frac{\overset{❶}{\tan\beta} + \mu_0}{1 - \mu_0\tan\beta} \tag{d}$$

摩擦角を ρ とすると，$\overset{❷}{\mu_0 = \tan\rho}$ であるから，式(d)は，

$$F = W\overset{❸}{\tan(\rho + \beta)} \tag{5-2}$$

となる。

❶ $\tan\beta = \dfrac{\sin\beta}{\cos\beta}$

付録 p.231 参照。

❷ p.67 式 (2-57) 参照。

❸ 正接の加法定理

$\dfrac{\tan\rho \pm \tan\beta}{1 \mp \tan\rho\tan\beta} = \tan(\rho \pm \beta)$

付録 p.232 参照。

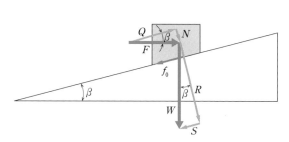

▲図 5-16　ねじを締めるときの力の関係

3　ねじを緩める力

ねじを緩めることは，荷重 W を押し下げることになり，このとき，ねじをまわす力を F' とすると，F' は F と逆向きになる。F を求めたときにならって，図 5-17 から F' を求めると，次のようになる。

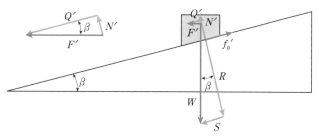

▲図 5-17　ねじを緩めるときの力の関係

斜面の最大静摩擦力　　$f_0' = \mu_0(R - N')$

斜面に平行な力のつり合い $Q' = f'_0 - S$

$$F' = W\frac{\mu_0 - \tan\beta}{1 + \mu_0 \tan\beta} = W\tan(\rho - \beta) \tag{5-3}$$

この場合，$\beta > \rho$ のときは $F' < 0$ となり，力を加えなくても自然に緩むことになる。したがって，ねじが自然に緩まないためには，$\beta \leqq \rho$ であることが必要である。

多条ねじでは $\beta > \rho$ になることが多く，一条ねじに比べて，速く締めるには便利であるが緩みやすいので，締結用ねじには不適当である。

2 ねじを回すトルク[1]

図 5-18 のように，ねじを回すトルクは，ねじの有効径 d_2 に働くと考えれば，ねじを締めるためのトルク T は，次のようになる。

$$T = F\frac{d_2}{2} = \frac{Wd_2}{2}\tan(\rho + \beta) \tag{5-4}$$

ねじを緩めるときのトルク T' は，次のようになる。

$$T' = F'\frac{d_2}{2} = \frac{Wd_2}{2}\tan(\rho - \beta) \tag{5-5}$$

なお，$\tan\rho$ を求めるさい，角ねじの場合の摩擦係数 μ は，0.1 ～0.2 程度とすればよい。三角ねじでは，この値より 15 % ほど大きくする。[2]
📖 5-3

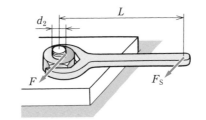

図 5-18 のように，スパナによるトルク $F_s L$ でねじに締付け力 W を与える場合，$F_s L$ は式 (5-4) の T と等しいので，スパナに加える力 F_s は，次のようになる。

$$F_s = \frac{T}{L} = \frac{Fd_2}{2L} = \frac{Wd_2}{2L}\tan(\rho + \beta) \tag{5-6}$$

なお，ねじを締め付けるとき，締付け力 W を確実にしたいときには，図 5-19 の**トルクレンチ**[3]を用いると所定のトルクで締め付けることができる。

▲図 5-18　スパナによる締付け

L : スパナの有効長さ
F_S : スパナに加える力
d_2 : ねじの有効径
F : ねじの有効径の円周の接線方向に働く力

[1] ねじの分野では，ねじりモーメントではなく，トルクとよぶのが一般的である。

[2] 本書の計算では 15 % 大きくしないで，そのまま用いることにする。

[3] torque wrench；図 5-19 では，アームの弾性たわみの量によってトルクを測定する。

✏️ **Note 📖 5-3　三角ねじの摩擦係数**

　ねじ山が三角形の一般用メートルねじでは，ねじ山の角度（頂角）が 60° であるので，摩擦係数 μ' は $\mu' = \dfrac{\mu}{\cos 30°} = 1.15\mu$ となる。式 (5-2)，(5-3) の ρ を μ' から求めた ρ' にすれば，一般用メートルねじに利用できる。

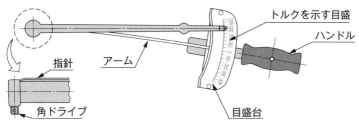

▲図5-19 トルクレンチ

 例題 1 M36 の一般用メートル並目ねじのボルトを用いて，力 $W = 25\,\mathrm{kN}$ で 2 枚の板を締め付けたい。有効長さ $L = 500\,\mathrm{mm}$ のスパナを用いたとき，スパナに加える力 F_s を求めよ。ただし，静摩擦係数 $\tan\rho = 0.2$ とする。

| 解答 | 表5-1 より，$P = 4\,\mathrm{mm}$，$d_2 = 33.4\,\mathrm{mm}$，式 (5-1) より，

$$\tan\beta = \frac{l}{\pi d_2} = \frac{4}{\pi \times 33.4} = 0.03812 \qquad \beta = 2.183°$$

$$\tan\rho = 0.2 \qquad \rho = 11.31°$$

式 (5-6) より，

$$F_s = \frac{Wd_2}{2L}\tan(\rho + \beta)$$

$$= \frac{25 \times 10^3 \times 33.4}{2 \times 500}\tan(11.31° + 2.183°)$$

$$= 200\,\mathrm{N}$$

答 200 N

問2 有効径 40 mm，リード 6 mm の角ねじを使った，ハンドルの長さ 1 m のねじジャッキがある。これを使って 40 kN を持ち上げるとき，ハンドルに加える力を求めよ。ただし，ねじの静摩擦係数は 0.2 とする。

図 5-18 のように，ねじをスパナで締めるとすれば，ねじの摩擦だけではなく，ナットと座面の間の摩擦も考えなければならない。一般に，締付けねじを回す力のトルク T は，そのことも考えて，ねじの呼び径を d とすれば，次の式を用いている。

$$T = F_s L = 0.2dW \tag{5-7}$$

W：ねじに加わる荷重　d：ねじの外径（呼び径）

図 5-18 において，ねじの呼び径 $d = 10\,\mathrm{mm}$，スパナの有効長さを $L = 130\,\mathrm{mm}$ とすると，式 (5-6)，(5-7) から，

$$F_s = \frac{T}{L} = \frac{0.2d}{L}W = \frac{0.2\times10}{130}W = \frac{W}{65} \tag{5-8}$$

となり，スパナに加える力 F_s の約 65 倍の力 W でねじを締め付けていることになる。

❶経験的に $\mu ≒ 0.3$ とすることで式 (5-4) より求められた式。

第 5 章 ねじ

例題 2

呼び径 16 mm の締結用ねじを，有効長さ $L = 240$ mm のスパナに $F_s = 150$ N の力を加えて回すとき，ねじを締め付ける力 W を求めよ。また，ねじの締付け力はスパナに加えた力の何倍になるか。

解答 式 (5-8) より，

$$F_s = \frac{0.2d}{L}W$$

$$W = \frac{F_s L}{0.2d} = \frac{150 \times 240}{0.2 \times 16} = 11\,250 \text{ N}$$

$$= 11.3 \text{ kN}$$

$$倍率 = \frac{W}{F_s} = \frac{11250}{150} = 75$$

答 11.3 kN，75 倍

3 ねじの効率

ねじがした仕事とねじに加えた仕事との割合を**ねじの効率**[1]という。

図 5-15 でねじを 1 回転させて荷重 W を高さ l まで押し上げたとき，ねじのした仕事 Wl は，

$$Wl = W\pi d_2 \tan\beta$$

であり，ねじに加えた仕事は，式 (5-2) から，

$$F\pi d_2 = W\pi d_2 \tan(\rho + \beta)$$

である。したがって，ねじの効率 $\overset{\text{イータ}}{\eta}$ は次の式のようになる。

$$\eta = \frac{Wl}{F\pi d_2} = \frac{\tan\beta}{\tan(\rho + \beta)} \tag{5-9}$$

また，ねじが自然に緩むことのない条件は，$\beta \leqq \rho$ だから，$\beta = \rho$ として η を計算すると，式 (5-9) は次のようになる。

$$\eta = \frac{\tan\rho}{\tan 2\rho} = \frac{\tan\rho}{\dfrac{2\tan\rho}{1 - \tan^2\rho}} = \frac{1}{2} - \frac{1}{2}\tan^2\rho$$

$\tan\rho$ の値は 0 でないから，$\eta < 0.5$ である。すなわち，ねじが自然に緩むことのないようなねじの効率は，50 % 未満になる。

以上は，角ねじについて考えたものであるが，三角ねじは角ねじに比べ摩擦角が大きいため，さらに効率が下がる。したがって，運動用のねじには三角ねじは適さない。

問 3 有効径 27 mm，ピッチ 6 mm の一条ねじがある。静摩擦係数を 0.1 としたとき，このねじの効率を求めよ。

[1] efficiency of screw

[2] 付録 p.232 より，
$$\tan 2\rho = \frac{2\tan\rho}{1 - \tan^2\rho}$$

4 ねじの強さとボルトの大きさ

ボルトの大きさを決めるには，ボルトに働く力を仮定し，ボルトの材料の強さをもとにして決める。

ボルトに働く力としては，次のようなものが考えられる。

5　① ボルトの軸方向の荷重を受ける場合。

　② 軸方向の荷重とねじり荷重を同時に受ける場合。

　③ せん断荷重を受ける場合。

以上のそれぞれの場合について調べてみよう。

1 軸方向の引張荷重を受ける場合

10　図 5-20 のような鋼製フックに軸方向に引張荷重 W [N] が働いたとき，許容引張応力を σ_a [MPa] とすると，必要なねじの断面積 A [mm²] は，次の式で求められる。

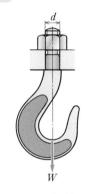

$$A = \frac{W}{\sigma_a}, \ A \leqq A_{s,\text{nom}} \quad (5\text{-}10)$$

15　ただし，表 5-1 のおねじの有効断面積 $A_{s,\text{nom}}$ [mm²] を超えてはならない。

▲図 5-20　鋼製フック

そこで，並目のねじを使うとすれば，ボルトの大きさ d [mm] は，有効断面積の値から求めることができる。

なお，ボルトの許容引張応力は，みがき棒鋼では，一般に次のような値にとる。

20　ボルトが上仕上げのとき　　$\sigma_a = 60 \, \text{MPa}$

　　ボルトが並仕上げのとき　　$\sigma_a = 48 \, \text{MPa}$

 3　図 5-20 のフックに最大 $W = 50 \, \text{kN}$ の荷重をつるすとき，フックのねじにはどのような大きさのものを選べばよいか。許容引張応力 $\sigma_a = 48 \, \text{MPa}$ とし，一般用メートル並目ねじ

25　を使うものとする。

[解答]　式 (5-10) より，

$$A_{s,\text{nom}} \geqq \frac{W}{\sigma_a} = \frac{50 \times 10^3}{48} = 1042 \, \text{mm}^2$$

表 5-1 で，$A_{s,\text{nom}}$ が 1042 mm² より大きく，最も近いのは

30　$A_{s,\text{nom}} = 1120 \, \text{mm}^2$ なので，M42 とする。　　**答** M42

問4 図 5-9(b)のような鋼製アイボルトで，70 kN の荷重を真上につり上げるために必要なねじ部の大きさを決めよ。ただし，許容引張応力は 48 MPa とし，一般用メートル並目ねじを使うものとする。

● 2 軸方向の荷重とねじり荷重を同時に受ける場合

一般に，締付けボルトやねじジャッキのねじ棒は，軸方向の荷重とねじり荷重を同時に受ける。このような場合には，ねじりによる応力は垂直応力の $\dfrac{1}{3}$ 程度であるとみなして，軸方向の荷重の $\dfrac{4}{3}$ 倍の荷重が軸方向にかかるものとして計算することが多い。

式 (5-10) の W を $\dfrac{4}{3}W$ とすれば，軸方向の荷重とねじり荷重を同時に受ける場合のボルトの大きさは，次の式から求められる。

$$A = \frac{\dfrac{4W}{3}}{\sigma_a} = \frac{4W}{3\sigma_a}, \quad A \leq A_{s,\text{nom}} \tag{5-11}$$

ただし，表 5-1 のおねじの有効断面積 $A_{s,\text{nom}}\,[\text{mm}^2]$ を超えてはならない。

例題 4 $W = 7\,\text{kN}$ の荷重が加わる締付けボルトには，どのくらいの大きさのねじを選べばよいかを求めよ。ただし，ボルトの許容引張応力を $\sigma_a = 60\,\text{MPa}$ とし，一般用メートル並目ねじを使うものとする。

....

解答 締付けによって，ボルトがねじりも受けるとすれば，式 (5-11) より，

$$A_{s,\text{nom}} = \frac{4W}{3\sigma_a} = \frac{4 \times 7 \times 10^3}{3 \times 60} = 156\,\text{mm}^2$$

表 5-1 で，$A_{s,\text{nom}}$ が 156 mm² より大きく，最も近いのは $A_{s,\text{nom}} = 157\,\text{mm}^2$ なので，M16 とする。　　**答** M16

問5 円筒形容器のふたに，内部から 7.5 kN の荷重が加わるものとし，このふたを 6 本のボルトで締め付けるとき，ボルトの呼び径をいくらにしたらよいかを求めよ。ただし，ボルトの許容引張応力を 48 MPa とし，一般用メートル並目ねじを使うものとする。

● 3 せん断荷重を受ける場合

図 5-21 のように，ボルトで締め付けられた 2 枚の板が，平面に平行な方向に荷重 $W\,[\text{N}]$ で引っ張られている。この場合，一般には 2 枚の接触している板の摩擦力で耐えるように設計する。

しかし，最悪の場合は，せん断によりボルトは破壊する。ボルトの

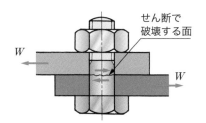

▲図 5-21　軸線に直角方向の荷重を受けるボルト

許容せん断応力を τ_a [MPa] とすれば，せん断破壊しないボルトの外径 d [mm] は，次のようになる。

$$\tau_a = \frac{W}{\dfrac{\pi}{4}d^2} = \frac{4W}{\pi d^2}, \quad d = \sqrt{\frac{4W}{\pi \tau_a}} \qquad (5\text{-}12)$$

　ボルトにせん断応力が生じる場合は，荷重をボルトのねじ部で受け
5　ないように注意しなければならない。❶

　一般のボルト締めでは，ボルトと**取付穴**❷の間にすき間を設ける。しかし，ボルトに大きなせん断荷重が働く場合やボルトによって位置決めをしたい場合には，**リーマボルト**❸などを用いてすき間がないようにする。

10　**問 6**　図 5-21 で荷重 W が 7 kN の場合，せん断破壊しないで使用できるボルトを選べ。ただし，許容せん断応力を $\tau_a = 42$ MPa とする。

❶ 2 枚の板の合わせ面（せん断破壊する位置）にねじ部がないようにする。
❷ JIS B 1001：1985 参照。

❸ reamer bolt；リーマ（穴の直径を精度よく仕上げる切削工具）によって加工した穴にしっくりはめ込み，ずれ止めの役目も担うボルト。

5　ねじのはめあい長さ

1　締結用ねじ

　おねじとめねじのはまりあう山数が少ないと，ねじ山は，図 5-22 の
15　ように，せん断破壊されることがある。❹図 5-23 のように，ねじ込み部の長さ L をねじの**はめあい長さ**という。はめあい長さはねじ山に生じるせん断応力によって決まる。JIS では，ナットの高さはボルトの呼び径 d のおよそ 0.8～1 倍としている。❺

❹ おねじまたはめねじのいずれか一方が破壊する。

❺ JIS B 1181：1997 参照。

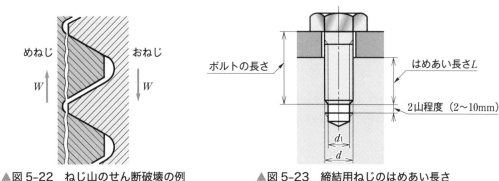

▲図 5-22　ねじ山のせん断破壊の例　　　　▲図 5-23　締結用ねじのはめあい長さ

押さえボルト・植込みボルトのねじのはめあい長さLは，ボルトの外径をdとすると，ねじ穴の材質によって，次のようにする。

軟鋼・鋳鋼・青銅では　　$L = d$

鋳鉄では　　　　　　　　$L = 1.3d$

軽合金では　　　　　　　$L = 1.8d$

めねじのねじ穴の深さには，図5-23のように，さらに2山くらいの余裕をもたせる。

● 2　運動用ねじ

工作機械のテーブルの送りなどに使われる運動用ねじの，はめあい長さは，ねじ山の接触面に生じる圧力，ねじ山に生じるせん断応力などによって決める。

図5-24において，ねじ山が一様に接触しているとすれば，たがいに接触しているねじ山の接触面積A [mm²]は，

$$A \fallingdotseq \frac{\pi}{4}(d^2 - D_1^2)z$$

d：おねじの外径 [mm]　　D_1：めねじの内径 [mm]

z：たがいに接触しているねじ山の数

となる。これに荷重W [N]が働くとき，ねじの許容面圧をq [MPa][1]とすると，

$$W \leqq qA = q\frac{\pi}{4}(d^2 - D_1^2)z$$

となり，たがいに接触しているねじ山の数は，次の式から求められる。

$$z \geqq \frac{4W}{\pi q(d^2 - D_1^2)} \tag{5-13}$$

[1]面圧が大きくなると，接触面を破損するおそれがある。

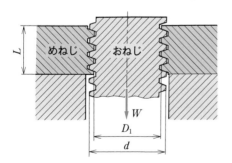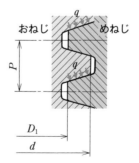

▲図5-24　運動用ねじのはめあい長さ

表5-2に運動用ねじの許容面圧を示す。

また，ねじのピッチをP [mm]，ねじのはめあい長さをL [mm]とすると，$L = zP$となり，Lは，式(5-13)から次のように表される。

$$L \geqq \frac{4WP}{\pi q(d^2 - D_1^2)} \tag{5-14}$$

▼表 5-2　運動用ねじの許容面圧 q

材　料　おねじ		鋼				
めねじ	青　銅	鋳　鉄	青　銅	鋳　鉄	青　銅	
滑り速度 [m/min]	低速	3.0 以下	3.4 以下	6.0～12.0		15.0 以下
許容面圧 q [MPa]	18～25	11～18	13～18	6～10	4～7	1～2

（日本機械学会編「機械工学便覧　新版」による）

6　ねじの緩み止め

　機械の振動や衝撃などによってねじが緩んで締付け力が低下すると，機械が危険な状態になる。これを防ぐ緩み止めは大変重要である。

　締結用ボルトとナットは，適当な強さに締めてあれば，たがいのねじ面に圧力（面圧）が働き，摩擦によって自然には緩まない。しかし，この面圧が小さくなれば，摩擦力が小さくなり，緩みやすくなる。ねじが緩むのは，振動や衝撃などが原因となることが多い。したがって，緩みを防止するには，この圧力を維持したり，ボルトとナットの相対的な運動が起こらないようにしたりする方法をとる。

　また，使用中にナットが左まわりの力を受けているところに，右ねじのナットを使うと自然に緩む傾向があるので，そのような場合には，左ねじを用いて緩むことを防ぐようにする。

1　座金による方法

　図 5-25 は，緩み止めとして用いられるおもな**座金**である。ばね座金は，たがいのねじ面に働く圧力を，ばねの力でつねに加えている。

❶washer

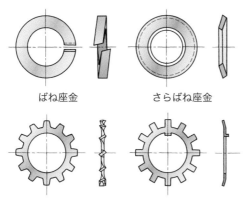

ばね座金　　　　　　　さらばね座金

歯付き座金（外歯形）　軸受用座金（舌を曲げた形式）

▲図 5-25　緩み止めの座金の例

2　ピン・小ねじによる方法

　図5-26は，ピンや小ねじ
を使って固定する方法である。
　ピンや小ねじを使って固定
することで，ボルトとナット
の相対的な運動が起こらない
ようにしている。

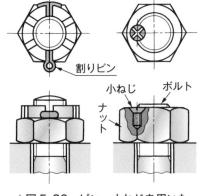

▲図5-26　ピン・小ねじを用いた
緩み止め

3　ロック座金方式

　図5-27は，ボルトやナットの下面と，母材の面
にくさびがあたるようになっている**ロック座金方
式**である。ボルトが締められるとき，このくさび
が母材にくい込む。振動や衝撃を受けると，くさ
びがみずからボルトを固定するように締め付けら
れる方式である。

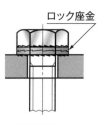

▲図5-27
ロック座金方式

4　ダブルナット方式

　図5-28は，ダブルナット方式である。まず，ナットBを締めたあと
で，ナットAを締める。次に，Aを締めたままBを少し緩めてAとB
がたがいに強く押し合うようにすると，AとBにはまりあっているね
じ面に大きな面圧が生じて摩擦力が増え，緩みにくくなる。ボルトに
加わる荷重は，ナットAで受け持つため，ナットBは**低ナット**❶を用い
てもよい。

❶ナットの高さが低いナッ
トをいう。

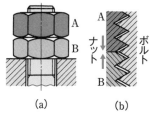

(a)　　　(b)

▲図5-28　ダブルナット方式

5 偏心ナットによる方式

図5-29は，偏心ナットを利用した緩み止めである。ボルトの軸線に対して偏心したテーパ部分をもつ下ナットBに，偏心していないテーパ穴をもつ上ナットAを強く締める。テーパ部がくさびとなって半径方向に大きな力が生じ，ねじ面の摩擦力が増えて緩みにくくなる。

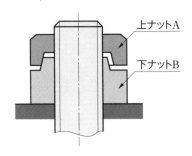

▲図5-29　偏心ナットを用いた方式

節末問題

1　大きさが10mmのボルトを，有効長さ150mmのスパナで150Nの力を加えて回すときの締め付ける力を求めよ。

2　有効径が14.7mmでピッチが2mmのねじをもつボルトを用いて，15kNの力で2枚の板を締め付けたい。有効長さ500mmのスパナを用いるとき，必要となる力を求めよ。ただし，ねじの静摩擦係数を0.1とする。

3　図5-30のような豆ジャッキが持ち上げることができる荷重の大きさを求めよ。ただし，おねじはM16で鋼製，めねじはねじ部の長さ25mmで鋳鉄製，許容面圧は15MPaとする。

M16

25

▲図5-30

4　M24の一般用メートル並目ねじにおいて，静摩擦係数を0.2としたとき，このねじの効率を求めよ。

5　ねじジャッキに 5 kN の荷重が作用しているとき，ハンドルを回す力とねじの効率を求めよ。ただし，ハンドルの長さを 500 mm，ねじの有効径を 40 mm，リードを 4 mm，静摩擦係数を 0.2 とする。

6　図 5-31 のような一般用メートルねじ（並目）を用いたターンバックル[1]に 6 kN の引張り力が加わるとき，ねじの呼びとねじのはめあい長さ L を求めよ。ただし，ねじには軸方向の力だけが働き，許容引張応力を 45 MPa，許容面圧を 12 MPa とする。

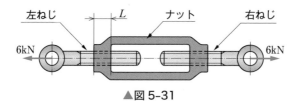

左ねじ　　　L　　　ナット　　　右ねじ

6kN　　　　　　　　　　　　　　　6kN

▲図 5-31

7　M20 の一般用メートル並目ねじをもつ運動用鋼製ねじ棒にはまりあう鋳鉄製ナットの長さ L を求めよ。ただし，軸方向に加わる荷重は 10 kN，ねじの許容面圧は 13 MPa とする。

8　荷重 14 kN が加わる図 5-20 のような鋼製フックをつくりたい。ねじ部の太さを求めよ。ただし，許容引張応力は 60 MPa とし，一般用メートル並目ねじを使うものとする。

9　内圧 0.8 MPa，内径 300 mm の円筒形圧力容器を設計したい。ふたの周囲を 10 本のボルトで止めるとき，その太さを求めよ。ただし，ボルトの許容引張応力を 48 MPa とし，ボルトには，一般用メートル並目ねじを使用し，気密を保つため内圧の 2 倍の力が作用するものとする。

[1]turnbuckle；一方のねじが右ねじ，他方のねじが左ねじになっていて，ナットを回すことによって両側の索（つな）や鉄製の棒などを引っ張ったり緩めたりする器具をいう。

Challenge
最も新しい技術や特徴のある，ねじの緩み止めの方法について調べよ。

第|6|章

1 軸
2 キー・スプライン
3 軸継手

軸・軸継手

　機械の動力や運動は，一般に回転運動によって伝えられることが多い。回転運動を伝える最も基本的な機械要素が軸である。軸の設計では，軸が破壊しないようにすると同時に，軸がねじれすぎないようにする。また，軸と回転部品，軸と軸をつなぐ機械要素が，キーや軸継手である。

　この章では，軸の直径はどのように決めればよいだろうか，回転部品を軸に取りつけるにはどのようにすればよいだろうか，軸と軸などをつなぐにはどうすればよいだろうか，などについて調べる。

　かつて鉄道で，走行中に貨物の車軸が折損する事故が続出したことがあった。一台一台の貨車について運行記録を調べたところ，事故の発生したのは運行キロ数の大きい貨車にかぎられていることが判明した。車軸の疲労が原因であることがこれで推定され，さらに技術上の検査からもこれが立証されたのである。以来，疲労破壊を起こすことのない車軸に順次とりかえてこんにちにいたっている。

　軸は，機械の心臓部である。太すぎず細すぎず，最適の太さに設計して，精密に製作されなければならない。

プロペラシャフト →

1 軸

節

トラックのプロペラシャフトは，エンジンの回転を車輪（タイヤ）に伝えるために使用している。

ここでは，軸にはどのような種類があるか調べてみよう。また，軸にかかる力を考えて，強さや必要な直径を求めてみよう。軸が回転などを伝えるために，必要な部品にはどのようなものがあるか調べてみよう。

トラックのプロペラシャフト▶

1 軸の種類

軸[1]は，その使用目的などによって，さまざまな形状のものがあり，およそ次のように分類することができる。

1 断面形状による分類

軸は，断面の形状によって分類すると，次のようになる。

●**円形断面**　断面が管状の**中空丸軸**[2]と断面が詰まっている**中実丸軸**[3]とがあり，最も一般的な形状である。

●**その他**　断面形状が，正方形や I 形などのものもある。

2 受ける荷重による分類

軸が受ける荷重によって分類すると，次のようになる。

▼表 6-1　受ける荷重による軸の分類

受ける荷重	軸	使用目的
おもにねじりを受ける軸	**伝動軸**[4]	動力伝達をおもな目的とする回転軸である。
	主軸[5]	主動力を伝える回転軸。変形が少ない精度の高い回転軸である。
	スピンドル[6]	高速回転し，回転精度がきわめて高い回転軸である。工作機械では，主軸として用いられることがある。
おもに曲げを受ける軸	**車軸**[7]	貨車などの車体を支える軸で，車輪と一体となって回転する軸と，固定軸のまわりに車輪が回転するものとがある（図 6-1(a)）。
ねじり・曲げ・引張り・圧縮などを同時に 2 種類以上受ける軸	**プロペラシャフト**[8]	船舶や航空機，自動車などで動力を伝える軸である（図 6-1(b)）。推進軸ともいう。
	クランク軸[9]	内燃機関の往復運動を回転運動にする軸である（図 6-1(c)）。クランクシャフトともいう。
	たわみ軸[10]	ねじり剛性は高いが，曲げ剛性は低くたわみやすい軸。軸方向を自由に変えられるため，小動力の伝達用や計測器などに用いられる（図 6-1(d)）。

[1]shaft

10

[2]hollow round shaft
[3]solid round shaft
[4]transmission shaft
[5]main shaft
[6]spindle
[7]axle
[8]propeller shaft
[9]crank shaft
[10]flexible shaft

15

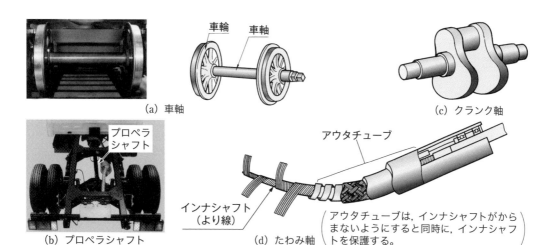

(a) 車軸 　　　　　　　　　　　　　　　　　　(c) クランク軸

車輪　車軸

アウタチューブ

プロペラ
シャフト

インナシャフト
（より線）

(b) プロペラシャフト　　　　　　　(d) たわみ軸

アウタチューブは，インナシャフトがから
まないようにすると同時に，インナシャフ
トを保護する。

▲図 6-1　おもな軸の種類

3　軸線による分類

　軸の中心線がどのような状態にあるかによって軸を分類すると，次
のようになる。

●**真直軸**　　**真直軸**[しんちょく]は，一般に使われるまっすぐな軸である。

5 ●**クランク軸**　　**クランク軸**は，中心軸がコの字形に曲がっている軸
である。コの字形部のクランクにより直線運動を回転運動に変換した
り，また，その逆の変換をしたりするために使われる軸である。

●**たわみ軸**　　**たわみ軸**は，伝動軸にたわみ性をもたせ，軸の向きを
ある程度自由にかえられる小動力用の軸である。

❶straight shaft；車軸な
どが含まれる（図 6-1(a)）。

10 ## 2　軸設計上の留意事項

　軸の設計にあたっては，その使用目的に応じて，次のような点に留
意しなければならない。

●**強　さ**　　軸は，ねじり・曲げのほか，引張・圧縮などの荷重を受
ける。さらに，それらの荷重は組み合わされて軸に加わる場合もある。
15 したがって，軸の内部に複雑な応力が生じるため，これらの応力にじ
ゅうぶんに耐えられるように設計する必要がある。また，疲労や衝撃
に対しても安全であるようにする。

●**応力集中**　　キー溝・段のついた軸などでは，応力集中が生じる。
そのため，切欠付近の寸法を大きくしたり，段のついた軸のすみを丸
20 めたりして，応力集中を小さくする必要がある。

第
6
章
軸・軸継手

●**変　形**　　軸の使用目的によっては，じゅうぶんな強さがあっても
いろいろな故障を起こす場合がある。たとえば，軸のねじれが大きす
ぎると振動が起こりやすく，工作機械などでは，作業上ふつごうが生
じる。ねじれすぎや振動などを起こさないで回転を伝えるためには，
軸のたわみやねじれなどの変形をおさえる必要がある。変形のしにく
さを**剛性**といい，剛性を考慮した設計を**剛性設計**という。軸の変形が
ある程度以上になると，軸受に無理な力が加わったり，その軸に取り
つけた歯車のかみ合いが不正確になって，歯の破損や騒音を生じたり
するので，軸に大きなたわみが生じないようにする必要がある。

❶p.121，p.132 参照。

●**振　動**　　軸は，ある回転速度になると，急に異常な振動を起こし，
ときには軸が破壊することもある。このときの回転速度を**危険速度**と
いい，電動機・蒸気タービン・内燃機関などの高速回転の軸に生じや
すい。これを防止するには，回転速度を危険速度に近づけないように
するか，振動防止の対策を考える必要がある。

❷critical speed

●**腐食・摩耗**　　軸の腐食や摩耗が激しいことが予想される場合には，
材質が適切なものを選んだり，さびにくくする処理やめっきなどの表
面処理を施す必要がある。

●**材料の選択**　　一般の軸には，炭素含有量が $0.1 \sim 0.4\%$ 程度の冷
間引抜き棒鋼をそのまま使用することが多い。また，高速回転する軸
や大荷重を受ける軸には，構造用合金鋼の熱間圧延材を機械加工し，
熱処理を施して使用する。

❸S45C では，0.45% の炭
素を含む鋼である。

3　軸の強さと軸の直径

　軸の直径は，軸が受ける荷重や軸の断面形状などを考慮して求める。
軸が受ける荷重としては，次のようなものが考えられる。

①　伝動軸のように，ねじりだけを受ける場合

②　車軸のように，曲げだけを受ける場合

③　クランク軸や船舶・航空機の駆動軸などのように，ねじりと曲
　　げなど，同時に 2 種類以上の力を受ける場合

　軸の直径は，おもに強さから求めるが，使用する条件によっては，
変形を考える必要もある。いずれの場合でも，軸の直径は，その軸が
受ける荷重に耐えられるようにし，JIS で定められた表 6-2 の軸の直
径から選んで決定する。なお，軸の直径を，たんに**軸径**ともいう。

▼表6-2　軸の直径　　　　　　　　　　　　　　　　　　　　　[単位 mm]

			22□*	35.5○	55□*	71○*
			22.4○		56□*	75□*
				38*		80○□*
7□*		14○*	24*	40○□*	60□*	85□*
7.1○		15□	25○○□*			90○□*
	10○○□*	16○*		42*	63○*	95□*
8○○□*		17□	28○○□*			
	11*	18○*	30□*	45○○*		
9○○□*	11.2○	19*	31.5○			
			32□*	48*		
				50○○□*	65□*	
	12□*					
	12.5○	20○○□*	35*		70□*	

注　○印は JIS Z 8601 (標準数❶) による。
　　□印は JIS B 1512 (転がり軸受の主要寸法) の軸受内径による。
　　＊印は JIS B 0903 (円筒軸端) の軸端の直径による。

❶「新訂機械要素設計入門
2」の付録 p.244 参照。

(JIS B 0901 : 1977 から抜粋)

● 1 　軸に作用する動力とねじりモーメント

伝動軸は，ねじりを受けるため，軸に作用する動力とねじり
モーメント (トルク)❷ との関係について，まず調べてみよう。

図6-2のように，ねじりモーメント T [N·mm] を受け，角
速度 ω [rad/s] で回転している軸を考える。

点Bから B′ までの仕事 A [J] は，

$$A = F \times \widehat{BB'} = F\frac{d}{2}\theta = T\theta \,[\text{N·mm}] = \frac{T\theta}{1 \times 10^3} \text{❸} \quad (\text{a})$$

である。また，点Bから B′ までの時間を t [s]，回転速度を
n [min⁻¹] とすると，式(2-29), (2-31)❹ から，角速度 ω [rad/s] は，

$$\omega = \frac{\theta}{t} = \frac{2\pi n}{60} \quad (\text{b})$$

である。伝達動力(軸が伝える動力) P [W] は，式(2-52)❺ および上の
式(a), (b)から，次のようになる。

$$P = \frac{A}{t} = \frac{T\theta}{t \times 10^3} = T\frac{2\pi n}{60 \times 10^3} \fallingdotseq 1.05 \times 10^{-4} Tn \quad (6\text{-}1)$$

また，ねじりモーメント T は，次のようになる。

$$T = \frac{60 \times 10^3}{2\pi n} P \fallingdotseq 9.55 \times 10^3 \frac{P}{n} \quad (6\text{-}2)$$

すなわち，伝達動力 P は回転速度 n とねじりモーメント T に比例
し，また，ねじりモーメントは伝達動力に比例し，回転速度に反比例
することがわかる。

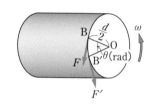

d：軸の直径 [mm]
θ：回転角 [rad]
F, F'：円周に接する方向の力 [N]

▲図6-2　ねじりモーメントと動力

❷伝動軸ではねじりモーメ
ントをトルクということが
多い。
❸仕事 A [J] ＝ N·m のた
め $T\theta$ を 1×10^3 で割る。
❹p.43, p.44 参照。
❺p.62 参照。

例題 1　動力 $P = 10\,\mathrm{kW}$ を回転速度 $n = 200\,\mathrm{min}^{-1}$ で伝達している軸が受けるねじりモーメント $T\,[\mathrm{N\cdot mm}]$ を求めよ。

解答　式 (6-2) より，

$$T = 9.55 \times 10^3 \frac{P}{n} = 9.55 \times 10^3 \times \frac{10 \times 10^3}{200}$$

$$= 478 \times 10^3\,\mathrm{N\cdot mm}$$

答　$478 \times 10^3\,\mathrm{N\cdot mm}$

問 1　$2.5\,\mathrm{kW}$ の動力を回転速度 $300\,\mathrm{min}^{-1}$ で伝達している軸が受けるねじりモーメントを求めよ。

2　ねじりだけを受ける軸

●ねじりモーメントから求める軸の直径

中実丸軸：中実丸軸の直径を $d\,[\mathrm{mm}]$，許容ねじり応力を $\tau_a\,[\mathrm{MPa}]$，極断面係数を $Z_p\,[\mathrm{mm}^3]$ とする。軸に許容されるねじりモーメント $T\,[\mathrm{N\cdot mm}]$ は，式 (3-33) と表 3-10 から $T = \tau_a Z_p$，$Z_p = \dfrac{\pi d^3}{16}$ であり，

$$T \leqq \tau_a Z_p = \tau_a \frac{\pi d^3}{16}$$

となる。この式から，d は次のようになる。

$$d \geqq \sqrt[3]{\frac{16T}{\pi \tau_a}} \fallingdotseq \sqrt[3]{\frac{5.09\,T}{\tau_a}} \tag{6-3}$$

中空丸軸：外径 $d_2\,[\mathrm{mm}]$，内径 $d_1\,[\mathrm{mm}]$ の中空丸軸の場合は，$\dfrac{d_1}{d_2} = k$ とおいて，表 3-10 から，

$$Z_p = \frac{\pi}{16} \cdot \frac{d_2{}^4 - d_1{}^4}{d_2} = \frac{\pi}{16} d_2{}^3 (1 - k^4)$$

となる。したがって，d_2 は次のようになる。

$$d_2 \geqq \sqrt[3]{\frac{16T}{\pi \tau_a (1 - k^4)}} \fallingdotseq \sqrt[3]{\frac{5.09\,T}{\tau_a (1 - k^4)}} \tag{6-4}$$

例題 2　ねじりモーメント $T = 35\,\mathrm{N\cdot m}$ を受ける中実丸軸の直径 $d\,[\mathrm{mm}]$ を求めよ。ただし，許容ねじり応力 $\tau_a = 25\,\mathrm{MPa}$ とする。

解答　$35\,\mathrm{N\cdot m}$ は $35 \times 10^3\,\mathrm{N\cdot mm}$ であるから，式 (6-3) より，

$$d \geqq \sqrt[3]{\frac{5.09\,T}{\tau_a}} = \sqrt[3]{\frac{5.09 \times 35 \times 10^3}{25}} = 19.2$$

したがって，表 6-2 から $20\,\mathrm{mm}$ を選ぶ。

答　$20\,\mathrm{mm}$

問 2　ねじりモーメント $1\,000\,\mathrm{kN\cdot mm}$ を受ける中実丸軸の許容ねじり応力を $30\,\mathrm{MPa}$ としたら，直径をいくらにすればよいか。

❶p.176 参照。

❷p.131 参照。

❸キー溝があると応力集中が発生する。そのため，キー溝がある軸では，τ_a のかわりに $0.75\tau_a$ を用いることがある。

❹$d_1 = k \cdot d_2$ であるから，
$$Z = \frac{\pi}{16} \cdot \frac{d_2{}^4 - (k \cdot d_2)^4}{d_2}$$
$$= \frac{\pi}{16}(d_2{}^3 - k^4 d_2{}^3)$$
$$= \frac{\pi}{16} d_2{}^3 (1 - k^4)$$

❺安全を考えて計算された値より大きめにする。

例題 3　鋼製の中空丸軸がねじりモーメント $T = 680\,\text{N·m}$ を受けるとき，$k = 0.6$ として内径 d_1 と外径 d_2 の寸法を求めよ。ただし，許容ねじり応力 $\tau_a = 35\,\text{MPa}$ とする。

解答　$680\,\text{N·m}$ は $680 \times 10^3\,\text{N·mm}$ だから，式 (6-4) より，

$$d_2 \geqq \sqrt[3]{\frac{5.09\,T}{\tau_a(1-k^4)}} = \sqrt[3]{\frac{5.09 \times 680 \times 10^3}{35 \times (1-0.6^4)}} = 48.4\,\text{mm}$$

表 6-2 から外径 $d_2 = 50\,\text{mm}$ とすると，$\dfrac{d_1}{d_2} = k$ だから，

$$d_1 = kd_2 = 0.6 \times 50 = 30\,[\text{mm}]$$

答 内径 $30\,\text{mm}$，外径 $50\,\text{mm}$

問 3　ねじりモーメント $850\,\text{N·m}$ を中空丸軸が受けるとき，$k = 0.55$ として，内径 d_1 と外径 d_2 の寸法を求めよ。ただし，許容ねじり応力を $\tau_a = 20\,\text{MPa}$ とする。

問 4　外径 $80\,\text{mm}$，内径 $70\,\text{mm}$ の鋼製で中空の軸がねじりモーメント $1.2\,\text{kN·m}$ を受けているとき，最大のねじり応力を求めよ。

●**伝達動力から求める軸の直径**　伝達動力から軸の直径を求める場合は，次のようにする。

動力 $P\,[\text{W}]$ を回転速度 $n\,[\text{min}^{-1}]$ で伝達するときのねじりモーメント $T\,[\text{N·mm}]$ は，式 (6-2) で求める。これを式 (6-3)，(6-4) に代入すると，$d\,[\text{mm}]$ および $d_2\,[\text{mm}]$ は，次のようになる。

中実丸軸：$d \geqq \sqrt[3]{\dfrac{16\,T}{\pi\tau_a}} = \sqrt[3]{\dfrac{16 \times 60 \times 10^3}{\pi\tau_a \times 2\pi n}P} \fallingdotseq 36.5\sqrt[3]{\dfrac{P}{\tau_a n}}$　(6-5)

中空丸軸：$d_2 \geqq \sqrt[3]{\dfrac{16\,T}{\pi\tau_a(1-k^4)}} = \sqrt[3]{\dfrac{16 \times 60 \times 10^3}{\pi\tau_a(1-k^4)2\pi n}P}$

$$\fallingdotseq 36.5\sqrt[3]{\frac{P}{\tau_a(1-k^4)n}}$$　(6-6)

 例題 4　動力 $P = 3\,\text{kW}$ を回転速度 $n = 1200\,\text{min}^{-1}$ で伝達する中実丸軸の直径 d を求めよ。ただし，許容ねじり応力 $\tau_a = 25\,\text{MPa}$ とする。

解答　式 (6-5) より，

$$d \geqq 36.5\sqrt[3]{\frac{P}{\tau_a n}} = 36.5\sqrt[3]{\frac{3 \times 10^3}{25 \times 1200}} = 16.9\,\text{mm}$$

表 6-2 から $18\,\text{mm}$ を選ぶ。　　　　　　　　**答** $18\,\text{mm}$

問 5　$20\,\text{kW}$ の動力を回転速度 $200\,\text{min}^{-1}$ で伝える中実丸軸の直径を求めよ。ただし，許容ねじり応力は $20\,\text{MPa}$ とする。

問 6　直径 $20\,\text{mm}$ の軸が，$4\,\text{kW}$ の動力を回転速度 $800\,\text{min}^{-1}$ で伝達しているとき，中実丸軸に生じるねじり応力を求めよ。

3 曲げだけを受ける軸

曲げだけを受ける軸は，円形断面のはりとして扱う。

中実丸軸：軸の直径を d [mm]，許容曲げ応力を σ_a [MPa]，断面係数を Z [mm³] とすると，軸に許容される曲げモーメント M [N·mm] は，式 (3-27) と表 3-7 より，$M = \sigma_a Z$，$Z = \dfrac{\pi d^3}{32}$ だから，

❶p.116 参照。

$$M \leqq \sigma_a Z = \sigma_a \frac{\pi d^3}{32}$$

となる。軸の直径 d は，上式から次のようになる。

$$d \geqq \sqrt[3]{\frac{32M}{\pi \sigma_a}} \fallingdotseq \sqrt[3]{\frac{10.2M}{\sigma_a}} \tag{6-7}$$

中空丸軸：外径 d_2 [mm]，内径 d_1 [mm] の中空丸軸の場合は，表 3-7 より，

$$Z = \frac{\pi}{32} \cdot \frac{d_2^4 - d_1^4}{d_2}$$

となる。ここで，$\dfrac{d_1}{d_2} = k$ とすると，

$$Z = \frac{\pi}{32} d_2^3 (1 - k^4)$$

となるので，

$$M \leqq \sigma_a \frac{\pi}{32} d_2^3 (1 - k^4)$$

この式から，d_2 は次のようになる。

$$d_2 \geqq \sqrt[3]{\frac{32M}{\pi \sigma_a (1 - k^4)}} \fallingdotseq \sqrt[3]{\frac{10.2M}{\sigma_a (1 - k^4)}} \tag{6-8}$$

 例題 5　$M = 60$ N·m の曲げモーメントを受ける中実丸軸の直径 d を求めよ。ただし，許容曲げ応力 $\sigma_a = 45$ MPa とする。

解答　式 (6-7) より，

$$d \geqq \sqrt[3]{\frac{10.2M}{\sigma_a}} = \sqrt[3]{\frac{10.2 \times 60 \times 10^3}{45}} = 23.9 \text{ mm}$$

したがって，表 6-2 から 24 mm とする。　**答** 24 mm

問 7　図 6-3 に示す滑車の取りつけ長さ l が 200 mm で，滑車が最大荷重 800 N を受けるとき，中実丸軸の直径を求めよ。ただし，許容曲げ応力は 50 MPa とする。

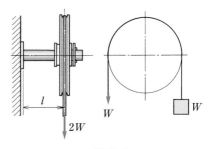

▲図 6-3

第6章　軸・軸継手

4 ねじりと曲げを受ける軸の直径

軸がねじりモーメント T [N·mm] と曲げモーメント M [N·mm] を同時に受けるときは，ねじりモーメントだけを受ける場合と等しい効果を与えるような**相当ねじりモーメント**[1] T_e [N·mm]，または，曲げモーメントだけを受ける場合と等しい効果を与えるような**相当曲げモーメント**[2] M_e [N·mm] を考える。

この場合は，次式によって，相当ねじりモーメント T_e と相当曲げモーメント M_e に換算する。

$$\left.\begin{array}{l} T_e = \sqrt{M^2 + T^2} \\[2mm] M_e = \dfrac{M + \sqrt{M^2 + T^2}}{2} = \dfrac{M + T_e}{2} \end{array}\right\} \quad (6\text{-}9)$$

ねじりだけを受ける場合の式 (6-3)，(6-4) の T に T_e を代入すれば，軸の直径 d [mm] および d_2 [mm] は，次のようになる。

$$\left.\begin{array}{l} \textbf{中実丸軸：} d \geqq \sqrt[3]{\dfrac{16 T_e}{\pi \tau_a}} \fallingdotseq \sqrt[3]{\dfrac{5.09 T_e}{\tau_a}} \\[4mm] \textbf{中空丸軸：} d_2 \geqq \sqrt[3]{\dfrac{16 T_e}{\pi \tau_a (1 - k^4)}} \fallingdotseq \sqrt[3]{\dfrac{5.09 T_e}{\tau_a (1 - k^4)}} \end{array}\right\} \quad (6\text{-}10)$$

また，曲げだけを受ける場合の式 (6-7)，(6-8) の M に M_e を代入すると，次式が得られる。

$$\left.\begin{array}{l} \textbf{中実丸軸：} d \geqq \sqrt[3]{\dfrac{32 M_e}{\pi \sigma_a}} \fallingdotseq \sqrt[3]{\dfrac{10.2 M_e}{\sigma_a}} \\[4mm] \textbf{中空丸軸：} d_2 \geqq \sqrt[3]{\dfrac{32 M_e}{\pi \sigma_a (1 - k^4)}} \fallingdotseq \sqrt[3]{\dfrac{10.2 M_e}{\sigma_a (1 - k^4)}} \end{array}\right\} \quad (6\text{-}11)$$

式 (6-10) と式 (6-11) から求めた d または d_2 のうち，大きいほうを採用する。

一定の向きの曲げを受ける軸が回転する場合は，半回転ごとに曲げ応力の向きが逆になる。すなわち，両振の応力となるため，疲労現象を起こしやすい。

 6
図 6-4 で $W = 400$ N，$l = 500$ mm，$r = 300$ mm のとき，軸の直径 d を求めよ。ただし，許容曲げ応力 $\sigma_a = 50$ MPa，許容ねじり応力 $\tau_a = 25$ MPa とする。

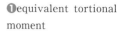

[1] equivalent tortional moment

[2] equivalent bending moment

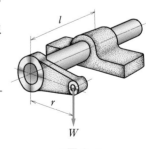

▲図 6-4

解答 ねじりモーメント T と曲げモーメント M は,

$$T = Wr = 400 \times 300 = 120 \times 10^3 \,\text{N·mm}$$

$$M = Wl = 400 \times 500 = 200 \times 10^3 \,\text{N·mm}$$

相当ねじりモーメント T_e,相当曲げモーメント M_e は式 (6-9) より,

$$T_e = \sqrt{M^2 + T^2} = \sqrt{200^2 + 120^2} \times 10^3$$

$$= 233.2 \times 10^3 \,\text{N·mm}$$

$$M_e = \frac{M + T_e}{2} = \frac{200 + 233.2}{2} \times 10^3$$

$$= 216.6 \times 10^3 \,\text{N·mm}$$

相当ねじりモーメントによる軸の直径は,式 (6-10) より,

$$d \geqq \sqrt[3]{\frac{5.09 T_e}{\tau_a}} = \sqrt[3]{\frac{5.09 \times 233.2 \times 10^3}{25}}$$

$$= 36.2 \,\text{mm}$$

相当曲げモーメントによる軸の直径は,式 (6-11) より,

$$d \geqq \sqrt[3]{\frac{10.2 M_e}{\sigma_a}} = \sqrt[3]{\frac{10.2 \times 216.6 \times 10^3}{50}}$$

$$= 35.4 \,\text{mm}$$

大きいほうの値 36.2 mm をとり,表 6-2 から 38 mm を選ぶ。　**答** 38 mm

問 8 図 6-5 のような片持クランク軸の軸の直径 d を求めよ。許容ねじり応力 35 MPa,許容曲げ応力 50 MPa,$F = 3\,\text{kN}$,$l = 100\,\text{mm}$,$r = 200\,\text{mm}$ とする。

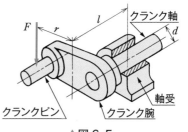

▲図 6-5

5　中実丸軸と中空丸軸の直径の比較

同じ材質の中実丸軸の直径と中空丸軸の外径を比べてみると,次のような関係がある。

中空丸軸の外径を d_2 [mm],内径を d_1 [mm],そして $\dfrac{d_1}{d_2} = k$ とし,これと等しいねじり強さの中実丸軸の直径を d [mm] とすれば,式 (6-5),(6-6) より,

$$\frac{d}{d_2} = \sqrt[3]{1 - k^4}$$

となる。したがって,直径 d は次のようになる。

$$d = d_2 \sqrt[3]{1 - k^4} \tag{6-12}$$

なお,曲げ強さの等しい中実丸軸と中空丸軸の関係も同様になる。

図 6-6 は,ねじり強さと曲げ強さの等しい中実丸軸と,中空丸軸の外径の比および断面積の比を示す。このように,中空丸軸は,中実丸軸と比べて重さの軽減とはなるが,製作費がかさむため,とくに必要

な場合のほかは用いられない。

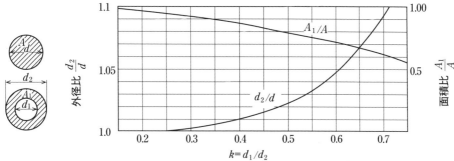

例 中実丸軸で直径40mmのものをk=0.5の中空丸軸にすると，図から，$\dfrac{d_2}{d}$=1.022である。

したがって，d_2=1.022×40=40.9mmとなり，およそ外径41mm，内径20.5mmとなる。

また，図から$\dfrac{A_1}{A}$=0.78であるから，断面積は中実丸軸の78%である。

▲図6-6　等しいねじり強さ（曲げ強さ）の中実丸軸と中空丸軸の比較

 7

直径 $d = 100$ mm の中実丸軸と等しいねじり強さをもつ
外径 $d_2 = 105$ mm の中空丸軸の内径 d_1 を求めよ。また，こ
のときの断面積 A_1 は中実丸軸の何%になるかを求めよ。

解答　式 (6-12) より，$\dfrac{d^3}{d_2{}^3} = 1 - k^4$　したがって，

$$k = \sqrt[4]{\frac{d_2{}^3 - d^3}{d_2{}^3}} = \sqrt[4]{\frac{105^3 - 100^3}{105^3}} = 0.6074$$

$$d_1 = d_2 k = 105 \times 0.6074 = 63.8 \fallingdotseq 64\ \text{mm}$$

また，

$$\frac{A_1}{A} = \frac{d_2{}^2 - d_1{}^2}{d^2} = \frac{105^2 - 64^2}{100^2} = 0.693 = 69.3\%$$

答 64 mm，69.3%

別解　$\dfrac{d_2}{d} = \dfrac{105}{100} = 1.05$

図6-6より，$k = 0.61$，したがって，

$$d_1 = d_2 k = 105 \times 0.61 = 64\ \text{mm}$$

$k = 0.61$ のとき，

$$\frac{A_1}{A} = 0.7 = 70\%$$

答 64 mm，70%

問 9　外径 80 mm，内径 40 mm の中空丸軸と等しいねじり強さをもつ中実
丸軸の直径を求めよ。

問 10　7.5 kW の動力を回転速度 400 min^{-1} で伝達する中実丸軸の直径を求
めよ。ただし，許容ねじり応力を 20 MPa とする。また，この軸と同一材料で同じ
強さの外径 42 mm の中空丸軸の内径を求めよ。この中空丸軸と中実丸軸の断面
積の比を求めよ。

6 軸の剛性

軸の曲げやねじりによる変形が大きいと，軸受や歯車などに無理な力が加わったり，振動や騒音の原因にもなって，機械は正常な運転ができなくなる。

●**曲げ剛性**　図6-7のように，中央に集中荷重 W [N] を受ける軸の最大のたわみ $\delta_{\max}$ [mm] を考えてみよう。

❶A点におけるはりへの接線とABのなす角 α を**たわみ角**という。

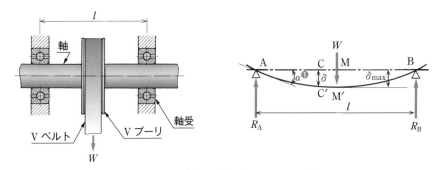

▲図6-7　中央に集中荷重を受ける軸

第3章で学んだように，単純支持ばりとみなして，式(3-29)と表3-8より，次のようになる。

❷p.121参照。

❸表3-8から，中央に集中荷重を受ける場合は，$\beta = \dfrac{1}{48}$ となる。

$$\delta_{\max} = \frac{Wl^3}{48EI}$$

W：荷重 [N]　　l：スパン [mm]　　E：縦弾性係数 [MPa]

I：断面二次モーメント [mm⁴]

軸の変形は，軸受や歯車などには好ましくないため，たわみが大きくならないように軸径を求めることもある。その場合は，軸の長さ 1 m についてのたわみ量 δ [mm] や軸受でのたわみ角 α [rad] を制限する。たとえば，歯車が取りつけられた伝動軸では，正常なかみ合いをさせるため，経験上たわみ量を 0.35 mm 以下，または，たわみ角を $\dfrac{1}{1\,000}$ rad 以下とすることが多い。

●**ねじり剛性**　第3章で学んだように，ねじりモーメント T [N·mm] を受ける軸端のねじれ角 θ [°] は，式(3-37)から次のようになる。

❹p.132参照。

❺[rad] を [°] に変換する。

$$\theta = \frac{180}{\pi} \times \frac{Tl}{GI_p}$$

l：軸の長さ [mm]　　G：横弾性係数 [MPa]

I_p：断面二次極モーメント [mm⁴]

表 3-10 の $I_p = \dfrac{\pi d^4}{32}$ を上式に代入すると，次のようになる。

$$\theta = \frac{180}{\pi} \times \frac{Tl}{G\frac{\pi d^4}{32}}$$

ねじれ角を θ [°] 以下におさえる軸の直径 d [mm] は，次のように
なる。

$$d \geqq \sqrt[4]{\frac{180}{\pi^2} \times \frac{Tl \times 32}{G\theta}} \fallingdotseq 4.92\sqrt[4]{\frac{Tl}{G\theta}} \qquad (6\text{-}13)$$

動力 P [W] を回転速度 n [min^{-1}] で伝える軸の直径 d は，式 (6-13)
に式 (6-2) を代入して，次のようになる。

$$d \geqq \sqrt[4]{\frac{180}{\pi^2} \times \frac{60 \times 10^3}{2\pi n}P \times \frac{l \times 32}{G\theta}} \fallingdotseq 48.6\sqrt[4]{P \times \frac{l}{Gn\theta}} \quad (6\text{-}14)$$

経験上，伝動軸では許容ねじれ角を軸の長さ 1 m あたり $\dfrac{1}{4}^{\circ}$[1] 以内
にすることが多い。1 m あたりの許容ねじれ角を $\dfrac{1}{4}^{\circ}$ とするときの軸
の直径 d は，式 (6-14) に $\theta = \dfrac{1}{4}^{\circ}$，$l = 1000$ mm を代入して，

$$d \geqq 48.6\sqrt[4]{P \times \frac{1000}{Gn \times \frac{1}{4}}} \fallingdotseq 387\sqrt[4]{\frac{P}{nG}} \qquad (6\text{-}15)$$

軸は，ほとんど鋼製である。鋼製の軸では，式 (6-15) は
$G = 82$ GPa として次のようになる。[2]

$$d \geqq 387\sqrt[4]{\frac{P}{n \times 82 \times 10^3}} \fallingdotseq 22.9\sqrt[4]{\frac{P}{n}} \qquad (6\text{-}16)$$

したがって，伝動軸の直径は，ねじり強さからは式 (6-5)，ねじり剛
性からは式 (6-14)，または式 (6-15)，(6-16) で計算し，大きいほうを
採用する。

[1] 変動荷重を受ける軸では $\dfrac{1}{4}^{\circ}$ 以内，普通静荷重用の軸では $\dfrac{1}{3}^{\circ}$ 以内とすることが多い。

[2] p.80，表 3-1 参照。

第

6

章 軸・軸継手

例題 **8**

$P = 15\,\mathrm{kW}$ の動力を回転速度 $n = 280\,\mathrm{min^{-1}}$ で伝える鋼製の中実丸軸の直径 $d\,[\mathrm{mm}]$ を求めよ。ただし，横弾性係数 $G = 82\,\mathrm{GPa}$，許容ねじり応力 $\tau_a = 25\,\mathrm{MPa}$,，許容ねじれ角は $1\,\mathrm{m}$ につき $\dfrac{1}{4}^{\circ}$ とする。

・・・

解答 ねじり強さによる軸の直径は，式 (6-5) より，

$$d \geqq 36.5\sqrt[3]{\frac{P}{\tau_a n}} = 36.5\sqrt[3]{\frac{15 \times 10^3}{25 \times 280}} = 47.1\,\mathrm{mm}$$

ねじり剛性は，$1\,\mathrm{m}$ あたりの許容ねじれ角が $\dfrac{1}{4}^{\circ}$ だから，式 (6-16) より，

$$d \geqq 22.9\sqrt[4]{\frac{P}{n}} = 22.9\sqrt[4]{\frac{15 \times 10^3}{280}} = 62.0\,\mathrm{mm}$$

大きいほうの値 $62.0\,\mathrm{mm}$ をとり，表 6-2 から $63\,\mathrm{mm}$ を選ぶ。　　　　　**答** $63\,\mathrm{mm}$

問 11 回転速度 $200\,\mathrm{min^{-1}}$ で $10\,\mathrm{kW}$ を伝達する鋼製の中実丸軸の直径を求めよ。許容ねじれ角は $1\,\mathrm{m}$ につき $\dfrac{1}{4}^{\circ}$，許容ねじり応力 $\tau_a = 27\,\mathrm{MPa}$ とする。

節末問題

1 $30\,\mathrm{kW}$ の動力を回転速度 $800\,\mathrm{min^{-1}}$ で伝達する中実丸軸の直径を求めよ。ただし，軸の許容ねじり応力を $20\,\mathrm{MPa}$ とする。

2 $30\,\mathrm{kW}$ の動力を回転速度 $250\,\mathrm{min^{-1}}$ で伝達する中実丸軸の直径を求めよ。ただし，許容ねじり応力を $20\,\mathrm{MPa}$，横弾性係数を $82\,\mathrm{GPa}$ とし，ねじれ角は長さ $1\,\mathrm{m}$ について $\dfrac{1}{4}^{\circ}$ とする。

3 $15\,\mathrm{kW}$ の動力を回転速度 $150\,\mathrm{min^{-1}}$ で伝達する外径 $60\,\mathrm{mm}$ の中実丸軸の長さ $1\,\mathrm{m}$ あたりのねじれ角は何度か。ただし，横弾性係数を $82\,\mathrm{GPa}$ とする。

4 軸径 $50\,\mathrm{mm}$ の中実丸軸で，$30\,\mathrm{kW}$ の動力を伝えたい。回転速度をどの程度にすればよいか求めよ。ただし，降伏点が $250\,\mathrm{MPa}$ の軟鋼で，安全率を 10 とし，横弾性係数を $82\,\mathrm{GPa}$，また，ねじれ角は $1\,\mathrm{m}$ について $\dfrac{1}{4}^{\circ}$ 以内とする。

Challenge

工作機械で使用されている軸を例にあげながら，どのような荷重を受けているか，実際に直径を計測して，構造や強度について話し合ってみよう。

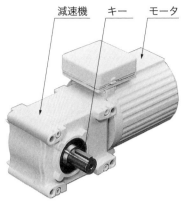

2 節 キー・スプライン

多くの機械は，モータなどから得た回転運動を使って目的に応じた動きをする。回転やトルクは，たがいに円形の軸と歯車やプーリの軸穴を介して伝達する。

5　　軸や歯車などが，たがいに滑らないようにするにはどうしたらよいか。

ここでは，キーの種類やスプラインなどによる回転運動を伝えるしくみを調べてみよう。

減速機付きモータ▶

1 キー

キーは，軸継手や歯車のような部品を軸に取りつけるのに使われ，

10　鋼または合金鋼でつくられるが，ふつう，軸の材質より少しかたい材料を用いる。

❶key；キーやピン (p.193) は，過大なねじりモーメントを軸が受けたとき破壊して，軸や機械の損傷を防ぐ役割をもっている。

❷hub；軸を貫通させる穴とその周囲をハブという。

1 おもなキーの種類とその用途

図 6-8 にキーの種類と特徴を示す。

キーの材料には，引張強さ $\sigma_B \geqq 600$ MPa の炭素鋼などを用い，許

15　容せん断応力 τ_a が 30〜40 MPa のものを選ぶことが多い。

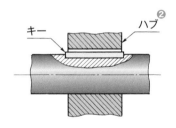

軸とハブにキー溝を設け，キーを取りつける。軸上をハブが移動しないときに用いる。最も広く用いられている。

(a) ねじ用穴なし平行キー

こう配 $\frac{1}{100}$　　　　　　　こう配 $\frac{1}{100}$

こう配キー　　　　　　　頭付きこう配キー

軸のキー溝は軸心に平行，ハブのキー溝をキーのこう配（1/100）にあわせる。軸とハブをかたく固定するときに用いる。

(b) こう配キー

固定ねじ用穴
抜きねじ用穴

ハブを軸方向に滑らせるときに用いる。

(c) ねじ用穴付き平行キー

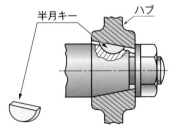

キーの傾きが自動的に調整されるのでハブを押し込みやすい。テーパ軸端に用いられることが多い。

(d) 半月キー

▲図 6-8　キーの種類と用途

第 **6** 章 軸・軸継手

2　キーの寸法

キーおよびキー溝の寸法は，表6-3のように，軸の直径に応じて決められている。

キーの長さは，ふつう，ハブの長さに等しくなるが，ハブの長さが軸の直径より短い場合や，キーに大きな荷重が加わる場合には，キーに生じる応力が許容応力以下になるようにキーの寸法を決める。

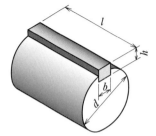

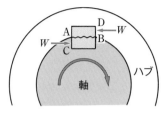

AB：せん断面　　AC, BD：圧縮面

▲図6-9　キーの受ける力

図6-9に示すように，軸とハブにキーをはめあわせ，動力を伝えようとする場合，キーはせん断力を，キー溝の側面は圧縮力を受ける。

キーがせん断力を受ける場合，軸の直径を d [mm]，キーの幅を b [mm]，長さを l [mm]，せん断応力を τ [MPa] とすると，キーが受けるせん断荷重 W [N] は

$$W = \tau bl \tag{6-17}$$

となり，キーの断面積 bl [mm²] に加わる。キーの伝えるねじりモーメントは $T = W\dfrac{d}{2}$ [N·mm] だから，キーに生じるせん断応力は，次のようになる。

$$\tau = \frac{W}{bl} = \frac{2T}{dbl} \tag{6-18}$$

また，キーの側面には圧縮荷重が加わるので，キーの高さを h [mm]，圧縮応力を σ_c [MPa] とすると，キーの側面に加わる荷重は $W = \sigma_c\dfrac{h}{2}l$ [N] となるから，キーの側面に生じる圧縮応力 σ_c は，次のようになる。

$$\sigma_c = \frac{2W}{hl} = \frac{4T}{dhl} \tag{6-19}$$

例題 9　図6-10のように直径 $d = 46$ mm の軸に幅 $b = 14$ mm，長さ $l = 70$ mm のキーで固定されている直径 $D = 420$ mm のプーリ[1]が，ベルト[2]に $F = 2.5$ kN の力を伝えている。このとき，キーに生じるせん断応力 τ を求めよ。

❶pulley；ベルトから受け取った動力を回転軸に伝達するための巻きかけ車のこと。詳しくは，「新訂機械要素設計入門2」の第10章で学ぶ。

❷belt；動力の伝達や運搬に用いられる帯状または紐状のもの。詳しくは，「新訂機械要素設計入門2」の第10章で学ぶ。

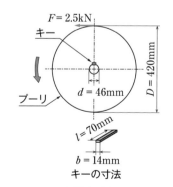

$F = 2.5$kN

キー

プーリ

$d = 46$mm

$D = 420$mm

$l = 70$mm

$b = 14$mm

キーの寸法

▲図6-10

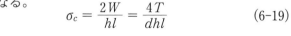

キーに加わるせん断荷重を W とすると，$F\dfrac{D}{2} = W\dfrac{d}{2}$ より，

$$W = \frac{D}{d}F = \frac{420}{46} \times 2.5 \times 10^3 = 22.83 \times 10^3$$

せん断応力 τ は，式 (6-18) より，

$$\tau = \frac{W}{bl} = \frac{22.83 \times 10^3}{14 \times 70} = 23.3\,\text{MPa}$$

答 23.3 MPa

▼表 6-3　平行キーの寸法例

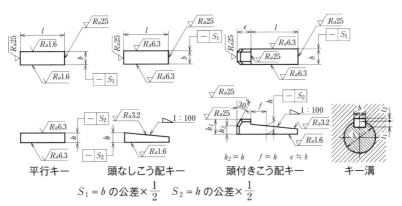

平行キー　　頭なしこう配キー　　頭付きこう配キー　　キー溝

$$S_1 = b\,\text{の公差} \times \frac{1}{2} \qquad S_2 = h\,\text{の公差} \times \frac{1}{2}$$

主要寸法　　　　　　　　　　　　　　　　[単位 mm]

キーの呼び寸法 $b \times h$	h の基準寸法 平行キー	こう配キー	h_1	$l^{①}$	t_1 の基準寸法	t_2 の基準寸法 平行キー	こう配キー	参考 適応する軸径 $d^{②}$
2×2	2		—	6〜 20*	1.2	1.0	0.5	6〜 8
3×3	3		—	6〜 36	1.8	1.4	0.9	8〜 10
4×4	4		7	8〜 45	2.5	1.8	1.2	10〜 12
5×5	5		8	10〜 56	3.0	2.3	1.7	12〜 17
6×6	6		10	14〜 70	3.5	2.8	2.2	17〜 22
(7×7)	7	7.2	10	16〜 80	4.0	3.3	3.0	20〜 25
8×7	7		11	18〜 90	4.0	3.3	2.4	22〜 30
10×8	8		12	22〜110	5.0	3.3	2.4	30〜 38
12×8	8		12	28〜140	5.0	3.3	2.4	38〜 44
14×9	9		14	36〜160	5.5	3.8	2.9	44〜 50
(15×10)	10	10.2	15	40〜180	5.0	5.3	5.0	50〜 55
16×10	10		16	45〜180	6.0	4.3	3.4	50〜 58
18×11	11		18	50〜200	7.0	4.4	3.4	58〜 65
20×12	12		20	56〜220	7.5	4.9	3.9	65〜 75
22×14	14		22	63〜250	9.0	5.4	4.4	75〜 85
(24×16)	16	16.2	24	70〜280	8.0	8.4	8.0	80〜 90
25×14	14		22	70〜280	9.0	5.4	4.4	85〜 95
28×16	16		25	80〜320	10.0	6.4	5.4	95〜110

注　以下 $b \times h = 100 \times 50$ まで規定されている。ただし，（ ）をつけた呼び寸法のものはなるべく使用しない。

① 　l は表の範囲内で次の中から選ぶ。6, 8, 10, 12, 14, 16, 18, 20, 22, 25, 28, 32, 36, 40, 45, 50, 56, 63, 70, 80, 90, 100, 110, 125, 140, 160, 180, 200, 220, 250, 280, 320, 360, 400。＊こう配キーは 6〜30。

② 　参考として示した適応する軸径は，一般の用途の目安を示したにすぎないものであって，キーの選択にあたっては，軸のトルクに対応してキーの寸法および材料を決めるのがよい。なお，キーの材料の引張強さは 600 MPa 以上でなければならない。 (JIS B 1301：2009 より作成)

問 12 直径 25 mm の軸に幅 8 mm, 長さ 45 mm のキーを使ってプーリを固定した。軸が受けるねじりモーメントを 160 N·m として, キーに生じるせん断応力を求めよ。

2 スプライン

スプライン[1]は, 図 6-11 のように, 軸の外側に多数の歯を設け, ハブの穴の歯溝にかみあわせてねじりモーメントを伝達する機械要素である。多数の歯がかみあっているため, キーよりも大きな動力を伝えることができ, また, ハブを軸に固定するだけでなく, 軸方向に滑らせることもできる。工作機械・自動車・ヘリコプタなどに広く用いられている。

スプラインは, 歯の断面が長方形の角形スプライン[2]とインボリュート歯形のインボリュートスプライン[3]がある。これらのスプラインには[4], 自動調心作用がある。
📖6-1

❶spline；キーを円周方向に数多く並べたものと考えてよい。

❷JIS B 1601：1996

❸詳しくは,「新訂機械要素設計入門 2」の p.40 で学ぶ。

❹JIS B 1603：1995

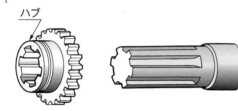

ハブ

▲図 6-11　角形スプライン

3 セレーション

セレーション[5]は, 図 6-12 のようにスプラインよりも細かい山形の歯からなる機械要素で, 細い軸にハブを固定する場合に用いる。

歯の形が三角形の三角歯セレーションとインボリュート歯形のインボリュートセレーションがある。

❺serration

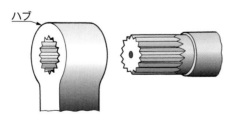

ハブ

▲図 6-12　三角歯セレーション

✎ Note📖 6-1　　自動調心
　スプライン軸にハブをはめあわせ, トルクを加えると, 両者の中心が自動的に一致する。このようになることを自動調心作用という。

4 フリクションジョイント

フリクションジョイント[1]は，図6-13のように，軸と回転部品を摩擦力により固定する機械要素である。軸にキー溝などの加工をしなくても使用できるという特徴がある。

5　図は，フリクションジョイントを用いて歯車を軸に取りつけた例である。クランピングボルトⓐを締めると，リングⓑが押され，シールリングⓒと容器ⓓで密封されたプラスチックなどの圧力媒体ⓔの圧力が増加し，ⓓが半径方向にふくらんで，軸と歯車が固定される。

[1]friction joint

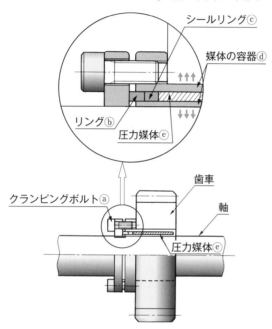

▲図6-13　フリクションジョイントの例

5 ピン

0　**ピン**は，ハンドルなどのようにあまり大きな力の加わらない部品の取りつけに用いられる。また，部品間のずれの防止，分解・組立をする部品の位置決めなどにも用いられる。

表6-4におもなピンの種類と用途を示す。

・軸継手

2節　キー・スプライン　193

▼表6-4 ピンの種類と用途

	平行ピン[1]	テーパピン[2]	割りピン[3]
各種ピン		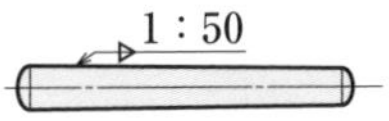 1:50	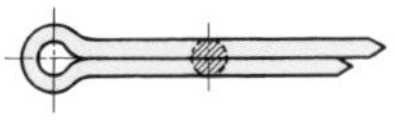
使用例	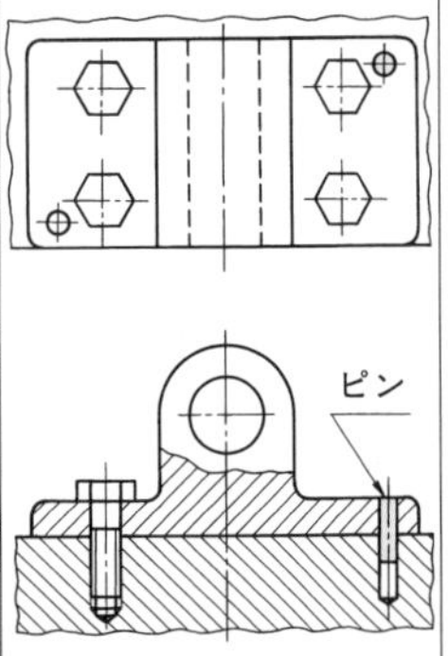	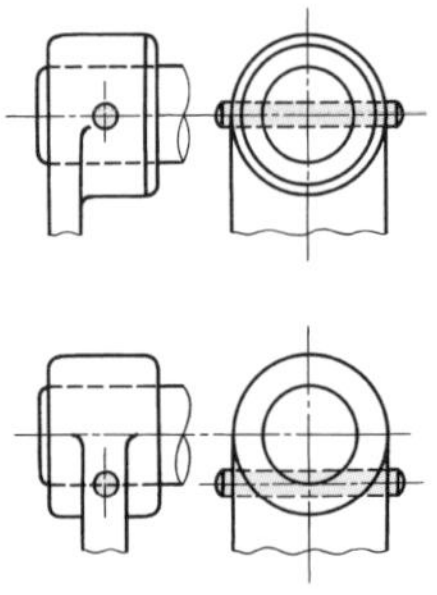	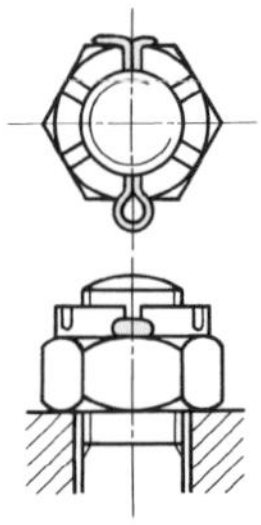 ピン
用途	位置決めなどに用いる。	精密な位置決め，ハブと軸との固定などに用いる。	部品の緩み止め，部品のはずれ防止などに用いる。

[1] JIS B 1354：2012
[2] JIS B 1352：2006
[3] JIS B 1351：1987

Challenge

　回転運動を伝達しているものは，実際にどのような機械要素(機械部品)を使って伝達しているのか，身近なものを例にあげ，話し合ってみよう。

3節 軸継手

フランジ形たわみ軸継手は，二本の軸をつなぐために用いられる。

ここでは，軸継手の種類や，どのような所に使用されているか調べてみよう。

5 また，使用条件から考えて，軸継手の選びかたや大きさの決めかたについても調べてみよう。

フランジ形たわみ軸継手▶

ブシュ　　ボルト

1 軸継手の種類

電動機で機械を直接動かす場合に使われるような，両方の軸を連結するものが**軸継手**である。また，機械の使用中に，2軸の連結を断続

10 したいときにはクラッチを用いるが，クラッチも軸継手の一種といえる。

❶shaft coupling

1 固定軸継手

固定軸継手は，2軸の軸線が一致しているときに用いられる軸継手である。図6-14のように，小径用の筒形軸継手と大径用の**フランジ**

15 **形固定軸継手**がある。フランジ形固定軸継手は，軸の両端をフランジに固定し，これをボルトで締め合わせたもので，最も一般的な軸継手である。

太い軸では，軸端を鍛造してフランジをつくりだし，これを**リーマ**
ボルトによって結合する，**鍛造フランジ軸継手**が使われる。

❷rigid shaft coupling

❸rigid flanged shaft coupling JIS B 1451：1991
❹ボルトの軸部を長くとり，軸部の寸法を厳密に管理したボルト。
❺forging flanged shaft coupling

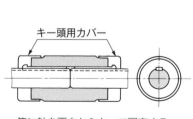

キー頭用カバー

筒に軸を両方からキーで固定する。細い軸に用いる。

（a）筒形軸継手

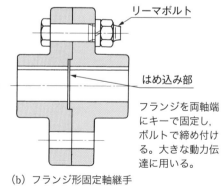

リーマボルト

はめ込み部

フランジを両軸端にキーで固定し，ボルトで締め付ける。大きな動力伝達に用いる。

（b）フランジ形固定軸継手

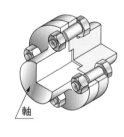

軸

（c）鍛造フランジ軸継手

▲図6-14　固定軸継手

第6章　軸・軸継手

2 たわみ軸継手

たわみ軸継手[1]は，2軸の軸線を一致させにくい場合や振動・衝撃を緩和したい場合などに用いる軸継手である。図6-15に，おもなたわみ軸継手を示す。

●flexible shaft
coupling

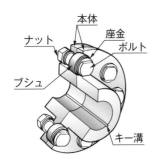

フランジ形軸継手の一方のフランジのボルト穴に，弾性に富んだブシュをはめて，これをなかだちとして軸を連結している軸継手である。したがって，軸心にわずかなずれがあってもさしつかえない。

(a) フランジ形たわみ軸継手

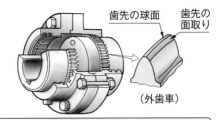

ギヤカップリングともいう。外筒の内歯車と円筒の外歯車がかみあう。外歯車に軸方向の丸みをつけ，軸が傾いてもよいようになっている。高速回転，大トルク用。

(b) 歯車形軸継手

星形ゴム軸継手（圧縮形）

タイヤ形ゴム軸継手（せん断形）

ゴムの弾性効果を利用し，騒音の防止・電気絶縁などの利点がある。耐久性に劣る。

(c) ゴム軸継手

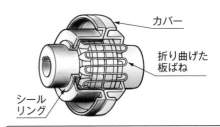

板ばね・コイルばね・ベローズなどをたわみ材として使用する。

(d) 金属ばね軸継手

チェーンとスプロケットとの間のすきまによって両軸心の不一致を吸収する。

(e) ローラチェーン軸継手

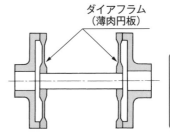

軽量であるが，高速回転や高負荷に対して強い。タービンやコンプレッサに用いられる。

(f) ダイアフラム形軸継手

▲図6-15 たわみ軸継手

3 オルダム軸継手

図6-16の**オルダム軸継手**[2]は，原動軸に平行で軸の中心がずれている従動軸に，原動軸の回転角を正確に伝える場合に用いられる軸継手である。ただし，高速回転には適さない。

●oldham's coupling

▲図6-16 オルダム軸継手

● 4 自在継手

　図 6-17 の軸継手は，自在継手または**ユニバーサルジョイント**[1]とよ ばれる。2 軸がある角度で交わる場合の軸継手として，自動車などに 用いられている。

[1]universal coupling, universal joint

5　図(a)において，原動軸と従動軸が α の角度で交わる場合，原動軸① が一定の角速度で回転しても，従動軸②の角速度が変化して回転むら が生じる。図(b)に，原動軸①の回転角に対する従動軸②の回転角を示 す。軸の交角 α が大きいと，従動軸の回転角に激しい変動が生じるた めに，一般に交角 α を 30° 以下にする。

10　図(c)のように，中間軸③を用いてそれぞれの軸の交わる角度 α を等 しくすると，原動軸の一定の角速度に対して中間軸の回転は変動する が，従動軸②の角速度は一定になる。

　図(a)に相当する自在継手として図 6-18(a)があり，図 6-17(c)に相当 する自在継手として，中間軸はないが，原動軸と従動軸の回転が等速 となる図 6-18(b)がある。

15　図 6-18(b)は，自動車用ステアリング装置のボールを使用した等速ジ ョイントである。

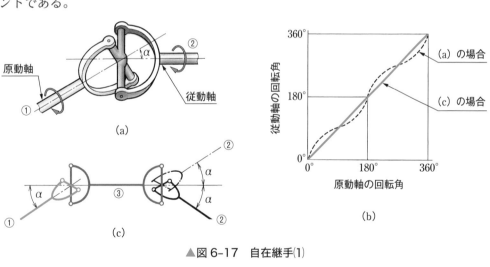

▲図 6-17　自在継手(1)

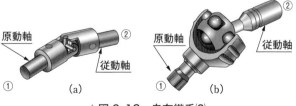

▲図 6-18　自在継手(2)

5 クラッチ

クラッチ[1]は，原動軸と従動軸を必要に応じて連結し，回転力を伝達するものである。一般に，機械的接触によるものが多いが，電磁力を利用した電磁クラッチもある。また，流体を媒体とする流体継手もクラッチの働きがある。

[1]clutch
詳しくは，「新訂機械要素設計入門２」の p.106 で学ぶ。

2 軸継手の設計

1 軸継手設計上の留意点

軸継手の設計にあたっては，その使用目的に応じて次のような点に留意する必要がある。

1) 取りつけ・取りはずしをしやすくする。

2) 強さの許すかぎり，小形・軽量にする。

3) 外部への突起がないようにする。突起があって危険なときは，カバーをつける。

4) なるべく軸受の近くに設ける。

2 フランジ形たわみ軸継手の設計

フランジ形たわみ軸継手は，伝達ねじりモーメント・軸の直径が決まれば，表 6-5 によって各部の寸法が決まる。強度上考慮すべきことは，継手ボルトの強さである。

 例題 10 $P = 15\,\mathrm{kW}$ の動力を回転速度 $n - 320\,\mathrm{min}^{-1}$ で伝達する軟鋼軸に用いるフランジ形たわみ軸継手の各部の寸法を決めよ。

────────────────────────────

[解答] 1) **軸の直径**　軸の許容ねじり応力 τ_a を $20\,\mathrm{MPa}$ とし，式 (6-5) から軸の直径 d を計算すると，

$$d \geqq 36.5\sqrt[3]{\frac{P}{\tau_a n}} = 36.5\sqrt[3]{\frac{15 \times 10^3}{20 \times 320}} = 48.5\,\mathrm{mm}$$

表 6-2 から軸の直径を $50\,\mathrm{mm}$ と決める。

2) **軸継手の寸法**　式 (6-2) から軸のねじりモーメント T を計算すると，

$$T = 9.55 \times 10^3 \times \frac{P}{n} = 9.55 \times 10^3 \times \frac{15 \times 10^3}{320}$$

$$= 448 \times 10^3\,\mathrm{N \cdot mm}$$

5

10

15

20

25

表 6-5 で伝達ねじりモーメントが 618 N·m の継手外径
250 mm のものを選ぶ。

継手外径が決まれば，表 6-3 によって各部の寸法を決める
ことができる。

▼表 6-5　フランジ形たわみ軸継手

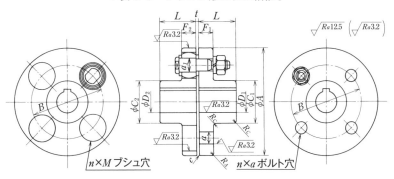

[単位 mm]

継手外径 A	伝達③ねじりモーメント T [N·m]	D			L	C		B	F		n①(個)	a	a_1	M	t②	参考	
		最大軸穴直径 D_1	D_2	(参考)最小軸穴直径		C_1	C_2		F_1	F_2						R_C(約)	R_A(約)
90	4.9	20		—	28	35.5		60	14		4	8	9	19	3	2	1
100	9.8	25		—	35.5	42.5		67	16		4	10	12	23	3	2	1
112	15.7	28		16	40	50		75	16		4	10	12	23	3	2	1
125	24.5	32	28	18	45	56	50	85	18		4	14	16	32	3	2	1
140	49	38	35	20	50	71	63	100	18		6	14	16	32	3	2	1
160	110	45		25	56	80		115	18		8	14	16	32	3	3	1
180	157	50		28	63	90		132	18		8	14	16	32	3	3	1
200	245	56		32	71	100		145	22.4		8	20	22.4	41	4	3	2
224	392	63		35	80	112		170	22.4		8	20	22.4	41	4	3	2
250	618	71		40	90	125		180	28		8	25	28	51	4	4	2
280	980	80		50	100	140		200	28	40	8	28	31.5	57	4	4	2
315	1 570	90		63	112	160		236	28	40	10	28	31.5	57	4	4	2
355	2 450	100		71	125	180		260	35.5	56	8	35.5	40	72	5	5	2
400	3 920	110		80	125	200		300	35.5	56	10	35.5	40	72	5	5	2
450	6 180	125		90	140	224		355	35.5	56	12	35.5	40	72	5	5	2
560	9 800	140		100	160	250		450	35.5	56	14	35.5	40	72	6	6	2
630	15 700	160		110	180	280		530	35.5	56	18	35.5	40	72	6	6	2

注　①　n は，ブシュ穴またはボルト穴の数である。
　　②　t は，組み立てたときの継手本体のすきまであって，継手ボルトの座金の厚さに相当する。
　　③　伝達ねじりモーメント T は参考値である。

(JIS B 1452：1991 による)

問 13　10 kW の動力を回転速度 450 min^{-1} で伝える軸に用いるフランジ形
たわみ軸継手の各部の寸法を決めよ。

1 　7.5 kWの動力を回転速度 400 min⁻¹ で伝える伝動軸がある。軸の許容ねじり応力を 20 MPa として，この軸の直径と伝達できるねじりモーメントを求めよ。また，フランジ形たわみ軸継手を選ぶとき，その継手外径はいくらか。

2 　20 kW の動力を回転速度 500 min⁻¹ で伝達する軟鋼軸に用いるフランジ形たわみ軸継手の継手外径を選定せよ。

3 　15 kW の動力を回転速度 250 min⁻¹ で伝達するフランジ形たわみ軸継手を設計せよ。必要事項は適宜定めて計算せよ。

軸受・潤滑

　軸受は，回転軸や車輪などを滑らかに回転させ，軸や軸に取りつけられた部品に加わる荷重や負荷，動力伝達にともなって生じる反力などを支える機械要素である。

　この章では，軸受にはどのような種類がありどのような特徴があるだろうか，強さ・寿命を満たす転がり軸受はどのように選ぶのだろうか，滑り軸受はどのように使ったらよいだろうか，直動する部品を支える転がり直動案内・滑り案内とはどのようなものだろうか，などについて調べる。

　旋盤も 17 世紀に入ると，円筒状に削れるだけでなく，正確な寸法に仕上げるという性能の向上がはかられるようになった。

　17 世紀に，シェルバンは，主軸端を円すい形にして軸方向に作用するアキシアル荷重と半径方向に作用するラジアル荷重を同時に受けられる構造にした。

　18 世紀に入ると，ガイスラーは，主軸端が円筒と円すいからなる軸受を考案した。

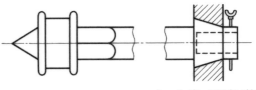

シェルバンの円すい軸受

ガイスラーの軸受

1節 軸受の種類

写真は横フライス盤のアーバを支える軸受である。

軸受は回転運動や往復運動する部分を支え，滑らかな運動を行わせる重要な機械要素である。

ここでは，軸受にはどのような種類があるか調べてみよう。

フライス盤の軸受▶

1 軸　受

回転する軸を支える部分を**軸受**という。軸受は，軸に加わる荷重を支えるとともに，軸を滑らかに回転させたり，位置を決めたりする重要な役目をもっている。

❶bearing
；**ベアリング**ともいう。

2 軸受の分類

1 接触のしかたによる分類

軸受は軸との接触状態から分類すると，軸受と軸が滑り接触をしている**滑り軸受**と，軸受と軸の間に入れられた玉やころによって転がり接触をしている**転がり軸受**に分けられる。

滑り軸受と転がり軸受には，表7-1のような特徴があるので，目的に応じてその特徴を生かす使いかたをする。

❷sliding bearing
❸rolling bearing

▼表7-1　滑り軸受と転がり軸受の特徴

分　類	荷　重	回転速度	始動摩擦	振動・騒音	潤滑剤	メンテナンス	構　造
滑り軸受	衝撃・重荷重に適する。	高速に適し，速度限界は上昇温度により決まる。	大	比較的小	主として油潤滑。	比較的むずかしい。	構造は簡単であるが，高度の加工技術を要する。任意の寸法の軸受をつくることができる。
転がり軸受	衝撃荷重に不適。	高速域の速度限界は，許容回転速度によって与えられる。	小	比較的大	主としてグリース潤滑。	容易。	構造は複雑であるが，規格化され量産されている。滑り軸受より幅が狭く，外径が大きい。

2 荷重の加わりかたによる分類

軸受は，軸に加わる荷重の方向から分類すると，次のように分けられる。

● **ラジアル軸受**　**ラジアル軸受**[1]は，軸の軸線に垂直に加わる荷重（**ラジアル荷重**[2]）を支える軸受である（図 7-1）。

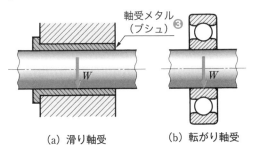

(a) 滑り軸受　　(b) 転がり軸受

▲図 7-1　ラジアル軸受

● **スラスト軸受**　**スラスト軸受**[4]は，軸の軸方向に加わる荷重（**スラスト荷重**[5]）を支える軸受である（図 7-2）。

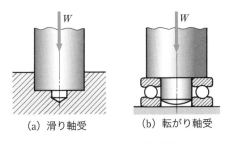

(a) 滑り軸受　　(b) 転がり軸受

▲図 7-2　スラスト軸受

軸に接する軸受の接触面は，ふつう円筒面になっているが，円すい面や球面になっているものもある。図 7-3 のように，軸受面の形状が円すい面の軸受を**円すい軸受**[6]といい，垂直方向の荷重 W_1 と軸方向の荷重 W_2 を支えることができる。また，図 7-4 のように，軸受面が球面の軸受を**球面軸受**[7]といい，任意の方向に軸を傾けることができる。

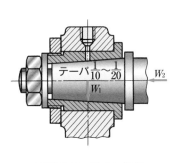

テーパ $\frac{1}{10} \sim \frac{1}{20}$

▲図 7-3　円すい軸受

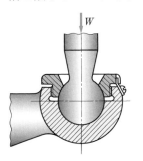

▲図 7-4　球面軸受

[1] radial bearing
[2] radial load；軸の軸方向に対して，垂直な方向をラジアル方向とよび，この方向に加わる荷重を**ラジアル荷重**という。

[3] bush；穴に挿入する金属からなる円筒状の部品。軸受として用いられている。

[4] thrust bearing
[5] thrust load
；**アキシアル荷重**ともいう。

[6] cone bearing

[7] spherical bearing

3 直動軸受（リニア軸受）

　転がり軸受の半径を無限大にすれば，直線運動する軸受になる。このような軸受を**直動軸受**❶（**リニア軸受**）という。図7-5(a)は，鋼球が転がりながら循環して，直線運動する循環式直動玉軸受である。図(b)は，剛性を高め精度も向上させた**転がり直動案内**（**リニアガイド**）である。

❶linear bearing

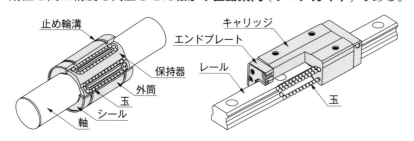

(a)　直動玉軸受　　　　　　　　(b)　直動案内
▲図7-5　循環式直動玉軸受

　直動軸受は，図7-6の**滑り案内**❷に比べると，摩擦係数が小さく取りつけ・取りはずしが容易である。そのため，工作機械や測定機などさまざまな機械で，直線（往復）運動するテーブルなどの案内に使われている。

❷回転用の滑り軸受と同様に，ひじょうに高い精度を要求する機械などには，滑り案内や静圧案内が用いられる。振動に対する減衰能力にすぐれているなども特徴になっている。
❸gib；すきまを調整するくさびのようなもの。

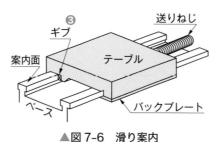

▲図7-6　滑り案内

Challenge
　身の回りにある機械の軸受には，どのような軸受があるかを調べてみよう。

2節 滑り軸受

紀元前 3000 年，現在の中東地域にあたる場所で使用された牛がけん引する二軸四輪車には，木軸と木軸受の滑り軸受が使われていた。現在も同様の構造である滑り軸受が多くの機械に使われている。

ここでは，滑り軸受の用途や材質について調べてみよう。

焼結含油軸受▶

1 滑り軸受の種類

滑り軸受には，支える荷重の違いによって，図 7-7 のように，ラジアル軸受やスラスト軸受などがある。

軸受に接触している軸の部分を**ジャーナル**❶という。

❶journal

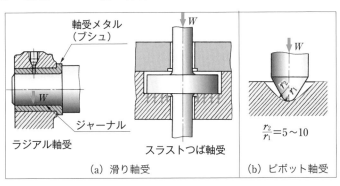

(a) 滑り軸受 (b) ピボット軸受

$\dfrac{r_2}{r_1} = 5 \sim 10$

▲図 7-7　滑り軸受の種類

1 ラジアル軸受

ラジアル軸受は，軸の軸線に垂直（半径方向）に加わる荷重（ラジアル荷重）を支える滑り軸受で，**ジャーナル軸受**❷ともいう。一般に，軸や軸受の摩耗を防ぐため，交換が容易な図 7-8 のような**軸受メタル**❸を用いる。軸受メタルのおもな材料を表 7-2 に示すが，次のような性質が要求される。

① 熱伝導がよく，焼き付きにくい。

② 疲労に対する強さや圧縮に対する強さが大きい。

③ 摩擦や摩耗が少ない。

④ 耐食性❹がよい。

❷journal bearing
❸bearing metal
❹腐食しにくさの程度（性能）。

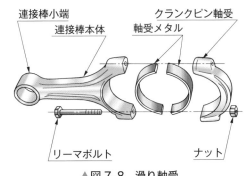

▲図 7-8　滑り軸受

第7章 軸受・潤滑

軸受メタルのかわりに，グラファイト（黒鉛）やプラスチック（フェノール樹脂・ナイロン・ふっ素樹脂など）などの非金属材料も用いられる。これらの材料は，熱伝導が悪く変形しやすいなどの欠点があるので，低速・軽荷重用軸受に用いられる。

▼表7-2　滑り軸受用金属材料

軸受材料	硬　さ HBW[1]	軸の最小 硬さ HBW	最大許容 圧力 p_a [MPa]	最高許容 温度 [℃]
砲　金	50～100	200	7～20	200
黄　銅	80～150	200	7～20	200
りん青銅	100～200	300	15～60	250
Sn 基ホワイトメタル	20～30	< 150	6～10	150

（日本機械学会編「機械工学便覧 新版」より作成）

簡単な軸受では，図7-9のようなブシュを用いる。ブシュには，軸受メタルでつくられた単純なもの，裏金にそれをライニング[2]したもの，または，軸受メタルをはりつけた板材を筒形にしたものなどがある。

図7-10はラジアル軸受の例である。その本体は上下に分割でき，二つ割りまたは三つ割りの軸受メタルを用い，ジャーナルとのすきまが調整できるようにしてある。すきまの調整は，軸受メタルの合わせ目にわずかのすきまをつくり，薄い黄銅板のはさみ金を入れて行う。

特殊な軸受メタルとして含油軸受[3]がある。多孔質材料（焼結金属やプラスチックなど）でつくったものに潤滑油をしみ込ませたもので，無給油軸受（オイルレスベアリング）[4]ともいわれる。使用中の温度上昇によって，軸受材料の内部にしみ込んだ油がしみ出て，潤滑する。家庭用電気機器など，低速・軽荷重・常温状態で利用され，高速・重荷重・高温には適さない。

[1]HBW はブリネル硬さを表す。表示は 100 HBW のようにする。

[2]lining；腐食・摩耗などの防止のために，部品の内側に他の材料をはりつけること。

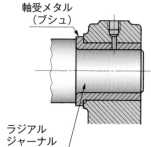

軸受メタル（ブシュ）

ラジアルジャーナル

▲図7-9　ラジアル軸受

[3]oil retaining bearing
[4]oilless bearing；給油間隔を長くとることができる軸受である。給油をしなくてもよいという意味ではない。

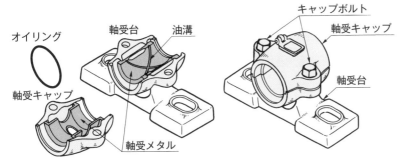

▲図7-10　オイリング式ラジアル軸受

2　スラスト軸受

　スラスト軸受は，軸の軸方向に加わる荷重（スラスト荷重）を支える滑り軸受である。縦方向の荷重を支える立て軸には，**うす軸受**と**ピボット軸受**が使われる。図7-11(a)に，軸端を青銅製のメタルで受けるうす軸受を示す。計器や時計などのように非常に小さな荷重を支える軸には，図(b)のようなピボット軸受が使われる。軸端は先を丸めた円すい形で，軸受も底を丸めた円すい形のくぼみとし，軸受材料にはりん青銅・鋼・宝石などが使われる。

❶footstep bearing
❷pivot bearing

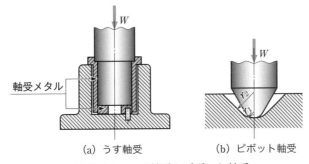

(a) うす軸受　　(b) ピボット軸受

▲図7-11　うす軸受とピボット軸受

　また，横方向の荷重を支える場合には，一般に，図7-12のような**スラストつば軸受**が用いられる。

❸collar bearing

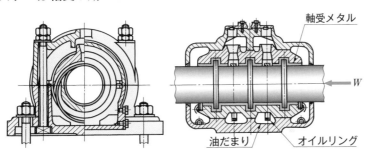

▲図7-12　スラストつば軸受

第**7**章　軸受・潤滑

2 滑り軸受のしくみ

滑り軸受には，しくみの違いによって，動圧軸受・静圧軸受・磁気軸受などがある。

1 動圧軸受

図7-13のように内径Dの軸受と直径dの軸とのすきまに潤滑油が入っている滑り軸受を考える。静止状態では，図(a)のようにジャーナルは，軸受下部に接触している。

軸が回転をはじめてある速さ以上になると，図(b)のように潤滑油が回転する軸の表面との摩擦によって，軸と軸受のくさび状のすきまに引き込まれて高い圧力が発生する。この圧力を動圧という。動圧によって軸が浮いて軸受との間に油膜をつくる。このような原理の軸受を**動圧軸受**[3]といい，大きな荷重が加わる工作機械などに用いられている。

❶$D-d$を**軸受すきま**という。詳しくは，p.223で学ぶ。

❷潤滑油の粘度，軸の周速度，軸受圧力によって油膜のできかたが異なる。潤滑油の粘度が低く，軸の周速度が低く，軸受圧力が大きい場合には，じゅうぶんな油膜ができない。

❸hydrodynamic bearing

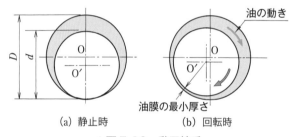

(a) 静止時　(b) 回転時

油の動き

油膜の最小厚さ

▲図7-13　動圧軸受

2 静圧軸受

図7-14のように，一定圧力の油や空気を軸受と軸の間に送って軸を浮かせる軸受を**静圧軸受**[4]という。この一定の圧力を静圧という。起動時や低速時でも摩擦が小さいので，滑らかに回転することができる。また，高精度にすることもできるので，精密測定機などの回転部分に用いられている。

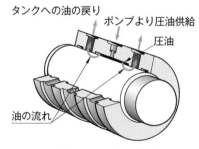

タンクへの油の戻り

ポンプより圧油供給

圧油

油の流れ

▲図7-14　静圧軸受

❹hydrostatic bearing

3 磁気軸受

磁気軸受[5]は，電磁石によって軸を浮かせる軸受である。軸のラジアル方向の変位をセンサによって検出し，磁力を制御して軸の中心が振れないようにする。真空など特殊な環境下でも利用できる。

❺magnetic bearing

3 ラジアル軸受の設計

滑り軸受の大きさは，ジャーナルの大きさで決まる。ジャーナルの大きさを決めるには，ジャーナルの強さ，軸受圧力，摩擦熱，軸受の構造などを考えなければならない。

5　ジャーナルには，図7-15(a)のような端ジャーナルと，図(b)のような中間ジャーナルとがある。

1　ジャーナルの強さ

強さからジャーナルの大きさ
10　を決めるには，第6章で学んだ軸の直径を決めるのと同じ方法で行えばよい。すなわち，ジャーナルの最大曲げモーメントをM [N·mm]，許容曲げ応力を
15　σ_a [MPa] とすれば，ジャーナルの直径d [mm] は，式(6-7)❶から次のようになる。

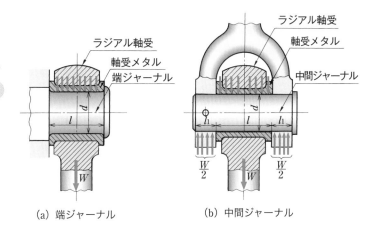

（a）端ジャーナル　　　（b）中間ジャーナル

▲図7-15　ジャーナル

❶p.182 参照。

$$d \geqq \sqrt[3]{\frac{32M}{\pi\sigma_a}} \fallingdotseq \sqrt[3]{\frac{10.2M}{\sigma_a}} \tag{a}$$

●**端ジャーナル**　　図7-15(a)の端ジャーナルでは，全荷重W [N] がジャーナルの幅l [mm] の中央に加わる片持ばりと考えれば，最大曲
20　げモーメントは，

$$M = \frac{Wl}{2} \tag{b}$$

式(a)に式(b)を代入すると，端ジャーナルの直径dは次のようになる。

$$d \geqq \sqrt[3]{\frac{32Wl}{2\pi\sigma_a}} = \sqrt[3]{\frac{16Wl}{\pi\sigma_a}} \fallingdotseq \sqrt[3]{\frac{5.09Wl}{\sigma_a}} \tag{7-1}$$

●**中間ジャーナル**　　図7-15(b)のように荷重が加わっている中間ジ
25　ャーナルでは，最大曲げモーメントはジャーナルの中央部に生じる。ジャーナルの中央部から左側の荷重がそれぞれの中央部に集中しているとすれば，最大曲げモーメントは，

$$M = \frac{W}{2}\left(\frac{l}{2} + \frac{l_1}{2}\right) - \frac{W}{2}\cdot\frac{l}{4} = \frac{W}{8}(l + 2l_1) \tag{c}$$

式(a)に式(c)を代入すると，中間ジャーナルの直径dは次のようにな
30　る。

$$d \geqq \sqrt[3]{\frac{4W(l + 2l_1)}{\pi\sigma_a}} = \sqrt[3]{\frac{1.27W(l + 2l_1)}{\sigma_a}} \qquad (7\text{-}2)$$

● 2 軸受圧力

軸受に加わる荷重 W [N] をジャーナルの投影面積 dl [mm²] で割った値を**軸受圧力❶**といい，軸受面が軸から受ける平均圧力 p [MPa] である。したがって，次のようになる。

❶bearing pressure

$$p = \frac{W}{dl} \qquad (7\text{-}3)$$

ただし，軸受圧力が大きすぎると，接触面の潤滑油が押し出され，摩擦が大きくなり，軸を損傷することもある。

そこで，軸受圧力の最大値，**最大許容圧力❷** p_a [MPa] が定められている。軸受の構造・材料，軸受の温度，滑り速度，注油方法，潤滑油などによって違うが，表 7-3 はそのおよその値を示したものである。

❷maximam allowable pressure

▼表 7-3 軸受材料の最大許容圧力 p_a [MPa]

軸受材料	最大許容圧力	軸受材料	最大許容圧力
鋳 鉄	3～ 6	アルカリ硬化鉛	8～10
青 銅	7～20	カドミウム合金	10～14
黄 銅	7～20	鉛 銅	10～18
りん青銅	15～60	鉛青銅	20～32
Sn 基ホワイトメタル	6～10	アルミ合金	28
Pb 基ホワイトメタル	6～ 8	銀・三層メタル（被覆つき）	30 以上

（日本機械学会編「機械工学便覧 新版」による）

なお，ジャーナルの幅 l と直径 d の比を**幅径比**といい，端ジャーナル，中間ジャーナルでは次のようになる。

● **端ジャーナル**　式 (7-3) から，

$$W = pdl \qquad (7\text{-}4)$$

であり，これを式 (7-1) に代入すると，次のようになる。

$$d \geqq \sqrt[3]{\frac{16pdl^2}{\pi\sigma_a}} \fallingdotseq \sqrt[3]{\frac{5.09pdl^2}{\sigma_a}}$$

これから $\dfrac{l}{d}$ を求めると，次のようになる。

$$\frac{l}{d} = \sqrt{\frac{\pi\sigma_a}{16p}} \fallingdotseq \sqrt{\frac{\sigma_a}{5.09p}} \qquad (7\text{-}5)$$

● **中間ジャーナル**　中間ジャーナルの l と l_1 との関係が示されれば，$\dfrac{l}{d}$ を求めることができる。

ジャーナルの大きさを決めるには，表 7-3 から p_a の値を決めて $\dfrac{l}{d}$

を求めるか，または具体的な用途が決まっていれば，表 7-4 から $\dfrac{l}{d}$ の値を決めて p_a を求め，l を計算すればよい。

❶詳しくは p.212 で学ぶ。

▼表 7-4　ラジアルジャーナルの標準幅径比 l/d，最大許容圧力 p_a [MPa]，最大許容圧力速度係数❶ $p_a v$ [MPa·m/s]

機械名	軸受	l/d	p_a	$p_a v$
自動車用 ガソリン機関	主軸受	0.8〜1.8	6^+ 〜$25^\triangle$	400
	クランクピン	0.7〜1.4	$10^{\times +}$〜$35^\triangle$	400
往復ポンプ, 圧縮機	主軸受	1.0〜2.2	$2^\times$	2〜3
	クランクピン	0.9〜2.0	$4^\times$	3〜4
車　両	軸	1.8〜2.0	3.5	10〜15
蒸気タービン	主軸受	0.5〜2.0	$1^\times$〜$2^\triangle$	40
発電機，発動機，遠心ポンプ	回転子軸受	0.5〜2.0	$1^\times$〜$1.5^\times$	2〜3
伝動軸	軽荷重	2.0〜3.0	$0.2^\times$	
	自動調心	2.5〜4.0	$1^\times$	1〜2
	重荷重	2.0〜3.0	$1^\times$	
工作機械	主軸受	1.0〜4.0	0.5〜2	0.5〜1
減速歯車	軸　受	2.0〜4.0	0.5〜2	5〜10

注　×は滴下またはリング給油，＋ははねかけ給油，△は強制給油

（日本機械学会編「機械工学便覧 新版」より作成）

例題 1

$W = 10 \text{ kN}$ の荷重が加わる鋼製端ジャーナルで $\dfrac{l}{d} \leqq 1.4$ とすれば，d と l をいくらにすればよいかを求めよ。ただし，許容曲げ応力 $\sigma_a = 40 \text{ MPa}$ とする。

［解答］　式 (7-5) より，最大許容圧力 p_a を求める。

$$\frac{l}{d} \leqq \sqrt{\frac{\sigma_a}{5.09 p_a}} = \sqrt{\frac{40}{5.09 p_a}} = 1.4$$

$$p_a = \frac{40}{5.09 \times 1.4^2} = 4.009 \text{ MPa}$$

式 (7-4) から端ジャーナルの直径 d と幅 l は，

$$10 \times 10^3 = 4.009 \times d \times 1.4d$$

$$d \geqq \sqrt{\frac{10 \times 10^3}{1.4 \times 4.009}} = 42.21 \fallingdotseq 43 \text{ mm}$$

表 6-2 から 45 mm を選ぶ。

$$l = 1.4d = 1.4 \times 45 = 63 \text{ mm}$$

答 $d = 45 \text{ mm}$, $l = 63 \text{ mm}$

問 1　5 kN の荷重が加わる端ジャーナルの直径と幅を求めよ。ただし，許容曲げ応力を 50 MPa，最大許容圧力を 4 MPa とする。

問 2　図 7-15(b) の中間ジャーナルで，$\dfrac{l}{d} = 1.4$，$l_1 = 0.25l$，$W = 10 \text{ kN}$ のとき，d と l を求めよ。ただし，許容曲げ応力 σ_a は 35 MPa とする。

3 摩擦熱

接触面に生じる摩擦によって，軸受部が過熱されると，潤滑作用が悪くなり，焼付きなどの故障を起こす。軸受部の過熱を防ぐには，ジャーナルの単位面積あたりの摩擦仕事をある限度内に止めるようにする。

ジャーナルが荷重 W [N] を受けて周速度 v [m/s] で回転するときの摩擦係数を μ とすれば，摩擦力は μW [N] であり，単位時間あたりの摩擦仕事は，$\mu W v$ [W] となる。

この単位時間あたりの摩擦仕事 $\mu W v$ をジャーナルの投影面積 dl で割った値 a_f を，ある限度内に止めるようにすれば，軸受の過熱を防ぐことになる。

$$a_f = \frac{\mu W v}{dl} = \mu pv \qquad (7\text{-}6)$$

式 (7-6) で，μ の値は定数であるから，pv [MPa·m/s] を制限すればよいことがわかる。pv の許容値❶は，表 7-4 に示してある。pv を適切な許容値に決めて，ジャーナルの幅 l [mm] を求めるには，次のようにする。

ジャーナルの直径を d [mm]，回転速度を n [min⁻¹] とすれば，式 (7-6) から，

$$pv = \frac{Wv}{dl} = \frac{W}{dl} \cdot \frac{\pi dn}{60 \times 10^3} = \frac{W}{l} \cdot \frac{\pi n}{60 \times 10^3} \fallingdotseq 5.24 \times \frac{Wn}{l \times 10^5}$$

となる。したがって，ジャーナルの幅 l は，次のようになる。

$$l = 5.24 \times \frac{Wn}{pv \times 10^5} \qquad (7\text{-}7)$$

❶軸受圧力 p と周速度 v の積 pv は，発熱の原因になる摩擦仕事に関係し，最大許容圧力速度係数という。

例題 **2** $W = 13\,\text{kN}$ の荷重を受け，回転速度 $n = 200\,\text{min}^{-1}$ で回転する鋼製伝動軸の端ジャーナルの寸法 d，l を求めよ。ただし，軸の許容曲げ応力 $\sigma_a = 40\,\text{MPa}$，$pv = 2\,\text{MPa·m/s}$，軸受材料は青銅とする。

解答   式 (7-7) から，端ジャーナルの幅 l は，

$$l = 5.24 \times \frac{13 \times 10^3 \times 200}{2 \times 10^5} = 68.1 \fallingdotseq 70\,\text{mm}$$

また，式 (7-1) から，端ジャーナルの直径 d は，

$$d \geqq \sqrt[3]{\frac{5.09\,Wl}{\sigma_a}} = \sqrt[3]{\frac{5.09 \times 13 \times 10^3 \times 70}{40}} = 48.7\,\text{mm}$$

となり，表 6-2 から，$d = 50$ mm と決める。

式 (7-3) から，軸受圧力は，

$$p = \frac{W}{dl} = \frac{13 \times 10^3}{50 \times 70} = 3.71 \text{ MPa}$$

となり，この値は表 7-3 から安全な値である。

答 $d = 50$ mm，$l = 70$ mm

問 3　20 kN の荷重を受け，回転速度 150 min⁻¹ で回転する端ジャーナルを設計せよ。ただし，許容曲げ応力を 50 MPa，$pv = 1.5$ MPa·m/s とし，軸受材料は鋳鉄とする。

節末問題

1　直径 32 mm，長さ 55 mm の滑り軸受に加えることのできる最大荷重を求めよ。ただし，最大許容圧力を 12 MPa とする。

2　15 kN の荷重が加わる端ジャーナルの直径と幅を求めよ。ただし，許容曲げ応力を 45 MPa，最大許容圧力を 5 MPa とする。

3　18 kN の荷重を受け，回転速度 420 min⁻¹ で回転する端ジャーナルを設計せよ。ジャーナルの幅と直径の比を 2，pv を 2 MPa·m/s とする。

4　図 7-15(b) の中間ジャーナルで，$\frac{l}{d} = 1.2$，$l_1 = 0.5l$，$W = 12$ kN のとき，d，l および l_1 の値を求めよ。ただし，軸の許容曲げ応力を 40 MPa とする。

Challenge

滑り軸受の状態を維持するために，定期点検をする。そのさいにどのような点に注意して行うべきか，また，不具合が見つかったときにはどのように対処すべきかも考えて，話し合ってみよう。

節

転がり軸受

転がり軸受は，滑り軸受に比べて始動摩擦が小さく，交換がしやすい特徴がある。大きさも外径約 2 m から約 2 mm まであり，さまざまな条件下で使うことができる。

大量生産されているものは安価であり，多くの機械に使われている。

ここでは，転がり軸受の構造や選定法，使いかたについて調べてみよう。

転がり軸受▶

転がり軸受は，接触面間に玉・ころ・針状ころなどの転動体を入れて摩擦抵抗を少なくしたものである。

転がり軸受の特徴は次のとおりである。

① 転がり軸受は，「点」や「線」で軸の動きを受けるため，転がり摩擦になるので，摩擦係数が小さく，動力損失が少ない。

② 国際的に標準化，規格化が進んでいるので互換性があり，安価であるため，交換が容易である。

③ 軸受まわりの構造を簡略にすることができ，保守・点検が容易である。

④ 高温，低温での使用が可能である。

⑤ グリースを潤滑剤とした場合には，給油の手数がはぶかれ，維持費を節約できる。

⑥ 一般には，ラジアル荷重とスラスト荷重を同時に一個の軸受で受けることができる。

転がり軸受は，このような有利な特性を生かしてあらゆる方面に広く使われている。

1 転がり軸受の種類

転がり軸受は，外輪と内輪で軌道面をつくり，その間を玉やころが転がる。玉の間隔を保つために保持器がある。

転がり軸受には，軌道輪・転動体の形，荷重の加わる方向などによって，図 7-16 に示すような種類がある。

1 単列深溝玉軸受

単列深溝玉軸受❶は，最も広く用いられる玉軸受で，軌道の溝が深くスラスト荷重も受けられる。高速回転や低騒音，低振動が要求される

❶deep groove ball bearing

外輪 / 転動体 / 内輪 / 保持器	接触角 / 荷重の作用点	
ラジアル荷重と多少のスラスト荷重を受けることができる。	ラジアル荷重と1方向のスラスト荷重を受けることができる。	外輪の内側が球面であるため，軸心が多少傾いても使用することができる。
(a) 単列深溝玉軸受	(b) アンギュラ玉軸受	(c) 自動調心ころ軸受
ラジアル荷重と1方向のスラスト荷重を受けることができ，重荷重・衝撃荷重に適する。	同じ荷重に対し，外径を小さくすることができる。	スラスト荷重だけを受ける。
(d) 円すいころ軸受	(e) 針状ころ軸受	(f) スラスト玉軸受

▲図7-16 転がり軸受の種類

用途に適している（図7-16(a)）。

電動機，家庭用電気製品，OA機器などに使用されている。

2 アンギュラ玉軸受

アンギュラ玉軸受[1]は，玉と内輪，外輪との接触点を結ぶ直線が，ラジアル荷重の方向とある角度をなしている（図(b)）。この角を**接触角**[2]といい，接触角の大きいものほど大きなスラスト荷重を支えることができる。

油圧ポンプ，工作機械の主軸，研削スピンドルに使用されている。

3 自動調心ころ軸受

自動調心ころ軸受[3]は，球面軌道の外輪と複列軌道の内輪との間に，たる状のころを組み込んだ軸受で，軌道面が球面であるから，回転中，軸心がある程度傾いても回転が可能なように自動的に調整できる（図(c)）。

減速装置，圧延機，製紙機械，鉄道車両の主軸などに使用されている。

4 円すいころ軸受

円すいころ軸受[4]は，円すい状のころと軌道輪が線接触をしており，内輪，外輪およびころの円すい頂点が回転中心線上の一点に一致する軸受である。比較的大きいラジアル荷重とスラスト荷重の両方の負荷

[1]angular contact ball bearing
[2]contact angle
[3]self-aligning roller bearing
[4]tapered roller bearing

が受けられる（図(d)）。

工作機械，自動車用および鉄道用車軸，圧延機，減速装置などに使用されている。

● 5　針状ころ軸受

針状ころ軸受[1]は，多数の細いころを用いており，内輪を用いず直接ころが軸に接触しているものもある（図(e)）。軸受の外径を小さくすることができる。剛性も高く，慣性力が小さく，ころの本数も多いので揺動運動に適している。

一般産業機械，自動車エンジン，電動機などに使用されている。

● 6　スラスト玉軸受

スラスト玉軸受[2]は，一方向のスラスト荷重だけを受けるもので，軌道盤の座が平面である（図(f)）。軌道盤の座が調心座のものや，軌道面を球面にし，球面ころを用いた自動調心形のものもある。

工作機械，耕運機などに使用されている。

[1] needle roller bearing　5

[2] thrust ball bearings
[3] 呼び番号は，軸受系列記号・内径番号・補助記号からなっている。
[4] 軸受系列記号は，形式記号と寸法系列を表す記号からなっている。　10
[5] 形式記号という。たとえば，単列アンギュラ玉軸受（図7-16参照）の形式記号は7である。
[6] 寸法系列記号という。同じ内径の軸受でも，寸法系列記号が違うと，軸受の外径と幅の組み合わせが異なる。　15
[7] 内径番号が04以上では，軸の直径は内径番号の5倍になっている。

2　転がり軸受の大きさと呼び番号

転がり軸受の大きさを表す呼び番号や主要な寸法などは，国際的に共通である。

● 1　呼び番号

図7-17に単列深溝玉軸受の例を示す。軸受につけられている6204は，**呼び番号**[3]といわれる。呼び番号のしくみは，6204を例にとると，次のようになる。

● **軸受系列記号**　最初の62は**軸受系列記号**[4]とよばれる。軸受系列記号は，単列深溝玉軸受（62の最初の数字6）やころ軸受など軸受の種類を表す記号[5]と，図7-18のような軸受の内径に対する外径・幅の組み合わせを表す記号[6]（62の2番目の数字2）からなっている。

● **内径番号**　6204の04は内径番号とよばれ，軸受が取りつけられる軸の直径（軸受の内径）を表す。内径番号04は，軸受が取りつけられる軸の直径が20 mm[7]であることを示している。表7-5に呼び番号と軸受の主要寸法の例を示す。

開放形	止め輪付き（NR形）	両シールド形（ZZ形）
例　6204	6204 NR	6204 ZZ

▲図7-17　単列深溝玉軸受（呼び番号6204の例）

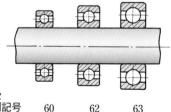

| 軸受系列記号 | 60 | 62 | 63 |

▲図7-18　軸受系列記号

2 補助記号

補助記号は，図 7-17 に示す止め輪付き（記号 NR）やシールド形（片シールド記号 Z，両シールド記号 ZZ）[1]などを指定するときに用いられる。たとえば，6204 の軸受で止め輪付き両シールド形は，6204ZZNR のように表す。

3 転がり軸受の寿命と荷重

1 基本定格寿命

転がり軸受が損傷するまでの総回転数または一定回転速度での時間を転がり軸受の**寿命**[2]という。

基本定格寿命[3]とは，同一種類の転がり軸受を同じ条件で回転させたとき，90 % の転がり軸受が破損しないで回転できる総回転数をいう。

一定回転速度で運転されている場合には，基本定格寿命を総回転時間で表すことができる。

また，破損とは，転がり軸受の内輪・外輪の軌道面または転動体表面に**フレーキング**[4]が現れることをいう。

2 基本動定格荷重と基本静定格荷重

転がり軸受の寿命が 100 万回転になるような，方向と大きさが変化しない荷重を**基本動定格荷重**[6] C [N] という。

転がり軸受は，過大な静荷重を受けると，転動体と軌道との接触面に局部的な永久変形を生じる。この永久変形量は静荷重の増大とともに大きくなり，ある限界を超えると円滑な回転を妨げるようになる。

基本静定格荷重[7] C_0 [N] とは，最大荷重を受けている転動体と軌道との接触部中央において，次に示す応力を生じる静荷重をいう。

自動調心玉軸受　4 600 MPa

その他の玉軸受　4 200 MPa

ころ軸受　4 000 MPa

これらの応力のもとで生じる転動体と軌道との総永久変形量は，転動体の直径の約 0.0001 倍となる。

表 7-5 は，ラジアル玉軸受の基本動定格荷重 C と基本静定格荷重 C_0 の値を示したものである。これらの値は転がり軸受を選定するときのたいせつな条件である。

[1]shielded bearing；ほこりなどの侵入やグリースなどの漏れを防ぐ形式の軸受。

[2]life

[3]basic rating life

[4]flaking；疲労によって表面がうろこ状にはがれる壊れかたをいう。
[5]外輪を固定し，内輪を回転させたときの回転の数。
[6]basic dynamic load rating

[7]basic static load rating

軸受の滑らかな回転を保証するために，軸受に加わる最大荷重が C_0 を超えないようにする。

▼表 7-5　ラジアル玉軸受の基本動定格荷重（C），基本静定格荷重（C_0）の例

[単位：100 N]（100 N 未満切捨て）

軸受系列記号 内径番号	内径 (mm)	単列深溝形				複列自動調心形				単列アンギュラ形			
		62		63		12		13		72		73	
		C	C_0	C	C_0	C	C_0	C	C_0	C	C_0	C	C_0
00	10	51	23	81	34	55	11	73	16	54	27	93	43
01	12	68	30	97	42	57	12	96	21	80	40	94	45
02	15	76	37	114	54	76	17	97	22	86	46	134	71
03	17	95	48	136	66	80	20	127	32	108	60	159	86
04	20	128	66	159	79	100	26	126	33	145	83	187	104
05	25	140	78	206	112	122	33	182	50	162	103	264	158
06	30	195	113	267	150	158	46	214	63	225	148	335	209
07	35	257	153	335	192	159	51	253	78	297	201	400	263
08	40	291	179	405	240	193	65	298	97	355	251	490	330
09	45	315	204	530	320	220	73	385	127	395	287	635	435
10	50	350	232	620	385	228	81	435	141	415	315	740	520
11	55	435	293	715	445	269	100	515	179	510	395	860	615
12	60	525	360	820	520	305	115	575	208	620	485	980	715
13	65	575	400	925	600	310	125	625	229	705	580	1110	820
14	70	620	440	1040	680	350	138	750	277	765	635	1250	935
15	75	660	495	1130	770	390	157	800	300	790	645	1360	1060
16	80	725	530	1230	865	400	170	890	330	890	760	1470	1190
17	85	840	620	1330	970	495	208	985	380	1030	890	1590	1330
18	90	960	715	1430	1070	575	235	1170	445	1180	1030	1710	1470
19	95	1090	820	1530	1190	640	271	1290	510	1280	1110	1830	1620
20	100	1220	930	1730	1410	695	297	1400	575	1440	1260	2070	1930

注　72, 73 の接触角は 30° のもの。

3　転がり軸受の計算式

●**定格寿命**　基本動定格荷重 C [N] の軸受に荷重 W [N] を加えたとき，定格寿命 L_{10}（10^6 回転）は次の式で表される。[1] [2]

$$\left.\begin{array}{l} 玉軸受：L_{10} = \left(\dfrac{C}{W}\right)^3 \\[2ex] ころ軸受：L_{10} = \left(\dfrac{C}{W}\right)^{\frac{10}{3}} \end{array}\right\} \tag{7-8}$$

時間単位の基本定格寿命は，L_h [h：hour，時間] で表す。L_h は，回転速度を n [min^{-1}] とすれば，次のようになる。

$$L_h = \frac{L_{10} \times 10^6}{60n} \tag{7-9}$$

●**速度係数**　軸が n [min^{-1}] で回転するとき，500 時間の定格寿命を与える荷重を C_n [N] とすれば，次の式で表される。[3]

$$C_n = f_n C$$

[1] 軸受が壊れる確率は 10 % であることから，L_{10}（エルテンと読む）としている。

[2] 式 (7-8) には，信頼度係数などさまざまな補正係数がかけられるが，本書では省いている。

[3] 定格寿命 100 万回転は，回転速度が一定のときは，時間で表すことができる。一般的には，その時間を 500 時間として基準にとる。

ここで，f_n を速度係数といい，次の式で表される。

$$\text{玉軸受：} f_n = \left(\frac{1 \times 10^6}{500 \times 60n}\right)^{\frac{1}{3}} \fallingdotseq \left(\frac{33.3}{n}\right)^{\frac{1}{3}} \text{❶}$$
$$\text{ころ軸受：} f_n = \left(\frac{1 \times 10^6}{500 \times 60n}\right)^{\frac{3}{10}} \fallingdotseq \left(\frac{33.3}{n}\right)^{\frac{3}{10}} \text{❷} \quad\right\} \quad (7\text{-}10)$$

❶ $\sqrt[3]{\dfrac{33.3}{n}}$ と標記される場合もある。

❷ $\sqrt[10]{\left(\dfrac{33.3}{n}\right)^3}$ と標記される場合もある。

●**寿命係数**　軸が $n\,[\text{min}^{-1}]$ で回転するとき，500 時間の定格寿命を与える荷重 $C_n\,[\text{N}]$ と，そのときの軸受に加わる荷重 $W\,[\text{N}]$ との比を寿命係数という。

寿命係数を f_h とすれば，次の式で表される。

$$f_h = \frac{C_n}{W} = \frac{C}{W}f_n \qquad (7\text{-}11)$$

このときの寿命を L_h 時間とすれば，次の式で表される。

$$\text{玉軸受：} L_h = 500 f_h{}^3$$
$$\text{ころ軸受：} L_h = 500 f_h{}^{\frac{10}{3}} \quad\right\} \quad (7\text{-}12)$$

軸受の寿命時間 L_h は表 7-6 に示す値よりとる。

●**荷重係数**　軸受には，振動や衝撃などのため，実際には，計算値 W_0 より大きな荷重 W が加わる。W は，荷重係数を f_w として，次のようになる。

$$W = f_w W_0 \qquad (7\text{-}13)$$

荷重係数 f_w は表 7-7 に示す値よりとる。

▼表 7-6　軸受の寿命時間の例　[単位　時間]

短時間または間欠的に使用される機械	4000 ～ 8000
連続的には運転されない機械	8000 ～ 14000
1 日 8 時間連続運転される機械	20000 ～ 30000
24 時間連続運転される機械	50000 ～ 60000

▼表 7-7　荷重係数 f_w の値の例

運転状態	f_w	使用例
衝撃のない円滑な運転	1.0～1.2	電動機・工作機械など
ふつうの運転	1.2～1.5	送風機・エレベータなど
振動や衝撃のある運転	1.5～3.0	圧延機・建設機械など

（日本機械学会編「機械実用便覧 改訂第 6 版」による）

●**転がり軸受の速度限界**　転がり軸受には，形式・寸法・潤滑法によって一般的な使用条件で長時間安全に運転できる許容回転速度がある。これは表 7-8 のように，軸径 $d\,[\text{mm}]$ と回転速度 $n\,[\text{min}^{-1}]$ の積 dn の値で定められている。これによって潤滑法を選択することもある。近年は，潤滑法に対応した許容回転速度を用いるようになった。❸

❸転がり軸受の速度を示す指標の一つとして，転動体ピッチ円直径 $d_m\,[\text{mm}]$ と回転速度 $n\,[\text{min}^{-1}]$ の積である $d_m n$ の値も使われる。

軸受の形式	グリース潤滑*	油潤滑			
		油浴	霧状	噴霧	ジェット
単列深溝玉軸受	18	30	40	60	60
アンギュラ玉軸受	18	30	40	60	60
自動調心玉軸受	14	25	—	—	—
円筒ころ軸受	15	30	40	60	60
保持器付き針状ころ軸受	12	20	25	—	—
円すいころ軸受	10	20	25	—	30
自動調心ころ軸受	8	12	—	—	25
スラスト玉軸受	4	6	12	—	15

＊グリースの寿命は 1 000 時間程度を基準としている。

（日本機械学会編「機械工学便覧 新版」による）

4　転がり軸受の選定

　転がり軸受は，専門工場でつくられているので，使用説明書をよく調べて選定することがたいせつである。そのためには，要求される軸受荷重・回転速度・寿命時間を満足させるような基本動定格荷重をもつものを選び，また，速度限界についても考慮する。

　軸受が静止しているときや，回転速度 10 min^{-1} 以下，あるいは揺動しているときは，基本静定格荷重から適切な軸受を選ぶ。

　転がり軸受の呼びかたは，軸受系列記号と内径番号による。たとえば，単列深溝形の内径 40 mm のものは，表 7-5 から 6208 または 6308 とよぶ。

例題 3
　軸受のラジアル荷重の計算値 $W_0 = 2.6$ kN，回転速度 $n = 1 000$ min^{-1} とするとき，$L_h = 20 000$ 時間の寿命をもつラジアル玉軸受を，表 7-5 の単列深溝形の系列記号 62 のものから選定せよ。

....

解答　速度係数 f_n は式 (7-10) より，

$$f_n = \left(\frac{33.3}{n}\right)^{\frac{1}{3}} = \left(\frac{33.3}{1\,000}\right)^{\frac{1}{3}} = 0.3217$$

寿命係数 f_h は式 (7-12) より，

$$f_h = \left(\frac{L_h}{500}\right)^{\frac{1}{3}} = \left(\frac{20\,000}{500}\right)^{\frac{1}{3}} = 3.420$$

また，荷重係数 f_w を表 7-7 から 1.2 とすると，荷重 W [N] は式 (7-13) より，

$$W = f_w W_0 = 1.2 \times 2.6 \times 10^3 = 3\,120 \text{ N}$$

と求められる。これらを式 (7-11) に代入して，基本動定格
荷重 C を求めると，

$$C = \frac{f_h}{f_n} W = \frac{3.420}{0.3217} \times 3120 = 33170 \, \text{N}$$

表 7-5 から，内径 $d = 50 \, \text{mm}$（内径番号 10）のものとし，こ
の内径の軸受の速度限界を求めると，

$$dn = 50 \times 1000 = 50000 \, \text{mm·min}^{-1}$$

となり，これは表 7-8 のいずれの潤滑法でも速度限界内にあ
るので，6210 に決める。　　　　　　　　　　　**答** 6210

問 4　軸受荷重 $0.5 \, \text{kN}$ を受け，$1480 \, \text{min}^{-1}$ で回転する単列深溝玉軸受を寿
命時間 50000 時間として表 7-5 の軸受系列記号 62 のものから選定せよ。ただし，
荷重係数を 1.2 とし，衝撃荷重や振動はないものとする。

問 5　軸受荷重 $2 \, \text{kN}$ を受け，回転速度 $500 \, \text{min}^{-1}$ で回転し，45000 時間の寿
命をもつ単列アンギュラのラジアル玉軸受を選定せよ。ただし，荷重係数を 1.2
とし，表 7-5 の系列記号 72 のものから選ぶものとする。

● 5　転がり軸受の取りつけ

　転がり軸受は，軸受温度の上昇や音の発生などで寿命を判断し，新
しい軸受と取り換える。したがって，取りつけ・取りはずしの容易さ
が要求される。

　図 7-19 に，軸受用ナット・座金（ざがね）を用いた取りつけと，テーパをもっ
たアダプタスリーブによる取りつけの例を示す。

　軸受用ナットと座金の呼び番号は，軸受の内径番号と一致するよう
に標準化されている。たとえば，軸受 6204 に使われる軸受用ナット
の呼び番号は AN04，座金の呼び番号は AW04 であり，内径番号 04
が一致している。

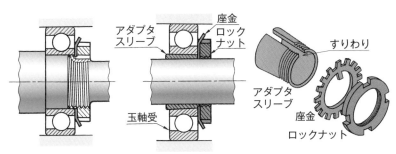

(a) ナットだけで　　　(b) アダプタスリーブを　　(c) アダプタスリーブ
　　保持する場合　　　　　使って保持する場合　　　　・座金・ロックナット

▲図 7-19　軸受の取りつけ

組立や部品加工を容易にするために，図 7-20 のような止め輪付き
の軸受を使うことがある。

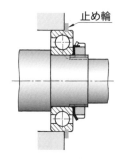

▲図 7-20　止め輪付き軸受

節末問題

1　基本静ラジアル定格荷重を用いて，静止した状態でラジアル荷重 5 kN が支えられる
単列深溝玉軸受を表 7-5 の軸受系列記号 62 のものから選定せよ。

2　軸受荷重 1 kN を受け，回転速度 500 min⁻¹ で回転し，35000 時間の寿命をもつ複列
自動調心形のラジアル玉軸受を，荷重係数 1.2 をとし，系列記号 12 のものから選定せ
よ。

3　軸受荷重の計算値が 2 kN，回転速度が 900 min⁻¹，寿命時間が 15000 時間であるとき，
単列深溝玉軸受（系列 62）を選定せよ。ただし，荷重係数を 1.2 とする。

4　30 kW の動力を回転速度 300 min⁻¹ で伝える伝動軸の軸受に，計算値が 3 kN の軸受
荷重が加わるときの単列深溝玉軸受を選定せよ。ただし，軸の許容ねじり応力を 25 MPa，
荷重係数を 1.2，軸受寿命を 30000 時間とする。

Challenge

１　転がり軸受は精密部品であるため，取り扱いにもそれに相応する慎重さが望まれる。どの
ような点について，注意して取り扱う必要があるか，話し合ってみよう。

２　転がり軸受をどのように取りつけているのか調べ，具体的な方法について考えてみよう。

4節 潤滑

写真は，旋盤主軸変速装置に設けられた給油パイプである。給油は，軸と軸受や歯車など，接触して運動する部分の潤滑のために行われる。

ここでは，潤滑のしくみや給油がなぜ必要なのか，どのような方法があるのか調べてみよう。

また，使用される油にはどのような種類や性質，用途があるのかについても調べてみよう。

旋盤主軸変速装置の潤滑▶

1 軸受の潤滑

1 潤滑のしくみ

軸と軸受だけでなく，たがいに接触して運動する部分では，摩擦が生じるので，接触面には**潤滑**[1]が行われる。潤滑によって摩擦を少なくし，動力の節約，摩耗の減少，焼つきの防止がはかられ，接触面の冷却やさび止めの働きもする。

ラジアル軸受の内径とジャーナルの直径（軸径）の差を**軸受すきま**[2]という。このすきまに入った潤滑油の油膜がじゅうぶんな厚さになれば，ジャーナルと軸受が直接接触することなく，ジャーナルと油膜の間，油膜と軸受の間の流体摩擦になるので，摩擦抵抗による損失が少なくなる。軸受すきまと軸の直径の比を**軸受すきま比**[3]といい，表7-9のような値をとる。

一般的な軸受では0.001前後であるが，その値は荷重，滑り速度，軸受温度などによって異なる。精密機械や工作機械のスピンドル（主軸）などの軸受では，軸心が振れないように，0.0005以下にとる。また，高速・大荷重の軸受では，潤滑油で冷却もしなければならないので，0.002以上にとって潤滑油の循環をよくする。

[1] lubrication

[2] bearing clearance

[3] bearing clearance ratio

▼表7-9 標準すきま比

機　械	標準すきま比 $\dfrac{D-d}{d}$
伝動軸	0.001
工作機械	< 0.001
減速歯車	0.001
遠心ポンプ	0.0013

（日本機械学会編　機械工学便覧　新版による）

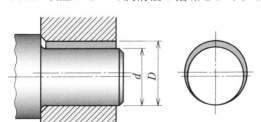

軸受すきま
$$D-d$$

軸受すきま比
$$\dfrac{D-d}{d}$$

D：軸受内径
d：軸径

▲図7-21　軸受すきま

●**境界潤滑**　始動時のように，潤滑油膜の形成能力がじゅうぶんでないと，油膜がきわめて薄く，軸と軸受の表面が直接接触する部分もある。このような状態を**境界潤滑**❶という。

❶boundary lubrication

●**流体潤滑**　潤滑油によって，軸が軸受面から完全に離れている状態を**流体潤滑**❷という。この状態では，じゅうぶんな厚さの油膜ができているが，この油膜をつくるには，図7-13(b)❸のくさび状のすきま部分に油をじゅうぶんに押し込まなければならない。油の粘性❹が大きく，回転速度が大きいと，この作用は大きくなるが，軸受荷重が大きいと油膜はつくられにくくなる。また，油の粘性が大きすぎると流体摩擦が大きくなって，動力の損失や回転速度の低下をきたす。油の粘性は温度によって変化するので，潤滑油は軸受荷重・回転速度・使用温度などの条件を考慮して決める。

❷fluid lubrication
❸p.208 参照。
❹流体，半流体または半固体物質の流れに対する抵抗の原因となる性質。

2　潤滑方法

潤滑法には，大別するとグリース潤滑と油潤滑がある。使用条件，用途により潤滑法が変わる。そのため，滑り軸受と転がり軸受にそれぞれ適した潤滑方法がある。

●**滑り軸受の潤滑法**　滑り軸受では，たえず適量の油を軸受の適切な箇所へ供給し，潤滑しなければならない。一般的な潤滑法には表7-10 に示したものがある。

❺hand lubrication
❻drop-feed lubrication
❼ring-feed lubrication
❽splash lubrication
❾gravity lubrication
❿force-feed lubrication
⓫grease lubrication

▼表7-10　滑り軸受の潤滑法の例

潤滑法	特徴・用途
手差し潤滑❺	油差しで必要に応じて油を供給する方法で，簡単であるが，潤滑は不確実である。低速・小荷重のときに用いる。(図7-22)
滴下潤滑❻	オイルカップ(図7-23)から，少しずつ自動的に滴下させて注油する方法である。周速度4~5 m/s までの小・中荷重の軸受に用いられる。
リング潤滑❼	軸にオイルリングをかけ，軸の回転につれリングも回転し，軸受下部の油だめから軸受の上部に自動的に注油する方法である。中速(周速度6~7 m/s)の軸受に用いる。オイルリングは，軟鋼製または青銅製で，その大きさは図7-24のようにする。オイルリングの数は，ジャーナルの幅が 1.5d~2d [mm]までは1個，それ以上は2個がよい。
はねかけ潤滑❽	回転体につけたはねかけ装置で，油だめの油を軸受などにはねかける方法である。図7-25 は，内燃機関のクランク室の例で，シリンダ・ピストン・ピストンピン・クランクピン・カムなどの潤滑をしている。飛まつ潤滑ともいう。
重力潤滑❾	軸受の上方にある油タンクから，落差によって注油する方法である。軸の周速度が10~15 m/s までの中・高速用である。使った油をポンプで油タンクに戻せば循環式になる。
強制潤滑❿	歯車ポンプやプランジャポンプなどによって，軸受面に強制的に注油する方法である。多数の軸受に一つのポンプによって確実に注油できる。周速度 50 m/s くらいの高速の場合や，軸受圧力 40 MPa くらいの高圧の場合でも用いられる。
グリース潤滑⓫	油のかわりにグリースを用いて潤滑する方法である。ちりなどのはいりやすいところや，低速で軸受すきまが大きく，油膜を保持しにくいところ，あるいは紡織機などのように，油の飛散を極度にきらうものにも用いられる。

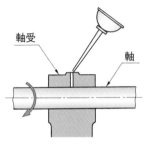

▲図 7-22　手差し潤滑の
使用例

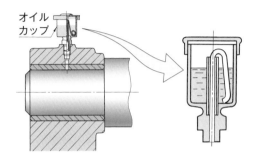

▲図 7-23　オイルカップの使用例

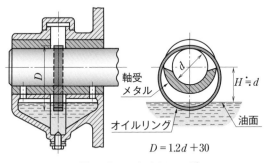

$D = 1.2d + 30$

▲図 7-24　オイルリング

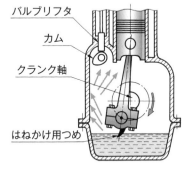

▲図 7-25　はねかけ潤滑

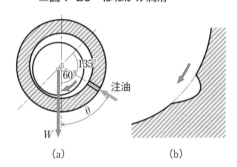

▲図 7-26　油穴と油溝

●**油穴・油溝**　　油穴は注油するための穴であり，油溝は軸受に供給された油をためたり，分配したりする役目をする。油穴や油溝を設けるには，次の点に留意する。

5　　①　油穴や油溝は，荷重があまり加わらず，油圧が低い部分に設ける。大荷重のときは，油穴を図 7-26(a)の $\theta = 60 \sim 135°$ のところにあけ，ポンプで強制注油して，冷たい油が直接荷重側に導入されるようにする。

10　　②　油溝と滑り面との交わり部は，図(b)のように丸めて，油膜が切れないようにする。このとき，軸の回転方向が右回転の場合には，図(b)の油膜の形になり，逆回転では反対の形になる。割りメタルの合わせ目も同様である（図 7-10）。❶

　　③　油溝は，滑り方向と直角または斜めに切り，ジャーナルの幅の
15　　50 〜 60 ％ に止め，油が流れ出ないようにする（図 7-10）。

　油切りは，軸方向に流れ出す油を適当な位置に止め，外部に飛散するのを防ぐもので，軸に切込みをつけたり，**フランジ**❷をつけたりする（図 7-27）。流れ出した油は油だめに戻るようにする。

❶p. 207 参照。
❷軸や管などの端についているつば。

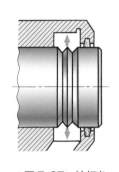

▲図 7-27　油切り

●**転がり軸受の潤滑法**　転がり軸受では摩擦は転がり摩擦であるから，潤滑は必要がないはずであるが，実際には，表面の保護や局部的に生じる滑り摩擦などを少なくするための潤滑が行われる。また，潤滑油は軸受のさび止めにも役立つ。

表 7-11 に転がり軸受のおもな潤滑法を示す。

▼表 7-11　転がり軸受の潤滑法の例

潤滑法	特徴・用途
グリース潤滑	グリースによって潤滑する方法である。軸受の密封装置やその保守が簡単なので，中速・低速の一般軸受に適する。
油浴潤滑❶	最下位の転動体の半分を油に浸して潤滑する。簡単であるが，高速では油が霧化して飛散する欠点がある。
滴下潤滑	注油器から油を滴下して潤滑する。高速では油が霧化しやすいので，軸受箱内を油霧で満たして潤滑することがある。
ジェット潤滑❷	ノズルから軸受に圧力油を吹きつけて潤滑する。冷却効果・軸受貫通効果が大きいので，ジェットエンジンのような高速用に適する。
オイルミスト潤滑❸	噴霧潤滑ともいい，粘度の小さい油を空気で噴霧化し，軸受内を通過させて潤滑する。少量の油でよく潤滑できるので，高速用に適する。

❶dip-feed lubrication

❷oil jet lubrication

❸oil mist lubrication

2　潤滑剤

1　潤滑剤の種類

潤滑剤❹は，液体の潤滑油・半固体状のグリース・固体潤滑剤などに大別される。

❹lubricant

▼表 7-12　おもな潤滑剤の種類

潤滑剤	特徴・用途
潤滑油❺ 📖7-1	基油❻と各種の添加剤を組み合わせ，使用目的に応じて調合されたもので，摩擦の低減や機械摩耗を防ぎ，冷却，圧力伝達，さび止め，電気の絶縁などに最も利用されている。基油には，鉱油，化学合成油，動植物油などさまざまな種類がある。
グリース❼	油とせっけん類を混和してつくるもので，常温では半固体状であり，温度が高くなれば，液状になる。
固体潤滑剤❽	グラファイト・カーボン，二硫化モリブデンなどの微粒子を，そのままか，または，油かグリースに混ぜて使用するもので，おもに高温部の軸受に使われる。

❺lubricating oil
❻base oil；ベースオイルともいい，約 90 % 以上が石油の潤滑油留分を精製した鉱油を使用。
❼grease
❽solid lubricant

> **Note 📖 7-1　工業用潤滑油 ISO 粘度グレード**
> 工業用潤滑油は，ISO 粘度分類（JIS K 2001：1993）によっても管理することができる。たとえば，ISO 粘度グレード ISO VG15 などのように表される。

2 潤滑油の性質

潤滑油として必要な性質は，次のとおりである。

① 油膜形成に必要な粘度[1]をもっている。

② 適当な粘度を保つ温度範囲が広く，化学的に安定性が高い。

③ ごみなどの異物を含まない。

[1]物質のねばりの度合を数値で表したもの。粘度の高低を番号で表し，低いほど番号が小さい。

3 潤滑油の種類と選択

潤滑油は軸受の種類・回転速度・荷重などによって，それに適した性質をもつものを選ばなければならない。

潤滑油には，使用箇所に応じて表 7-13 のような種類のものがある。

▼表 7-13　おもな潤滑油の種類

名　称		性　質　・　用　途	
マシン油 (JIS K 2238：1993)		各種機械の軸受や摩擦部分に使用される一般的な油で特別な添加剤のはいっていないもの。	スピンドル・冷凍機・ダイナモ・タービンなどの用途に応じた性質，粘性のものがある。
軸受油 (JIS K 2239：1993)		マシン油の中で用途に応じた添加剤のはいったもの。	
内燃機関用潤滑油 (JIS K 2215：2006)	舶用	舶用内燃機関の軸受や圧延ロールの軸受のように大荷重の軸受の潤滑に用いられる油である。ふつう重質の鉱物性油に種油・鯨油などを少量混ぜた混成油が多く用いられる。	
	陸用	ガソリン機関・ディーゼル機関・ガスタービン・回転ピストン機関などに使用する油である。燃料・排気などによって，性質が大きくかわることのないものでなければならない。	
冷凍機油 (JIS K 2211：2009)		冷凍機・製氷機の圧縮機のように低温の軸受に使用されるもので，低温でも流動性を保つことが必要である。	
タービン油 (JIS K 2213：2006)		各種のタービンや電動機・送風機などのように一般高速回転に用いられる。	
ギヤ油 (JIS K 2219：1983)		一般機械の密閉用歯車に用いられる工業用と，自動車の変速機などの作動用歯車に用いられる自動車用とがある。精製鉱油に添加剤を加えた油である。	

5節 密封装置

密封装置は，軸と軸受の接する部分で，内部からは潤滑油が流れ出ないように，外部からはごみや水分などの異物が入らないようにするために使われる。

近年，機器の小型軽量化，高性能・高信頼性，環境対策などの観点から，密封装置の果たす役割はますます重要となっている。

ここでは，密封装置の種類，形状，材料などを調べてみよう。

オイルシール▶

1 密封装置の目的

密封装置（シール）[1]は，潤滑油の漏止めだけでなく，蒸気・圧縮空気のような気体や，水・作動油・燃料などの液体の密封にも使われる。

なお，運動部分の密封に用いられるシールを**パッキン**[2]，静止部分の密封に用いられるシールを**ガスケット**[3]という。

[1]sealing device

[2]packing
[3]gasket

2 密封装置の種類

密封装置には，軸とシールが接触する接触形と離れている非接触形とがある。

1 接触形

接触形の密封装置は，密封性がひじょうに高いが，動作時の摩擦が大きくなることが欠点である。漏れや異物の侵入の防止を最優先したい時などに使用することが多い。

●**グランドパッキン**　　**グランドパッキン**[4]は，木綿，麻などでつくられたパッキンである。図7-28のようなパッキン箱を用い，パッキンをパッキン押さえで軸方向に圧縮し，直径方向に広げて軸に密着させる。摩擦抵抗が大きく，漏れ量も多いが，低速回転部分や往復回転部分に用いられる。

[4]gland packing

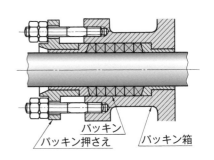

パッキン
パッキン押さえ
パッキン箱

▲図7-28　グランドパッキン

●**Vパッキン**　　**Vパッキン**[1]は，合成ゴム・合成樹脂などでつくられ
たV形断面のものをリング状にしたものである。流体の圧力と，取り
つけによる変形で密封作用をする。油圧機器などの往復運動をする軸
のシールに用いる（図7-29）。**Vリング**ともいう。

●**Uパッキン**　　**Uパッキン**[2]は，合成ゴムでつくられた，図7-30のよ
うな断面形状をもつリング状のものである。流体の圧力による変形で
完全密封でき，低圧から高圧まで広い範囲で使用される。

[1]V-packing

[2]U-packing

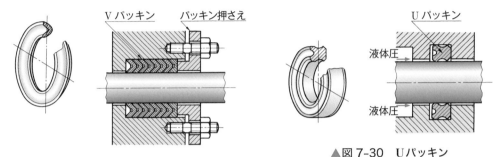

Vパッキン　　パッキン押さえ

Uパッキン

液体圧

液体圧

▲図7-29　Vパッキン　　　　　　　▲図7-30　Uパッキン

●**フェルトリング**　　**フェルトリング**[3]は，布をフェルト状にしたパッ
キンである。軸受箱に溝をつくり，これにフェルトリングを押し込ん
で密封する（図7-31）。装置が簡単であるが，耐熱性・耐摩耗性が低く，
寿命も短い。

[3]felt ring

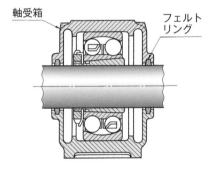

軸受箱　　　　　　　　　フェルト
　　　　　　　　　　　　リング

▲図7-31　フェルトリング

●**Oリング**　　**Oリング**[4]は，合成ゴムなどでつくられた円形断面のリ
ングを，図7-32のように密封部の溝にはめて，すきまをふさぐもので
ある。固定部用と往復運動部用とがある。

[4]O-ring

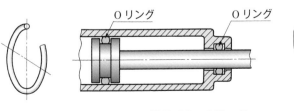

Oリング　　　　　　Oリング　　　　　　Oリング

▲図7-32　Oリング

●**オイルシール**　**オイルシール**[1]は，図 7-33 のような断面形状をも　　　　[1]oil seal
つリング状の合成ゴムで，内側が軸と接触し，その間の油膜によって
密封作用をする。油膜が切れると焼付きや摩耗を生じる。ごみがある
と相手面を傷つけるため，使用箇所によってはちりよけのついたもの
を使用する。

　固定部用，運動部用いずれにも広く用いられるが，あまり高圧の部
分には適さない。使用法が簡単で，小さいスペースで取りつけられる。
密封性能が高く，高速回転部にも適している。

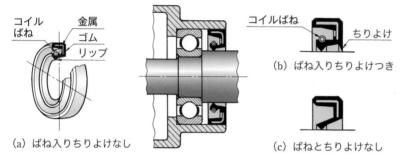

コイル
ばね　　金属
　　　　ゴム
　　　　リップ

コイルばね
　　　　　　ちりよけ

（b）ばね入りちりよけつき

（c）ばねとちりよけなし

（a）ばね入りちりよけなし

▲図 7-33　オイルシール

2　非接触形

　非接触形の密封装置は，動作時の摩擦が小さいが，接触形より
も密封性に劣る点がある。ある程度の漏れ・異物の侵入を防止し
つつ，摩擦を抑えたい場合などに使用することが多い。

●**液体シーリング**　**液体シーリング**[2]は，回転軸とケースの間に
液体を入れ，遠心作用でケースの外周に液体を押しつけ，ほとん
ど完全な気密を保つ方法である。固定の接触部がないので，高速
軸に用いる（図 7-34）。

●**ラビリンスパッキン**　**ラビリンスパッキン**[3]は，曲がった狭いすき
ま，すなわち，ラビリンス（迷路）を設けるもので，接触部がないので，
高速軸に適しているが，工作には手数がかかる（図7-35）。

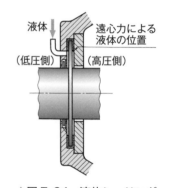

液体↓　　　　遠心力による
　　　　　　　液体の位置
（低圧側）　（高圧側）

▲図 7-34　液体シーリング

[2]liquid sealing
[3]labyrinth packing

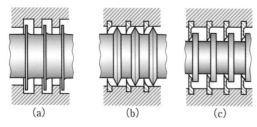

（a）　　　　（b）　　　　（c）

▲図 7-35　ラビリンスパッキン

● 1　三角関数の定義

　△ABC において，∠C が直角のとき，∠A についてみれば，辺 AB を斜辺，辺 BC を対辺，辺 AC を隣辺という（図1）。

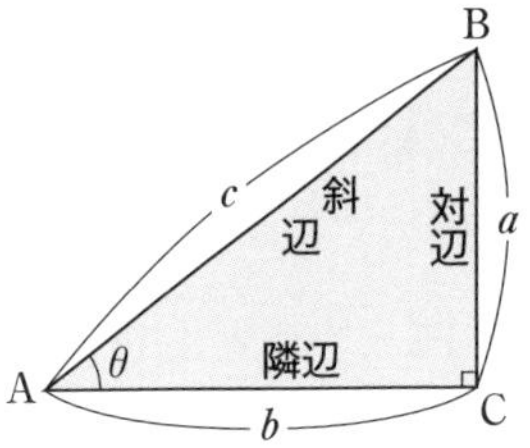

　図2のように，∠A が一定である直角三角形はすべて相似形で，∠A を θ とすれば θ についての $\dfrac{\text{対辺}}{\text{斜辺}}$ という比の値はすべて等しく一定となる。

　　すなわち，$\dfrac{a_1}{c_1} = \dfrac{a_2}{c_2} = \dfrac{a_3}{c_3} = \cdots\cdots$

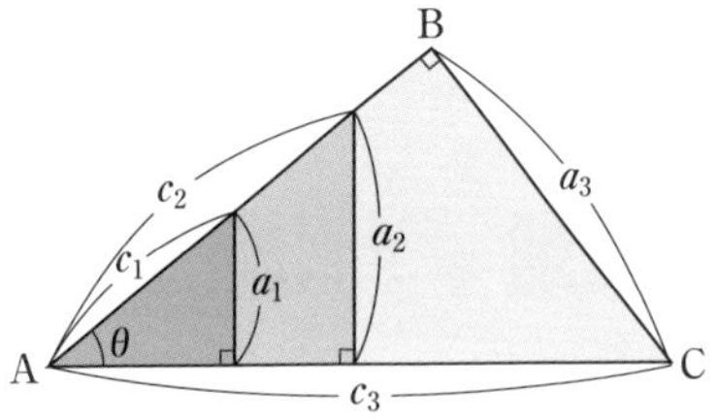

　この比の値を θ の**正弦** (sine) といい，$\sin\theta$ で表す。したがって，

$$\sin\theta = \frac{a}{c}, \quad \operatorname{cosec}\theta = \frac{c}{a}$$

　たとえば，図3では，$\theta = 30°$ の場合，$\sin 30° = \dfrac{1}{2}$ である。

　同様に，直角三角形 ABC において，$\dfrac{\text{隣辺}}{\text{斜辺}}$，$\dfrac{\text{対辺}}{\text{隣辺}}$ という比の値も，それぞれ等しく一定となり，それぞれの比の値を θ の**余弦** (cosine)，θ の**正接** (tangent) といい，$\cos\theta$，$\tan\theta$ で表す。したがって，

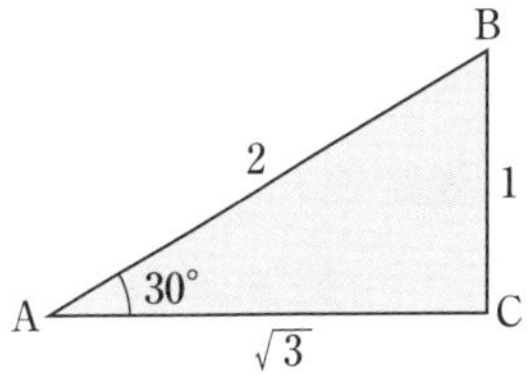

$$\cos\theta = \frac{b}{c}, \quad \sec\theta = \frac{c}{b}, \quad \tan\theta = \frac{a}{b}, \quad \cot\theta = \frac{b}{a}$$

　たとえば，図3では，$\cos 30° = \dfrac{\sqrt{3}}{2}$，$\tan 30° = \dfrac{1}{\sqrt{3}}$ である。

▲図1

▲図2

▲図3

● 2　三角関数の相互の関係

$$\tan\theta = \frac{\sin\theta}{\cos\theta},$$

$$\sin^2\theta + \cos^2\theta = 1$$

（$(\sin\theta)^2$ を $\sin^2\theta$ と表す。）

$$1 + \tan^2\theta = \frac{1}{\cos^2\theta}$$

$$\sec\theta = \frac{1}{\cos\theta}, \quad \operatorname{cosec}\theta = \frac{1}{\sin\theta}$$

$$\cot\theta = \frac{1}{\tan\theta} = \frac{\cos\theta}{\sin\theta}$$

その他の公式

$$\sin(90° - \theta) = \cos\theta$$

$$\cos(90° - \theta) = \sin\theta$$

$$\tan(90° - \theta) = \frac{1}{\tan\theta}$$

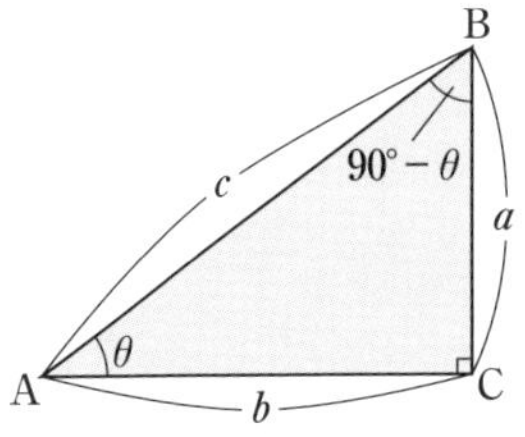

▲図4

● 3　一般角の三角関数

図5のように，座標軸
XYにおいて，動径OP
がX軸となす角をθとす
るとき，OP $= r$，
点P(x, y)とおけば，
角θの三角関数は表のよ
うに決められる。

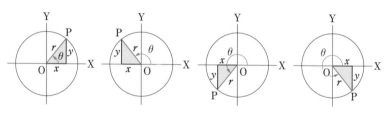

▲図5

θ	$\sin\theta = \dfrac{y}{r}$	$\cos\theta = \dfrac{x}{r}$	$\tan\theta = \dfrac{y}{x}$
$0° < \theta < 90°$	$+$	$+$	$+$
$90° < \theta < 180°$	$+$	$-$	$-$
$180° < \theta < 270°$	$-$	$-$	$+$
$270° < \theta < 360°$	$-$	$+$	$-$

● 4　三角関数の公式

$\angle A = A$，$\angle B = B$，$\angle C = C$とする。

正弦定理（図6）

$$\frac{a}{\sin A} = \frac{b}{\sin B} = \frac{c}{\sin C} = 2r$$

余弦定理（図7）

$$a^2 = b^2 + c^2 - 2bc\cos A$$

$$b^2 = c^2 + a^2 - 2ca\cos B$$

$$c^2 = a^2 + b^2 - 2ab\cos C$$

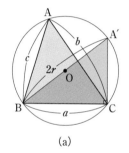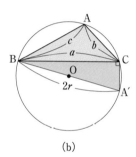

(a)　　　　　　　　　(b)

▲図6　正弦定理

2角の和および差の公式（加法定理）

$$\sin(A \pm B) = \sin A\cos B \pm \cos A\sin B$$

$$\cos(A \pm B) = \cos A\cos B \mp \sin A\sin B$$

$$\tan(A \pm B) = \frac{\tan A \pm \tan B}{1 \mp \tan A\tan B}$$

倍角の公式

$$\sin 2\theta = 2\sin\theta\cos\theta$$

$$\cos 2\theta = \cos^2\theta - \sin^2\theta$$

$$= 1 - 2\sin^2\theta = 2\cos^2\theta - 1$$

$$\tan 2\theta = \frac{2\tan\theta}{1 - \tan^2\theta}$$

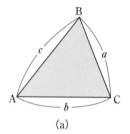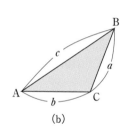

(a)　　　　　　　　　(b)

▲図7　余弦定理

第 1 章　機械と設計

p.11　問 1　①, ④, ⑤, ⑥
p.12　問 2　略
p.14　問 3　略　問 4　略　問 5　略
p.15　問 6　略
p.18　問 7　略　問 8　略
p.20　節末問題

1. (1), (3)
2. 略　3. 略
4.
進み対偶:
①テーブル上下動用ハンドル (ピニオン) とラックによってテーブルがコラムをガイドとして直線運動をする部分。
②ドリル上下動用ハンドルによってドリル軸が上下に直線運動する部分。
回り対偶:
①回転運動をするドリル軸の部分。
②回転するテーブル上下動用ハンドル軸やドリル上下動用ハンドル軸の案内部分。
5. 略

第 2 章　機械に働く力と仕事

p.24　問 1　略
p.25　問 2　略　問 3　略　問 4　略
p.26　問 5　361 N, 33.7°
p.27　問 6　64.8 N, 19.1°
p.29　問 7　$F_1 = 163$ N, $F_2 = 72.8$ N
　　　問 8　45 000 N・mm
　　　問 9　43 300 N・mm
p.30　問 10　−9 700 N・mm
　　　問 11　−4 840 N・mm
p.31　問 12　15 000 N・mm　問 13　略
p.33　問 14　45° の場合　354 N,
　　　　　　 60° の場合　289 N
p.34　問 15　75 N
p.37　問 16　図 2-29 の座標系で,
　　　　　　 $x = 101$ mm, $y = 101$ mm
p.38　問 17　左から 166 mm
p.38　節末問題

1. $F_1 = 130$ N, $F_2 = 75$ N
2. 斜面に平行な力　100 N
　 斜面に垂直な力　173 N
3. (a)63.2 N, 18.4°　(b)436 N, 23.4°

(c)116 N, 50 N の力より 17.6°
4. 17.3 N
5. 600 mm のひもに 8 N,
800 mm のひもに 6 N　6. $F_3 = 51.4$ N,
$F_4 = 25.3$ N
7. 棒には 544 N の圧縮力, ロープには
344 N の引張力　8. 354 N
9. 8 660 N・mm　10. 17 500 N・mm
11. 略

p.41　問 18　25 m/s　問 19　568 km/h
p.42　問 20　3 m/s²
　　　問 21　165 m/s, 788 m
p.43　問 22　1.02 s　問 23　19.6 m, 24.5 m
p.44　問 24　80 mm の位置：62.8 m/min
　　　　　　 20 mm の位置：15.7 m/min
　　　問 25　0.5 rad/s
p.45　問 26　292 m/s²
p.46　問 27　45 N
p.46　節末問題

1. 28 m/s, 180 m
2. −6.25 m/s²　3. 5.24 m/s,
52.4 rad/s, 274 m/s²
4. 311 rad/s, 31.9 m/s

p.48　問 28　80 N　問 29　5 kg
p.50　問 30　255 N　問 31　415 N
　　　問 32　7.2 m/s²
p.51　問 33　600 kg・m/s, 500 kg・m/s
p.52　問 34　10.2 kN
p.53　問 35　ボートは進行方向と逆向きに
0.5 m/s で進む。
p.53　節末問題

1. 3 kg　2. 112 N　3. 5.9 N　4. 353 N
5. 0.5 秒の場合 −120 N, 2 秒の場合 −30 N
6. 0.167 m/s　7. 10.5 N, 2.63 m/s²

p.55　問 36　9 000 J
p.56　問 37　200 mm
　　　問 38　250 mm
　　　問 39　160 N
p.57　問 40　392 mm　問 41　157 N, 1 500 mm
p.58　問 42　$F = \dfrac{1}{6}W$
p.59　問 43　306 kg　問 44　略
p.60　問 45　50 N
p.61　問 46　10 kJ
p.63　問 47　6 kW　問 48　720 kW・h
p.64　節末問題

1. 1 000 J, 866 J　2. 0.3 m

3. 1/5, 102 mm 4. 9/10
5. 13.3° 6. 7.5 kJ
7. 58.8 J 8. $E_k = 686$ J, $E_p = 98$ J
9. 略 10. 20 kW 11. 2.94 kW
12. 200 N, 6 m

1. 33.5 N 2. 14.8 N 3. 0.185
4. 147 N 5. 200 mm 以下
6. 0.392 kW 7. 0.233

第3章 材料の強さ

1. 略 2. 30 MPa 3. 113 MPa
4. 9.55 MPa
5. $0.222 × 10^{-3}$
6. 75 GPa 7. 0.742 mm
8. 188 MPa, $0.92 × 10^{-3}$, 205 GPa
9. 2.60 mm, 8.35 kN
1. 12 mm 2. $0.291 × 10^{-3}$
3. 83.3 MPa, $1.05 × 10^{-3}$
4. 14.6 MPa
1. 45.3 MPa 2. 32.9 MPa
1. 略 2. 略
3. 200 MPa 4. 17.8 mm

5. 25.8 mm×19.4 mm 6. 12 mm
7. 16 mm 8. 95.6 mm
9. 0.382 MPa 10. 25 mm とする。
(a)$I = 160 × 10^3$ mm⁴, $Z = 8 × 10^3$ mm³
(b)$I = 90×10^3$ mm⁴, $Z = 6×10^3$ mm³
(c)$I = 3.22 × 10^3$ mm⁴, $Z = 402$ mm³
(d)$I = 4.27 × 10^6$ mm⁴,
 $Z = 85.5 × 10^3$ mm³
(e)$I = 380 × 10^3$ mm⁴,
 $Z = 12.7 × 10^3$ mm³
(f)$I = 1.48 × 10^6$ mm⁴,
 $Z = 49.3 × 10^3$ mm³
(g)$I = 91.7 × 10^6$ mm⁴,
 $Z = 917 × 10^3$ mm³
(h)$e_2 = 35$ mm, $e_1 = 65$ mm
 $I = 2.91 × 10^6$ mm⁴
 $Z_1 = 44.7 × 10^3$ mm³,
 $Z_2 = 83.1 × 10^3$ mm³
I も Z も中空円筒の値が大きい。
1. 危険断面は位置C
 $960 × 10^3$ N·mm
2. $2.14 × 10^6$ N·mm, 図略
3. 最大曲げモーメント $2.00×10^6$ N·mm,
800 N, $1.92 × 10^6$ N·mm, 図略

第 7 章　軸受・潤滑

p.211　**問 1**　$d = 30\,\text{mm}$, $l = 50\,\text{mm}$

　　　　問 2　$d = 28\,\text{mm}$, $l = 40\,\text{mm}$

p.213　**問 3**　$l = 105\,\text{mm}$, $d = 60\,\text{mm}$,

　　　　$p = 3.18\,\text{MPa}$

p.213　**節末問題**

　　　　1. $21.1\,\text{kN}$

　　　　2. $d = 50\,\text{mm}$, $l = 67\,\text{mm}$

　　　　3. $l = 200\,\text{mm}$, $d = 100\,\text{mm}$,

　　　　$p = 0.9\,\text{MPa}$, $\sigma_a = 18.3\,\text{MPa}$

　　　　4. $d = 31.5\,\text{mm}$, $l = 38\,\text{mm}$, $l_1 = 19\,\text{mm}$

p.221　**問 4**　$9\,866\,\text{N}$, $29\,600\,\text{mm}\cdot\text{min}^{-1}$,

　　　　6204（内径 20 mm）を選ぶ。

　　　　問 5　$26\,530\,\text{N}$,

　　　　$17\,500\,\text{mm}\cdot\text{min}^{-1}$,

　　　　7207（内径 35 mm）を選ぶ。

p.222　**節末問題**

　　　　1. 基本静定格荷重 5 kN に近い 6204 を選

　　　　ぶ。

　　　　2. $12\,200\,\text{N}$, $12\,500\,\text{mm}\cdot\text{min}^{-1}$,

　　　　1205（内径 25 mm）を選ぶ。

　　　　3. $22\,380\,\text{N}$, $31\,500\,\text{mm}\cdot\text{min}^{-1}$,

　　　　6207（内径 35 mm）を選ぶ。

　　　　4. $29\,330\,\text{N}$, $13\,500\,\text{mm}\cdot\text{min}^{-1}$,

　　　　6209（内径 45 mm）を選ぶ。

●本書の関連データが web サイトからダウンロードできます。
本書を検索してご利用ください。

■監修

野口昭治 東京理科大学教授

武田行生 東京工業大学教授

■編修

堤 茂雄

石井 暁

笹平篤生

佐々木和美

関 修

金子 太

竹谷尚人

黒澤孝祥

写真提供・協力──㈱アフロ，㈱ウィンド・パワー・いばらき，㈱エスプリマ，外務省，一般財団法人ジェームズダイソン財団，スズキ㈱，青年海外協力隊，㈱西武車両，東京工業大学博物館，東武鉄道㈱，東武鉄道博物館，苫前グリーンヒルウインドパーク，特定非営利活動法人日本水フォーラム，日本精工㈱，ピクスタ㈱，㈱日立製作所，本田技研㈱，安川電機㈱

●表紙デザイン──難波邦夫
●本文基本デザイン──難波邦夫

First Stage シリーズ

新訂機械要素設計入門 1

2023 年 11 月 10 日　初版第 1 刷発行
2024 年 8 月 1 日　　第 2 刷発行

●著作者　野口昭治　武田行生
　　　　　ほか 8 名（別記）
●発行者　小田良次
●印刷所　寿印刷株式会社

無断複写・転載を禁ず

●発行所　実教出版株式会社
〒102-8377
東京都千代田区五番町 5 番地
電話［営　　業］(03) 3238-7765
　　［企画開発］(03) 3238-7751
　　［総　　務］(03) 3238-7700
https://www.jikkyo.co.jp/

ISBN 978-4-407-36390-6　C3053

Printed in Japan

信頼性(安全)・環境と機械

■鉄道車両用転がり軸受

わたくしたちが安心して利用できるように，鉄道車両の重要部品である車軸用軸受には，非常に高い信頼性が要求される。加えて，車両の高速化，軽量化，保守・点検のしやすさにも対応しなければならない。

車軸用軸受　車輪　レール

■風力発電機

風を受けて回る風車は，CO_2など地球環境に悪影響を及ぼす物質を排出しないで電力を生み出している。

回転翼の回転速度は，$16min^{-1}$程度である。

発電効率を上げるために，この回転を歯車列によって約$1600min^{-1}$に増速して発電機を回す。

また，地表より高い所の方が風速は大きいので，風車の高さを高くする。そのために，風を切る音による騒音などの問題が発生することがある。

茨城県神栖市

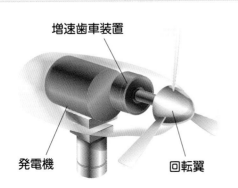

増速歯車装置

発電機　回転翼

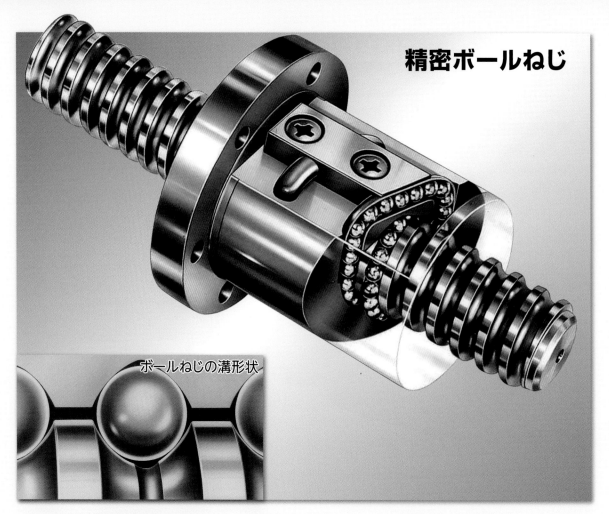

精密ボールねじ

ボールねじの溝形状

■ボールねじの構造

　ボールねじは，ねじ軸とナットの間を鋼球が転動しながら循環する構造になっている。

　循環方式には，外部循環方式と内部循環方式とがあり，図に示したものは，循環部としてチューブを使った，最も一般的な外部循環方式（チューブ式）のものである。

　鋼球は，Ⓐ点からねじ軸ⒷとナットⒸの溝の間を転がりながら進み，ねじ溝を1.5回転または2.5，3.5回転したのち，Ⓓ点からチューブⒺの中を通ってⒶ点にもどる。

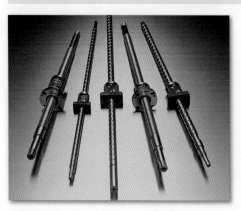

ボールねじのいろいろ

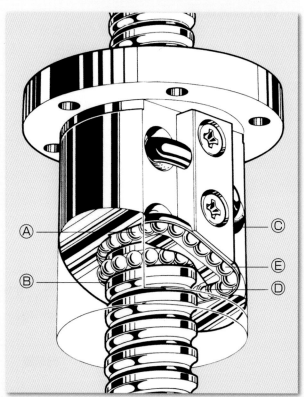

Ⓐ　　　　　　　　Ⓒ

　　　　　　　　　Ⓔ

Ⓑ　　　　　　　　Ⓓ